高等学校应用型特色系列教材
国家一流在线开放课程配套教材

算法设计与分析

（计算思维——神秘的算法）

邹　娟　朱　江　李艳春　刘　元　姜新文　主编

电子工业出版社

Publishing House of Electronics Industry

北京·BEIJING

内 容 简 介

算法设计与分析是计算机科学的核心问题。计算机科学是一项创造性的思维活动，其教育必须面向设计，而计算机算法设计与分析正是面向设计的、处于核心地位的教育课程。它立足于基础课和专业基础课的坚实的基础之上，通过对计算机领域的许多常见问题和有代表性的算法的学习、研究、了解和掌握算法设计的一些主要方法，使学生学会分析的基本技能和某些技巧，达到能独立设计算法和对给定算法进行复杂度分析的初级水平。本书根据国家精品课程建设的要求，以实例导入，结合课程思政，讲述了算法的基本概念、常用的算法及设计方法等。本书内容丰富，观点新颖，提供了丰富的课程资源，并加入了思政元素。不仅可以用作高等学校计算机科学与技术学科各专业本科生和研究生学习计算机算法设计的辅助教材，而且适合广大工程技术人员和自学读者学习参考。

图书在版编目（CIP）数据

算法设计与分析 ：计算思维 ：神秘的算法 / 邹娟

等主编. -- 北京 ：电子工业出版社，2024. 9. -- ISBN

978-7-121-48914-3

Ⅰ. TP301.6

中国国家版本馆 CIP 数据核字第 2024G4M645 号

责任编辑：祁玉芹

印　　刷：中国电影出版社印刷厂

装　　订：中国电影出版社印刷厂

出版发行：电子工业出版社

　　　　　北京市海淀区万寿路 173 信箱　邮编　100036

开　　本：787×1092　1/16　印张：14.5　字数：371.2 千字

版　　次：2024 年 9 月第 1 版

印　　次：2024 年 9 月第 1 次印刷

定　　价：46.00 元

凡所购买电子工业出版社图书有缺损问题，请向购买书店调换。若书店售缺，请与本社发行部联系，联系及邮购电话：（010）88254888，88258888。

质量投诉请发邮件至 zlts@phei.com.cn，盗版侵权举报请发邮件至 dbqq@phei.com.cn。

本书咨询联系方式：（010）68253127，qiyuqin@phei.com.cn。

前　言

早在 20 世纪 70 年代，计算机科学巨匠、图灵奖获得者 D. E. Knuth 曾指出，计算机科学就是研究算法的学问。因此，算法设计与分析是计算机科学的核心问题。计算机科学是一项创造性的思维活动，其教育必须面向设计，而计算机算法设计与分析正是面向设计的、处于核心地位的教育课程。它应当立足于基础课和专业基础课的坚实的基础之上，其目的是通过对计算机领域的许多常见问题和有代表性的算法的学习、研究、了解和掌握算法设计的一些主要方法，使学生学会分析的基本技能和某些技巧，达到能独立设计算法和对给定算法进行复杂度分析的初级水平。无论从事计算机专业的哪一方面的工作，这些知识都是必备的。特别是对计算机系统结构、系统软件和应用软件等专业，更是必不可少的专业知识。

从应用范围来看，算法可以分为数值算法和非数值算法两大类；从工作方式来看，算法又可以分为串行算法和并行算法两大类。因为数值算法在《数值分析》中介绍得较多，而本书作为《数据结构》的后继教程，主要讲述非数值算法。由于篇幅和时间的限制，本书只介绍串行算法。本书中的算法均用自然语言来表述其思路，再以类 C 语言来描述，力求简洁、通俗易懂。考虑到有关排序、图、集合的算法在"数据结构"课程中已有较详细的讲述，本书不再重复。

本书共分为九章。第 1 章介绍了算法的基本概念，并对分析算法的准则、描述算法的语言以及算法复杂性分析作了简要的阐述。第 2 章至第 6 章分别介绍了常用的一些非数值算法的设计方法，它们分别是分治与递归、贪心法、动态规划法、回溯法和分支限界法。这些都是一些通用的算法，可应用于大部分问题之中，所以本书选取了一部分有代表意义的问题来进行讲解。第 7 章主要介绍了 NP 完全问题和近似算法。NP 完全问题是 20 世纪 70 年代提出的理论计算机科学中的前沿课题，而近似算法则是目前针对 NP 完全问题行之有效的方法。第 8 章随机化算法是一类比较特殊的算法，它相对于其它确定型的算法有其独特的优势和应用范围。第 8 章介绍了各种随机化算法的设计思想和各自的特点及适用情形，并运用这些算法解决实际问题。通过引用《Nature》刊物进化算法和"诺贝尔奖"获得者的讲话中介绍进化算法研究现状。第 9 章介绍了智能算法的基本思想，并运用智能算法解决实际问题，引导实践讨论最新的与课题相关的社会问题。

本书的第一章由姜新文编写，第 2 章至第 4 章由朱江编写，第 5 章、第 6 章由李艳春编写，第 7 章由邹娟编写，第 8 章、第 9 章由刘元编写，全书由邹娟统编、审稿。由于时间仓促，作者水平有限。错误、缺点在所难免，恳请各位读者指教。

目　　录

第1章　算法复杂性及其分析 ·· 1

1.1　概述 ··· 1

1.2　RAM 模型 ··· 4

1.3　算法及其复杂性测度 ·· 10

1.4　RAM 模型的简化 ··· 15

　　1.4.1　直线式程序模型 ··· 15

　　1.4.2　判定树模型 ·· 17

　　1.4.3　算法描述语言 ·· 18

本章小结 ··· 18

习题 ·· 19

第2章　分治与递归 ··· 21

2.1　阶乘函数 ··· 22

2.2　斐波那契（Fibonacci）数列 ······································ 23

2.3　组合问题 ··· 23

2.4　汉诺塔问题 ··· 23

2.5　二分查找 ··· 25

2.6　大整数乘法 ··· 27

2.7　矩阵乘积的 Strassen 算法 ······································· 30

2.8　常见的递归形式 ··· 32

　　2.8.1　多变元递归 ·· 32

　　2.8.2　多步递归 ··· 32

　　2.8.3　嵌套递归 ··· 32

　　2.8.4　联立递归 ··· 33

2.9　递归方程求解的递推求和方法 ····································· 34

2.10　递归方程求解的生成函数求和方法 ································· 37

2.11　大数据中的分治和递归算法 ······································ 41

本章小结 ··· 42

习题 ·· 43

第3章　贪心算法 ·· 45

3.1　找零钱问题 ··· 45

3.2　销售问题··46

3.3　最小生成树··49

3.4　单源最短路径··51

3.5　旅行商问题··53

3.6　机器任务调度问题······································55

本章小结··58

习题··58

第 4 章　动态规划··61

4.1　射气球··62

4.2　动态规划在最短路径中的应用······················63

4.3　矩阵连乘积问题··66

4.4　求最长公共子序列······································69

4.5　凸多边形的最优三角形剖分··························71

4.6　多边形游戏··73

4.7　旅行商问题··76

本章小结··78

习题··79

第 5 章　回溯法··81

5.1　回溯法算法思想··81

　　5.1.1　回溯法的解题步骤······························82

　　5.1.2　回溯法的算法框架······························84

　　5.1.3　回溯法的复杂度分析··························85

5.2　0-1 背包问题··86

5.3　装载问题··89

5.4　子集和数问题··93

5.5　皇后问题··95

5.6　旅行售货员问题··98

5.7　运动员最佳匹配问题··································100

本章小结··102

习题··103

第 6 章　分支限界法··104

6.1　分支限界法的基本思想································104

　　6.1.1　分支限界法的解题步骤······················104

　　6.1.2　分支限界法的复杂度分析··················106

　　6.1.3　分支限界法与回溯法的区别················106

6.2　0-1 背包问题··107

6.3　最小耗费搜索法··112

6.4　旅行商售货员问题 ……………………………………………………………… 115

6.5　任务分配问题 …………………………………………………………………… 118

本章小结 ……………………………………………………………………………… 120

习题 …………………………………………………………………………………… 121

第 7 章　NP 完全问题 ……………………………………………………………… 122

7.1　确定型图灵机 …………………………………………………………………… 122

7.2　图灵机模型和 RAM 模型的关系 ……………………………………………… 129

7.3　非确定型图灵机 ………………………………………………………………… 131

7.4　P 和 NP 问题类 ………………………………………………………………… 135

7.5　NP 完全性和 COOK 定理 ……………………………………………………… 137

7.6　若干 NP 完全问题及证明 ……………………………………………………… 142

7.7　Co-NP 类问题 …………………………………………………………………… 146

本章小结 ……………………………………………………………………………… 147

习题 …………………………………………………………………………………… 148

第 8 章　随机化算法 ………………………………………………………………… 149

8.1　随机化算法的基本思想 ………………………………………………………… 149

8.1.1　什么是随机化算法 ……………………………………………………… 149

8.1.2　概率论公理 ……………………………………………………………… 150

8.1.3　随机化算法的分类 ……………………………………………………… 152

8.2　随机数 …………………………………………………………………………… 154

8.2.1　线性同余生成器（LCGs） ……………………………………………… 155

8.3　随机化算法 ……………………………………………………………………… 157

8.3.1　数值随机化算法 ………………………………………………………… 157

8.3.2　舍伍德算法 ……………………………………………………………… 162

8.3.3　拉斯维加斯算法 ………………………………………………………… 170

8.3.4　蒙特卡罗算法 …………………………………………………………… 177

本章小结 ……………………………………………………………………………… 184

习题 …………………………………………………………………………………… 185

第 9 章　智能算法 …………………………………………………………………… 186

9.1　遗传算法 ………………………………………………………………………… 186

9.1.1　遗传算法基本思想 ……………………………………………………… 186

9.1.2　遗传算法的实现 ………………………………………………………… 189

9.1.3　多目标遗传算法 ………………………………………………………… 190

9.2　粒子群算法 ……………………………………………………………………… 192

9.2.1　粒子群算法基本思想 …………………………………………………… 192

9.2.2　改进粒子群算法 ………………………………………………………… 195

9.3　分布估计算法 …………………………………………………………………… 197

9.3.1 分布估计算法基本思想 ·· 197
9.3.2 基于 EDA 的收敛性分析及多分布估计算法 ················ 197
9.4 差分进化算法 ·· 198
9.4.1 差分进化算法基本思想 ·· 198
9.4.2 差分进化算法流程及应用 ·· 201
9.5 模拟退火算法 ··· 203
9.5.1 模拟退火算法基本思想 ·· 203
9.5.2 基于模拟退火算法的应用 ·· 205
9.6 贪心算法 ··· 206
9.6.1 贪心算法基本思想 ·· 206
9.6.2 基于贪心算法的旅行商问题 ······································ 208
9.7 禁忌搜索算法 ··· 208
9.7.1 禁忌搜索算法基本思想 ·· 208
9.7.2 禁忌搜索算法的构成要素 ·· 209
9.7.3 禁忌搜索算法的算法流程 ·· 210
9.8 最小二乘法、A*算法 ·· 211
9.8.1 最小二乘法基本思想 ·· 211
9.8.2 A*算法基本思想 ··· 212
9.9 神经网络、深度学习与强化学习 ·· 213
9.9.1 神经网络算法基本思想 ·· 213
9.9.2 深度学习基本思想 ·· 217
9.9.3 强化学习基本思想 ·· 218
本章小结 ·· 219
习题 ··· 220

第1章

算法复杂性及其分析

1.1 概述

访谈

用计算机求解问题一般要经历以下过程。

1. 描述问题

为了求解问题,首先必须了解问题的实质,然后将所有已知条件以及需要的答案描述清楚。

2. 数学建模

数学建模实际上就是给出需要求解的问题的数学定义或者数学描述。对于问题求解而言,这是非常重要的工作,具有很大的创造性。没有一般的方法可以指导建模过程,它取决于研究者的知识结构和工作经验。

3. 算法设计与分析证明

模型一旦建立,就可以进行算法设计。算法设计同样是具有创造性和挑战性的工作,没有适合所有问题的万能方法。研究者需要充分发挥创造性,充分运用已有知识和抽象思维能力,慢慢形成解决问题的思路,勾勒出具体的求解步骤。算法设计一旦完成,需要对算法进行分析证明,为确认算法能够实现求解目标的必然性提供数学和逻辑的依据。算法设计与分析证明是一个反复的过程。分析证明会发现设计的漏洞或者改进的思路,于是形成修改的设计,然后对于修改的设计进行分析证明。

4. 实现和验证

实现和验证指将给定的算法正确地转换成一个程序,得到运行结果,并判断结果是否与预期的一致。

本书只讨论算法的设计与分析。

算法是一个有穷规则的有序集合。这些规则确定了解决某一类问题的一个运算序列,对于该类问题的任何初始输入,它能机械地、一步一步地计算,并在有限步后终止计算,产生输出。

算法有如下几大特征:

（1）有穷性。一个算法包含的规则条数是有穷的。在执行过程中，必须在有穷个计算步后终止。

（2）确定性。算法中给出的每一个规则，必须是精确定义的、无歧义的。

（3）能行性。对每个计算步而言，必须能够在有限的时间内完成。

（4）输入。有零个或者多个输入信息。

（5）输出。至少产生一个输出信息，这些输出信息通常被解释为"对于输入的计算结果"。

例如，给定两个整数 m 和 n，求它们的最大公因子(m, n)。

这个问题可以采用辗转相除算法求解。这个方法在西方称作欧几里得算法。中国古代数学家秦九韶在《九章算术》一书中记载了这个算法。这个算法可以用三个语句描述：

> 1. 以 n 除 m 得余数 r，$0 \leq r < n$；
> 2. 如果 $r=0$，则输出 n 的当前值，算法结束，否则继续执行第 3 步；
> 3. 将 n 的当前值送 m，r 的当前值送 n，即执行 $m \leftarrow n$，$n \leftarrow r$，然后转第 1 步。

上面的辗转相除算法规定了三个计算步骤，其中每个计算步骤的意义都是明确的、能执行的。虽然算法需要循环，但是，对任意给定的 m 和 n，由于 r 在计算过程中单调下降，所以，经过有限步计算之后，必然出现 $r=0$ 的情况，从而导致算法终止并产生输出。所以，上面给出的求 m 和 n 的最大公因子的三个步骤就是一个算法。

人们关注算法、研究算法的第一个原因是问题求解的需要。算法是解决问题的思路和具体的求解步骤。有了算法，才能够编制程序并最终解决问题。显然，如果不能找到求 m 和 n 的最大公因子的算法，对程序设计语言再熟悉，也不会知道如何编程并用计算机求解，或者个人算术运算的基本技能再强，也不会知道如何计算出最大公因子。

人们关注算法、研究算法的第二个原因是求解效能的需要。

虽然还没有严格定义算法的复杂性并阐述如何具体分析它，还是可以先用能够理解的方式认识复杂性对问题求解的影响。算法设计就是寻找问题求解的步骤，这些步骤当然由一些"动作"构成，完成一个"动作"总是需要一定的时间，所有"动作"耗费的时间总和构成算法耗费的总时间。由于不同个体执行同一"动作"的时间是有差异的，所以我们用一个算法中"动作"的个数作为该算法耗费的时间的计量。自然，求解同一个问题时好的算法应该减少"动作"的个数。

《水浒传》中有个"神行太保"叫作戴宗，可以日行千里。如果要送一封千里邮程的信，戴宗只需要一天，而常人需要十天。如果现在梁山有一批信件需要送抵许多地方，宋江选择戴宗完成任务就涉及类似算法设计及计算机选择的全部工作：

宋江制定信件的送抵顺序类似于算法设计。有的顺序是错误的，比如路不通等；有的顺序费时间一些，比如路径重复等。设计好的送抵顺序类似于设计正确的且省时间的算法。

宋江选择戴宗完成任务类似于我们选择一台计算机实现算法。选择戴宗类似于选择高速计算机。送抵顺序不变，送信人能力越强，完成时间就越短；送信人选择不变，送抵顺序越优，完成时间就越短。这个过程相当于算法不变，机器越快，求解时间就越短；机器不变，算法越优，求解时间就越短。

现在的问题是，计算机速度如此之快，还需要在意算法耗费的时间吗？答案是需要！我们考察一个很熟悉的问题在计算机上求解的过程。要注意的是，这里，计算机上的"动作"实际上就是运算和指令。

n 阶行列式计算是许多计算过程都要遇到的问题。我们在《线性代数》中已经学习过，一个 n 阶行列式的值定义为该行列式的所有取自不同行不同列的元素乘积的代数和，即

$$\left|a_{ij}\right| = \sum_{j_1 j_2 \cdots j_n \text{的所有排列}} (-1)^{\tau(j_1 j_2 \cdots j_n)} a_{1 j_1} a_{2 j_2} \cdots a_{n j_n}$$

不难理解，按照定义，要计算一个行列式的值，需要计算 $n!$ 个代数项，每个代数项需要进行 $n-1$ 次乘法运算，于是共需要进行 $n! \times (n-1)$ 次乘法运算，实现 $n!$ 个代数项求和需要进行 $n!-1$ 次加法运算，这样加法和乘法运算总的次数为 $n! \times (n-1) + n! - 1$。

假定有一个 100 阶行列式，有一台千亿亿次计算机。说明一下，100 阶行列式计算问题在科学计算中属于小规模问题，千亿亿次计算机在当前还是人类追求的目标。用这台千亿亿次计算机求解该 100 阶行列式所需时间（换算成以年为单位，一年按 365 天计算）为

总的运算次数/千亿亿次计算机一年完成的运算次数

$= (100! \times (100-1) + 100! - 1) / (10^{20} \times 3600 \times 24 \times 365)$

$\approx 2.9 \times 10^{133}$（年）

这已经远远超出宇宙的寿命！

如果改用高斯消去法来计算，则效果如何？在"计算方法"课程中介绍过，高斯消去法加法运算和乘法运算次数都约为 $n^3/3$，于是总的运算次数约为 $2n^3/3$。同样用这台千亿亿次计算机求解该 100 阶行列式所需时间（换算成以秒为单位）为

总的运算次数/千亿亿次计算机一秒完成的运算次数

$= (2 \times 100^3 / 3) / 10^{20}$

$\approx 0.67 \times 10^{-14}$（秒）

从按照定义计算行列式的值，到按照高斯消去法计算行列式的值，我们可以看到算法改进对于问题求解具有至关重要的影响。

还可以进一步讨论算法效能对于问题求解的影响。

如同上面例子中揭示的，算法耗费的时间同运算次数的多少有关，而运算次数的多少同问题的规模或大小（如上例中行列式的阶）有关，于是算法耗费时间可以记成 $T(n)$，$T(n)$ 定义成某种运算的个数，其中，n 为问题的规模。

设有 5 个算法 A_1，A_2，A_3，A_4，A_5，它们耗费的时间如表 1.1 所示。

表 1.1　5 个算法及其时间复杂性函数列表

算　　法	时　间　耗　费
A_1	n
A_2	$n\log 2^n$
A_3	n^2
A_4	n^3
A_5	2^n

假定一次运算需要一个单位时间，由表 1.1 可知，算法 A_1 处理一个规模为 n 的问题需 n 个单位时间，其余类推。取时间单位为 1 毫秒，各个算法 1 秒、1 分钟、1 小时能够处理的最大输入量如表 1.2 所示。

表 1.2　各个算法 1 秒、1 分钟、1 小时能够处理的最大输入量

算法	时间耗费	1 秒能够处理的最大输入量	1 分钟能够处理的最大输入量	1 小时能够处理的最大输入量
A_1	n	1000	6×10^4	3.6×10^6
A_2	$n\log_2 n$	140	4893	2.0×10^5
A_3	n^2	31	244	1897
A_4	n^3	10	39	153
A_5	2^n	9	15	21

从表 1.2 可以看出，时间耗费随 n 的增加快速增加的算法，在同样时间内处理的问题规模要小得多。如算法 A_5，1 小时只能处理一个最大输入量（即规模）为 21 的问题。很容易计算出来，即使是一年、一百年甚至一千年 A_5 也只能处理一个极小规模的问题，即使计算机速度提高 100 倍、10000 倍，A_5 能够处理的问题规模的增加也微乎其微。有人说，算法的改进可以使几十年来计算机性能改进的成就黯然失色，这话从某种意义上讲，是有一定道理的。以前面行列式计算的问题为例，我们看到，如果不改进算法，无论计算机怎么先进，人类可能永远无法等到一个 100 阶行列式的值被计算出来的那一天。

算法研究的意义是明显的。

早在计算机产生之前，人们已经开始对算法进行研究。例如，中国古代对算盘以及珠算的研究都包含对计算理论、对算法的贡献。19 世纪 40 年代以后，由于电子计算机的出现，带来大量理论和实际的计算问题，进一步推动了对算法的研究。算法成了一个无处不在的、频繁出现的术语，算法研究成为计算机科学和数学领域永恒和持续活跃的研究领域。

1.2　RAM 模型

为了能够给出一个精确的定义，为了度量"动作"耗费的时间，必须选择执行算法的计算模型。一个计算模型将对每一个基本的计算步有严格的定义。

下面介绍随机存取模型（Random Access Machine），简称为 RAM。这是一种很有用的抽象计算装置。

RAM 是一台单累加器计算机模型，它不允许程序修改其自身。一台 RAM 由以下部件组成：

（1）程序存储部件。它是一片特殊的存储器件，供存放程序（指令）用。RAM 程序不能修改自身。

（2）累加器 R_0。其功能与一般计算机的累加器相同。

（3）内存储器。其存储单元依次命名为 R_1，R_2，R_3，…，总共有任意多个内存

单元。每个单元能存放一个任意大小的整数。这两个任意是 RAM 模型对于现实计算机的一种抽象与简化，它适用于这样的场合：①求解问题所需要的存储单元不超过一台计算机的存储容量；②计算过程中所出现的任何信息的大小不会超过计算机的字长。

（4）只读输入带。它由一系列方格和一个带头组成，每个方格可以存放一个任意大小的整数。每当机器从输入带上读出一个数时，带头（读出磁头）就自动向右移动一格。

（5）只写输出带。它也由一系列方格和一个带头组成。每个方格可以记录一个任意大小的整数。开始计算以前，所有方格全部为空白。一旦在输出带头下面的方格中打印了一个整数后，输出带头自动向右移一格。符号一经写出，不可再修改。

（6）程序控制部件。它主要包括指令计数器和操作码、译码器等控制部件。它能控制一个程序按程序的走向和每条指令的严格定义一步步执行。

图 1.1 是随机存取模型 RAM 的总体结构示意图。

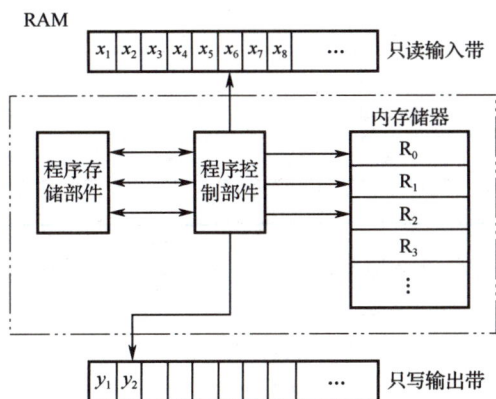

图 1.1　随机存取模型 RAM 的总体结构示意图

RAM 有算术运算指令、输入/输出指令、数据存取指令以及转移指令等与实际计算机中相同类型的指令，有直接寻址和间接寻址两种基本寻址方式。与通常的机器一样，所有的计算都在累加器 R_0 中进行，而 R_0 也可以容纳一个任意大小的整数。每条指令都由"操作码"和"操作数"两部分组成，其中，操作数有以下三种形式：

（1）$=i$，称作直接数型。这是一条无地址指令，表示操作数是整数 i 本身。

（2）i，称作直接地址型。i 是一非负整数，表示操作数是内存单元 R_i 中的内容 $C(i)$。因为 R_0 和 R_i（$i \geq 1$）统一编址，所以 $C(0)$ 表示累加器 R_0。

（3）$*i$，称作间接地址型。i 是一非负整数。表示操作数是内存单元 j 中的内容 $C(j)$，而 j 则是内存单元 i 中所存储的那个整数，即 $j=C(i)$，操作数是 $C(j)=C(C(i))$。当 $C(i) < 0$ 时，$C(j)=C(C(i))$ 无定义。

如果记操作数 a 的值为 $V(a)$，则有

$$V(=i)=i$$
$$V(i)=C(i)$$
$$V(*i)=C(C(i))$$

RAM 的基本指令集如表 1.3 所示。原则上，可以根据实际需要而增设其他指令。比如可以增加逻辑运算指令、字符操作指令或位操作指令等，以扩充指令系统的功能。

表 1.3　RAM 的基本指令集

操 作 码	操 作 地 址	说　　明
LOAD	=i / i / *i	取一操作数至累加器中
STORE	i / *i	将累加器中的数送入内存
ADD	=i / i / *i	加法运算
SUB	=i / i / *i	减法运算
MULT	=i / i / *i	乘法运算
DIV	=i / i / *i	除法运算
READ	i / *i	输入
WRITE	=i / i / *i	输出
JUMP	标号	无条件转移
JGTZ	标号	正转移
JZERO	标号	零转移
HALT		停机

表 1.4 列出了 RAM 每条指令的严格定义。其中，$C(0)$ 表示累加器 R_0。凡是没有定义的指令都是非法的。例如

$$\text{STORE} = i$$
$$\text{READ} = i$$

等指令，RAM 都无法执行。除数为零时指令也非法。RAM 对所有无定义的指令做停机处理。

表 1.4　RAM 指令的含义，操作数 a 为 $=i / i / \cdot i$

指　　令		指令的含义
LOAD	a	$C(0) \leftarrow V(a)$
STORE	i	$C(i) \leftarrow C(0)$
STORE	*i	$C(C(i)) \leftarrow C(0)$
ADD	a	$C(0) \leftarrow C(0) + V(a)$
SUB	a	$C(0) \leftarrow C(0) - V(a)$
MULT	a	$C(0) \leftarrow C(0) \times V(a)$
DIV	a	$C(0) \leftarrow \lfloor C(0)/V(a) \rfloor$
READ	i	$C(i) \leftarrow$ 当前输入字；带头右移一格
READ	*i	$C(C(i)) \leftarrow$ 当前输入字；带头右移一格
WRITE	a	在只写输出带的当前方格（即带头所指的方格）上打印 $V(a)$ 后，带头右移一格
JUMP	b	指令计数器←标号 b 的值

指　　令		指令的含义
JGTZ	b	当 $C(0) > 0$ 时，指令计数器←标号 b 的值；否则，指令计数器←指令计数器的当前值+1
JZERO	b	当 $C(0)=0$ 时，指令计数器←标号 b 的值；否则，指令计数器←指令计数器的当前值+1
HALT		停机

* 记号 $\lfloor x \rfloor$ 表示取小于或等于 x 的最大整数，$\lceil x \rceil$ 表示取大于或等于 x 的最小整数。

RAM 在执行一个程序时的工作过程与计算机的工作过程基本相同：首先，指令计数器指向程序的第一条指令，输入带上已有一串输入数据（当这个程序要求输入某些数据时），输入带头对准第一个输入字 x_1 所在的方格；输出带上全是空白，输出带头指向左端第一个方格。当机器执行第 k 条指令时，如果被执行的指令不是转移指令和停机指令，机器就完成操作码定义的有关操作，然后指令计数器自动加1，指向第 $k+1$ 条指令。如果执行的指令是无条件转移指令，则无条件转向这条指令的操作地址部分的标号所指定的那条指令（设程序中的指令都是可以加标号的）。如果执行的指令是条件转移指令，那么如果条件满足则转向这条指令的操作地址部分的标号所指定的那条指令；如果条件不满足，则顺序执行下一条指令。当执行的指令是 HALT 时就停机。

机器执行输入指令时，就从只读输入带上读入一个数据。当机器执行输出指令时，就在只写输出带上打印结果。当然，一个程序也可能没有输入指令（或者它不需要输入数据，或者它需要的数据在程序中用直接数型指令给出）。一般说来，一个程序至少应有一条输出指令。

一般说来，一个 RAM 程序定义了一个从输入信息到输出信息的映射。可以对这种映射关系作不同的解释，但最重要的两种解释是：一个 RAM 程序或者计算一个函数，或者识别一个语言。

假定一个程序 P 总是从输入带上读入 n 个整数 x_1，x_2，…，x_n，并且在输出带的第一个方格上输出整数 y 后停机，我们就说程序 P 计算了函数 $f(x_1, x_2, \cdots, x_n)$，且得到函数值 $y=f(x_1, x_2, \cdots, x_n)$。

对 RAM 程序的另一种解释是把它当作一个语言接受器。一个语言 L 是一个有穷字母表 Σ 上的字符串的集合。设字母表的长度为 k，可以用整数 1，2，3，…，k 分别表示字母表 Σ 中的各符号。

将字符串 $S=a_1a_2\cdots a_n$ 放在输入带上，第 1 个方格放置 a_1，第 2 个方格放置 a_2，…，第 n 个方格放置 a_n。在输入带的第 $n+1$ 格放上数字 0 表示输入串的结束。如果一个 RAM 程序 P 在读入字符串 S 和结束标志 0 后，在输入带的第一格印出一个数字 1 并停机，就说程序 P 接受输入字符串 $a_1a_2\cdots a_n$，或者说 $a_1a_2\cdots a_n$ 是可由程序 P 识别的。

P 接受的（或 P 识别的）语言 $L(P)$ 是 P 可接受的所有输入串的集合（这个集合中字符串的个数可能是有穷的，也可能是无穷的）。对于不属于 P 接受的语言 $L(P)$ 中的输入串，P 或者在输出带上印出一个异于数字 1 的符号并终止，或者 P 永远不停机。

下面是两个 RAM 程序的例子。其中第一个例子为计算一个函数，第二个例子为识别一个语言。

（1）考虑如下定义的函数 $f(n)$：

$$f(n) = \begin{cases} n^n & n > 0 \\ 0 & n \leqslant 0 \end{cases}$$

计算 $f(n)$ 的算法描述如下。

```
//计算 f(n)的算法//
void FUNCTION(int r1)   {
    if (r1 <= 0) {
        printf("0\n");
    }else{
        int r2 = r1;
        int r3 = r1 - 1;
        while (r3 > 0) {
        r2 = r2 * r1;
        r3 = r3 - 1;
        }
        printf("%d\n", r2);
    }
}
```

与之相对应的 RAM 程序如表 1.5 所示。其中变量 r_1，r_2 和 r_3 分别存放在 RAM 的内存储器 R_1，R_2 和 R_3 中。

表 1.5 与之相对应的 RAM 程序

标　　号	RAM 指令	算法中的相应语句
	READ 1	read (r_1)
	LOAD 1	
	JGTZ pos	if $r_1 \leqslant 0$ then write (0)
	WRITE =0	
	JUMP endif	
	LOAD 1	$r_2 \leftarrow r_1$
	STORE 2	
pos:	LOAD 1	$r_3 \leftarrow r_1 - 1$
	SUB =1	
	STORE 3	
while:	LOAD 3	while $r_3 > 0$ do
	JGTZ continue	
	JUMP endwhile	
	LOAD 2	$r_2 \leftarrow r_2 * r_1$
	MULT 1	
	STORE 2	
continue:	LOAD 3	$r_3 \leftarrow r_3 - 1$
	SUB =1	
	STORE 3	
	JUMP while	

续表

标　　号	RAM 指令	算法中的相应语句
endwhile:	WRITE　　2	write (r_2)
endif:	HALT	

（2）考虑一个 RAM 程序，它接受字母表 $\Sigma=\{1,2\}$ 上的一个语言 L_{12}，该语言包含所有由同样多个 1 和 2 组成的符号串。

程序的核心思想是，依次从输入带上读入符号 x 到寄存器 R_1 中，并且在寄存器 R_2 中记着到目前为止所输入的数字 1 和 2 的个数之差 d。当输入带头读到结束标识符 0 时，程序检查 d 是否为 0。如果 $d=0$，则在输出带上打印数字 1 并停机；否则，机器不输出任何结果。

接受该语言的算法可以描述如下：

```
//接受语言 L12 的算法//
void ACCEPTE()
    int D = 0;
    int X;
    scanf("%d", &X);
    while X≠0 {
        if(X==2)   D = D - 1;
        if(X==1)   D = D + 1;
        scanf("%d", &X);
    }
    If(D==0) printf("1\n");;
}
```

与之相对应的 RAM 程序如表 1.6 所示。

表 1.6　与之相对应的 RAM 程序

标　　号	RAM 指令	算法中相应的语句
	LOAD　　=0	D←0
	STORE　　2	
	READ　　1	read (X)
while:	LOAD　　1	
	JZERO　　endwhile	
	LOAD　　1	while X≠0 do
	SUB　　=1	
	JZERO　　one	if X=1
	SUB　　=1	
	JZERO　　two	if X=2
	JUMP　　endif	
two:	LOAD　　2	
	SUB　　=1	
	STORE　　2	then D←D−1
	JUMP　　endif	

续表

标　　号	RAM 指令	算法中相应的语句
one:	LOAD　　2 ADD　　=1 STORE　　2	then D←D+1;
endif:	READ　　1 JUMP　　while	read (X)
endwhile:	LOAD　　2 JZERO　　output HALT	if D=0 then write (1)
output:	WRITE　　=1 HALT	

1.3　算法及其复杂性测度

有了 RAM 模型，我们就可以将一个算法精确地描述出来，对于精确描述的算法，就可以度量其计算复杂性了。而要度量算法的复杂性，首先要定义问题的大小。

定义 1.1　一个问题的大小或体积是对问题的输入数据的多少或者大小的一种度量，它通常可以用一个整数来表示。

例如，一个行列式的阶、一个矩阵的阶可以作为问题的大小，因为这个数的大小能够反映问题的输入数据的多少。又例如，对于整数分解问题，整数的位数可以作为问题的大小，因为位数的大小能够反映问题的输入数据的大小。

值得指出的是，能够用来反映某个问题的大小或者体积的度量可能不止一个。例如，对于一个图来说，可以用图的阶作为大小的度量，也可以用图包含的边的条数作为大小的度量。对于矩阵来说，可以用矩阵的阶，也可以用矩阵包含的元素个数，甚至可以用矩阵的所有元素包含的位数的总和作为大小的度量，等等。一般地，只要一个问题的输入数据的多少或者大小随某个量的变化而变化，这个量就可以被选取作为问题大小的度量。因此，一般来说，对于一个矩阵，选取它的某个元素的值作为问题大小的度量是不合适的。但是，如果已知矩阵的元素都是正数，其中最大元素不超过矩阵包含的元素个数，那么矩阵元素的最大值就可以作为问题大小的度量了。

定义 1.2　如果一个问题的体积是 n，解决这一问题的某一个算法所需的时间为 $T(n)$，$T(n)$ 是 n 的一个函数，则称 $T(n)$ 为该算法的时间复杂性。

定义 1.3　如果一个问题的体积是 n，解决这一问题的某一个算法所需的空间为 $S(n)$，$S(n)$ 是 n 的一个函数，则称 $S(n)$ 为该算法的空间复杂性。

在上述定义中，所谓解决某一个问题的一个算法所需的时间，就是精确描述该算法的 RAM 程序执行的每一条指令所耗费的时间的总和，解决某一个问题的一个算法所需的空间，就是精确描述该算法的 RAM 程序涉及的每个存储器所使用过的空间的总和。

想要计算 RAM 程序执行的每一条指令所耗费的时间的总和，则需要知道一条指令所耗费的时间该如何计算，而想要计算 RAM 程序涉及的每个存储器所使用过的空间的总和，则需要知道一个存储器所使用过的空间该如何计算，这就涉及耗费标准。

通常可以采用两种时空耗费标准——**均匀耗费标准**（Uniform Cost Criterion）和**对数耗费标准**（Logarithmic Cost Criterion）。在多数情况下，我们使用均匀耗费标准。

均匀耗费标准的含义是：每执行一条 RAM 指令需要一个单位时间，每个数据需要占有一个单位空间（例如一个内存单元）。这种标准是比较粗略的。因为实际的计算机，执行不同类型的指令所需的时间一般并不相等。甚至同一条指令的执行时间也会随着操作数的不同而不同。然而，从宏观的角度，我们把这里的"一个单位时间"解释为执行一个 RAM 程序时每条指令"平均所需的时间"，仍然是符合实际的。至于每个数据需要占用一个单位空间，因为在多数情况下，数据的大小没有超过一个机器字允许的存储的范围，因而也是与实际情况相符的。

对数耗费标准的提出是由于实际的计算机字长很有限而且长度固定。RAM 中假定一个寄存器可以存放一个任意大小的整数且任何操作（例如两个很大的整数相乘）都可以用一条指令完成，这些假定有时是与实际情况不符的。因为一个整数 n 在寄存器里至少要占用 $\lfloor \log_2 n \rfloor + 1$ 个二进制位，当这个位数超过机器字长时，不仅一个单元装不下这样大的一个数，而且这些数值之间的运算也不可能用一条指令来完成。在这种情况下，一个 RAM 程序的时空耗费就与数据的长度有直接的关系。对数耗费标准的含义是：一条指令的耗费与操作数的长度成比例，这里操作数的长度是指当操作数以二进制表示时的位数。

本书中我们主要采用均匀耗费标准。

即使定义了耗费标准，如何计算 RAM 程序执行的每一条指令所耗费的时间的总和，以及涉及的每个存储器所使用过的空间的总和还是有问题的，因为一个算法对于不同输入，所选择执行的分支可能是不同的，而对于不同分支，时间总和和空间总和是不同的。

这里介绍两种计算方法，这两种方法都是经常被采用的。

定义 1.4　设 D_n 是某个问题规模为 n 时全体输入的集合，I 是 D_n 的一个元素。对于输入 I，$t(I)$ 是一个 RAM 程序执行每一条指令所耗费的时间的总和。那么，一个 RAM 程序在最坏情况下的时间复杂性 $T_W(n)$ 定义为：

$$T_W(n) = \max_{\text{对一切} I \in D_n} \{t(I)\}$$

如果输入 I 出现的概率是 $q(I)$，$0 \leq q(I) \leq 1$ 且

$$\sum_{\text{对一切} I \in D_n} q(I) = 1$$

那么，一个 RAM 程序的期望时间复杂性定义为：

$$T_{\exp}(n) = \sum_{\text{对一切} I \in D_n} q(I) \cdot t(I)$$

对称地，对于空间复杂性，有：

定义 1.5　设 D_n 是某个问题规模为 n 时全体输入的集合，I 是 D_n 的一个元素。对于输入 I，$s(I)$ 是一个 RAM 程序涉及的每个存储器所使用过的空间的总和，那么，一个 RAM 程序在最坏情况下的空间复杂性 $S_W(n)$ 定义为：

$$S_W(n) = \max_{\text{对一切} I \in D_n} \{s(I)\}$$

如果输入 I 出现的概率是 $q(I)$，$0 \leq q(I) \leq 1$ 且

$$\sum_{\text{对一切} I \in D_n} q(I) = 1$$

那么，一个 RAM 程序的期望空间复杂性定义为：

$$S_{\exp}(n) = \sum_{\text{对一切} I \in D_n} q(I) \cdot s(I)$$

例 1.1　假定三个元素 a、b、c 的各种大小关系以相等的概率出现，计算按照图 1.2 所示的顺序比较大小，并实现 a、b、c 三个元素排序的算法在最坏情况下的比较次数和期望意义下的比较次数。

从图 1.2 知道，最坏情况下的比较次数是 3。因为假定了三个元素 a、b、c 的各种大小关系以相等的概率出现，故 6 种可能情形的概率都为 $\frac{1}{6}$，因而，期望意义下的比较次数为：

$$\frac{1}{6} \times 2 + \frac{1}{6} \times 3 + \frac{1}{6} \times 3 + \frac{1}{6} \times 3 + \frac{1}{6} \times 3 + \frac{1}{6} \times 2$$

$$\approx 2.67$$

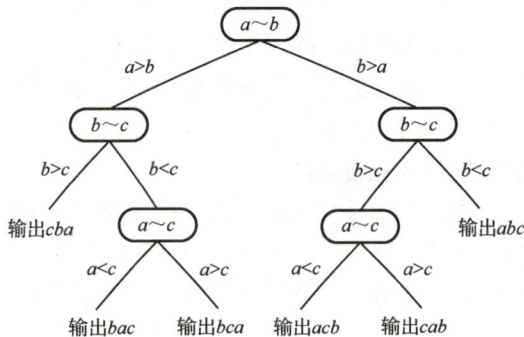

图 1.2　三个元素排序的判定树

与最坏情况下时间复杂性和最坏情况下空间复杂性不同，期望时间复杂性和期望空间复杂性反映的是一个算法的时间复杂性和空间复杂性的平均性态。一般说来，一个算法的期望复杂性往往比最坏情况下的复杂性更难确定。因为在分析一个算法的期望复杂性时，必须对各种输入的概率分布做出假设，而切合实际的假设有时是很难给出的。在大多数情况下，我们主要研究各算法的最坏情况复杂性，比较算法最坏情况复杂性的优劣。主要原因固然和比较容易处理有关，但同时最坏情况复杂性也确实能够反映算法性态。实际上，"最坏情况最好"是经常被采用的标准之一。例如，在数值逼近中间，函数偏差的切比晓夫模度量的就是最大偏差，而最佳一致逼近多项式就是与 $f(x)$ 最大偏差最小的多项式。

但是，确实有些算法，它的最坏情况复杂性表现不佳，但平均性态比较好，因为出现最坏情况的概率很低。所以，有些情况下，我们也研究算法的期望复杂性，寻找期望复杂性较好的算法。值得指出的是，一个"最坏情况复杂性"较好的算法，它的期望时间复杂性不一定有好的表现，而且这个说法反过来也是对的。还是用函数逼近举例，切比晓夫模意义下的最佳逼近多项式不一定是欧几里得模意义下的最

佳逼近多项式，反过来，欧几里得模意义下的最佳逼近多项式也不一定是切比晓夫模意义下的最佳逼近多项式。

最坏情况时间（空间）复杂性和期望时间（空间）复杂性实际上是定义了时间（空间）复杂性的计算方法。对于计算出来的复杂性函数，我们特别关心这些函数的渐近特性，也就是，当 n 逐渐增大时，时间复杂性和空间复杂性的极限情形，即渐近时间复杂性和渐近空间复杂性。因为渐近时间复杂性和渐近空间复杂性反映时间复杂性和空间复杂性随问题规模的增长而增长的快慢，决定算法最终能够解决的问题规模。

度量复杂性的渐近特性需要引入复杂性函数的量级。

定义 1.6　一个函数 $g(n)$ 是 $O(f(n))$ 的，当且仅当存在一个常数 $c > 0$ 和一个 $n_0 \geq 0$，对一切 $n \geq n_0$，有 $g(n) \leq cf(n)$ 成立。有时也称函数 $g(n)$ 以 $f(n)$ 为界，或者 $g(n)$ 囿于 $f(n)$，或者 $g(n)$ 是 $f(n)$ 量级的。

我们用 $g(n) = O(f(n))$ 表示 $g(n)$ 是 $O(f(n))$ 的。

特别地，当 $f(n)$ 是多项式函数时，我们常用多项式的阶来定义 $g(n)$ 的量级。例如，如果对于某个常数 $c > 0$，解决某一问题的一个算法能够在 cn^2 的时间内处理完该问题的大小为 n 的所有输入，称该算法的时间复杂性为 $O(n^2)$ 的，读作 n 平方级的。

例如：

因为对所有 $n \geq 1$，有 $3n \leq 4n$，所以，$3n = O(n)$。

因为当 $n \geq 12$ 时，有 $10n + 20 \leq n^2$，所以，$10n + 20 = O(n^2)$。

n^3 不是 $O(n^2)$ 的。因为不可能存在这样的常数 c 和自然数 $n_0 \geq 1$，使得对一切 $n \geq n_0$，$n^3 \leq cn^2$ 均成立。

按照 O 的定义，容易证明它有以下一些性质。

（1）$O(f(n)) + O(g(n)) = O(f(n) + g(n))$。

（2）$O(f(n)) + O(g(n)) = \begin{cases} O(f(n)) & \text{如果} g(n) = O(f(n)) \\ O(g(n)) & \text{如果} f(n) = O(g(n)) \end{cases}$。

（3）$f(n) = O(f(n))$。

（4）$O(cf(n)) = O(f(n))$，其中，c 为常数，$c > 0$。

我们证明第二个性质。其余性质的证明留给读者作为练习。

设 $F(n) = O(f(n))$，$G(n) = O(g(n))$。根据 O 的定义，存在常数 $c_1 > 0$ 和 $c_2 > 0$，以及自然数 $n_1 \geq 1$ 和 $n_2 \geq 1$，使得对所有 $n \geq n_1$，$F(n) \leq c_1 f(n)$，对所有 $n \geq n_2$，$G(n) \leq c_2 g(n)$。

如果 $g(n) = O(f(n))$，则存在常数 $c_3 > 0$ 以及自然数 $n_3 \geq 1$，使得对所有 $n \geq n_3$，$g(n) \leq c_3 f(n)$。于是，对任意 $n \geq \max\{n_1, n_2, n_3\}$：

$$O(f(n)) + O(g(n)) \leq c_1 f(n) + c_2 g(n)$$
$$\leq c_1 f(n) + c_2 c_3 f(n)$$
$$\leq (c_1 + c_2 c_3) f(n)$$

即，$O(f(n)) + O(g(n)) = O(f(n))$。

同理可证，如果 $f(n) = O(g(n))$，则有 $O(f(n)) + O(g(n)) = O(g(n))$。

应该指出，根据符号 O 的定义，用它评估算法的复杂性，得到的是问题规模足够大时复杂性的一个上界，当然只有这个上界越精确，结果才越有价值。通常分析复杂性时不得不进行放大，有时候放大的结果使得一个好算法的复杂性看起来不太美妙。这是要避免的。很多情况下分析复杂性不是难事，精确分析有时候变得很困难。

当一个问题还没有求解算法时，能够设计出一个算法是令人高兴的一件事情。一旦有了求解算法，不断改进算法，降低算法的时空复杂性将成为人们的追求目标。

然而一个问题的求解算法并不是可以无限制改进的。每个问题都有其固有的计算复杂性下界。

例如，对于给定的 n 个数用比较判别法从中确定最大的数，至少需要进行 $n-1$ 次比较。$n-1$ 次比较就是该问题的计算复杂性下界。如果求解某一个问题的某一个算法的复杂性已经达到该问题的计算复杂性下界，这个算法就成为求解该问题的最佳算法。最佳算法的复杂性不可能进一步改进。换句话说，求解某个问题的某个算法的复杂性如果优于该问题的计算复杂性下界，这个算法必然是错误的，它不可能对满足问题定义的所有输入都能正确求解。

分析和确定一个问题的计算复杂性下界是一件比设计一个算法更加困难的事情。前面指出，根据符号 O 的定义，用它评估算法的复杂性，得到的是问题规模足够大时复杂性的一个上界，这个上界越精确，结果越有价值。分析和确定一个问题的计算复杂性下界的困难，同样在于确定一个精确的值。下界要尽可能大才有意义。

例如，对于旅行商问题，一个很容易给出的计算复杂性下界可以这样确定：任何一条周游回路必须包含 n 条边，所以，任意求解旅行商问题的算法，必须至少包含 n 次对边进行操作的动作，故任意算法的时间复杂性至少是 $O(n)$。这个结果当然是对的，只是太平凡。我们现在能够找到的求解旅行商问题的任何算法，涉及的对边进行操作的动作的次数往往以关于 n 的指数函数为界，这是远远高于 $O(n)$ 的。

对于现实中所有需要求解的问题，是否都可以设计出算法呢？回答是否定的。实际上，现有问题可以分成三类：

（1）无法写出算法的问题。有些问题是不可计算的，不可计算的问题当然无法写出算法。还有些问题，我们虽然可以写出一个过程，但能否终止取决于问题的证明。例如，可以写出一个过程，从 2 开始往后逐个数验证哥德巴赫猜想是否正确。如果人类证明了哥德巴赫猜想是错误的，那么我们验证的过程中必然遇到一个让验证可以终止的数，这样，这个过程就变成了算法，因为有穷步之后必然终止。

（2）有以多项式为界的求解算法存在的问题。这样一类问题是大量存在的，现实中有许多问题属于这一类。例如，矩阵相乘、矩阵求和、排序问题，等等，都属于这一类。

（3）介于前两类问题之间的问题。这些问题一般可以写出算法，但是，算法的时间复杂性往往是关于问题规模的指数函数（底大于 1）。对于这类问题，即使规模很小，现代计算机实际上都解决不了。例如，第 7 章我们要介绍的 NP 完全问题就属于这样一类。

1.4　RAM 模型的简化

用 RAM 模型描述算法虽然精确，但是将算法设计者的精力分散到了许多描述的细节上。通常，求解一个问题的算法有一些关键动作（或者说操作）是必需的、执行次数最多的，其他动作（或者操作）伴随这些关键动作（或者说操作）进行，它们或者与关键动作一道共同完成某个计算目标，或者控制这些关键动作按照既定的顺序发生。因此，这些关键动作数量的增加和减少，能够决定算法的复杂性。

这样就提出了 RAM 模型简化的问题：定义一些简单的模型，只保留 RAM 模型的某些主要特征，使得算法的描述、分析变得简单，同时又不影响问题的解决。

这样一种思想的运用，在生活中是很多的。举个例子，远古时代炫耀战功以斩杀的敌人数量作为度量。可以用尸体的数量反映斩杀敌人的数量。由于搬运尸体很困难，于是改用头颅的数量反映斩杀敌人的数量。头颅仍然太大，于是改用耳朵（例如，仅仅左耳）的数量反映斩杀敌人的数量。耳朵的搬运非常容易，但是能够反映斩杀敌人的数量。

1.4.1　直线式程序模型

先考虑一种没有任何转移指令出现的所谓直线式程序模型。直线式程序的所有指令是逐条顺序执行的。直线式程序模型通过利用如下几条规则简化 RAM 的指令系统得到：

（1）去掉循环。这样做的理由是充分的：①当循环次数是已知数 n 时，可以用相应的指令组重复 n 次的办法"展开"一个循环，使它变成一个直线式程序段。②在一个 RAM 程序中，控制一个次数不超过 n 的循环的某些测试指令和转移指令的时间消耗，充其量是 $O(n)$，去掉它们不会影响计算复杂性。

（2）去掉输入/输出指令。只要假设一个程序所要求的初始输入在程序开始执行前就已经存放在内存中，就可以去掉输入语句。同样地，可以指定某些单元为输出变量而去掉输出语句。程序的输出是这个程序运行终止时指定单元中的结果。

（3）去掉间接寻址方式。对于大多数程序，假定间接寻址指令所涉及的间接寻址寄存器中的值最多只与 n 有关而与输入数据的大小无关是合理的。另外，可以事先确定程序中各间接寻址指令的操作数地址。因此，间接寻址可以不用。

（4）地址符号化。因为每个程序仅仅涉及有限个寄存器，可以使内存单元号和变量名一一对应。用符号名而不用内存单元号来写程序更方便。于是，可以通过符号化的语句

$$c \leftarrow a+b$$

来取代，如：

```
LOAD    a
ADD     b
STORE   c
```

这样的指令组，等等。

这样简化后的直线式程序的指令系统，只要以下几个符号化语句就够了：

```
X←Y+Z；
X←Y–Z；
X←Y*Z；
X←Y/Z；
X←i
```

这里，X、Y、Z 都是符号地址或变量名，i 是常数。显然，在累加器上执行由上述指令组成的任何指令序列，都可以用这五个符号化语句构成的序列来取代。

例 1.2　计算 n 次多项式 $P(x)$ 的值，设
$$P(x)=a_nx^n+a_{n-1}x^{n-1}+\cdots+a_1x+a_0$$
输入数据是 $n+1$ 个系数和自变量 x 的值。

按照秦九韶法则，$P(x)$ 的值可以这样计算：

$P←a_n*x$

$P←P+a_{n-1}$

$P←P*x$

$P←P+a_{n-2}$

$\cdots\cdots\cdots\cdots$

$P←P*x$

$P←P+a_0$

显然，用直线式程序描述的 n 次多项式计算过程，简单、清晰。其复杂性一目了然：对任意 n 次多项式，计算 $P_n(x)$ 共需要 n 次乘法和 n 次加法。

为了认识直线式程序给算法的分析证明带来的方便，我们将计算 n 次多项式 $P(x)$ 的问题展开讨论一下。

如果不用秦九韶法则，也可以用其他算法计算 $P(x)$ 的值。但是，我们立马能够想到的其他方法，比如直接计算等，所需要的乘法次数和加法次数都比秦九韶法则多。秦九韶法则是最好的吗？下面的定理给出肯定回答。

定理 1.1　对于 $0\leqslant k\leqslant n$，求 $p(x)=a_nx^n+a_{n-1}x^{n-1}+\cdots+a_{n-k}x^{n-k}$ 的值，一个算法至少包含 k 步+（或–）运算。

证明：对于 $k=0$，求 $p(x)=a_nx^n+a_{n-1}x^{n-1}+\cdots+a_{n-k}x^{n-k}$ 的值，一个算法至少包含 0 步+（或–）运算，命题显然正确。

假定对于 $k=r-1(r>0)$，命题仍然正确。

$k=r$ 时，设 $S(r)$ 是对 x，a_n，a_{n-1}，$\cdots$，a_{n-r} 的任何值求 $p(x)$ 值的一个算法，那么，必有一步+(–)运算使用 a_{n-r}。否则，$p(x)$ 如果不是 a_{n-r} 的倍数，那么一定与 a_{n-r} 无关，这是不可能的。

设 $s_i=s_j+(-)s_{n-r}$ 是第一次使用 a_{n-r} 的步骤，这个步骤在算法 $S(r)$ 中是第 i 步。我们消去这一步并对算法进行如下修改：

令 $a_{n-r}=0$。于是，可以去掉第 i 步，并且在所有其他步骤上用 s_j 或 $-s_j$ 代替 s_i。其他含有 a_{n-r} 的+(–)步可以做类似修改。

这样可以得到求 $q(x)=a_nx^n+\cdots+a_{n-(r-1)}x^{n-(r-1)}$ 的值的一个算法 $S(r-1)$。

　　根据归纳假设，算法 $S(r-1)$ 至少有 $r-1$ 步+(-)运算。因为利用 $S(r)$ 构造 $S(r-1)$ 至少消去一步+(-)运算，所以 $S(r)$ 原来至少有 r 步+(-)运算。　　　　　　　　■

　　还可以证明 n 次乘法也是必需的。既然对于 n 次多项式计算，n 次乘法和 n 次加法是不可缺少的，秦九韶法则给出的就是最佳算法了。

　　秦九韶算法占用的空间单元个数为 $n+3$（$n+1$ 个系数，自变量 x 和结果 p），所以其空间复杂性亦是 $O(n)$。不言而喻，这里采用的都是均匀耗费标准。

　　我们常常把直线式程序的时间复杂性记作 $O_A(f(n))$。下标 A 表示"按算术运算步"的均匀耗费。这是直线式程序的主要特征。于是，计算多项式 $p_n(x)$ 的时间复杂性和空间复杂性都是 $O_A(n)$。

1.4.2　判定树模型

　　如果条件测试和转移指令的条数成为一个算法必需而且数量最多的动作，则将算法中执行的条件测试和转移指令的条数当作计算复杂性的测度是合理的。例如在排序问题中，根据两个元素的比较结果而分成两路继续计算的模型，反映了比较排序的主要特征。如果将两个元素的比较表示成一棵二叉树的某个内节点，则比较结果就可以决定下一次比较应转向该节点的哪个儿子。这个过程反复进行，直到达到一个叶节点。叶节点指出了元素的排列顺序。

　　将第一次比较置于根节点上，以后每次比较都有一个相应的内节点与其对应，排序的结果用叶片表示，一个排序算法就对应着唯一的一棵二叉树模型。由于二叉树模型的非叶节点都对应着一个判定，所以也称其为判定树模型。显然，判定树模型的时间复杂性和树的高度成正比，最坏情况下的时间复杂性即判定树的高度。判定树的期望时间复杂性就是这棵树中所有叶片的期望深度，通常用符号 $O_C(f(n))$ 来表示该模型的算法复杂性的量级。图 1.3 是对 a, b, c 三个数排序的一棵判定树，$a \sim b$ 表示 a 和 b 两个数比较一次。因为三个元素共有 6 种不同的排列，所以这棵判定树有且仅有 6 个叶片。图 1.3 所示的树的高度等于 3。如果 a、b、c 三个元素的所有排列以相等的概率出现，则图 1.3 所示的树的叶片的期望深度等于

$$\frac{1}{6} \times 2 + \frac{1}{6} \times 3 + \frac{1}{6} \times 3 + \frac{1}{6} \times 3 + \frac{1}{6} \times 3 + \frac{1}{6} \times 2$$

$$\approx 2.67$$

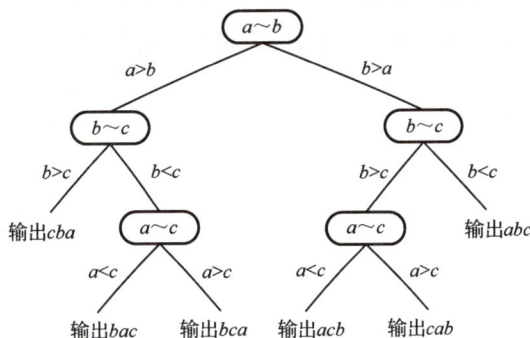

图 1.3　三个元素排序的判定树

1.4.3　算法描述语言

用 RAM 描述算法太过烦琐。为了可以简单描述算法，我们常用类高级语言描述算法。类高级语言由高级语言经过忽略一些语法细节得到，保留部分的语法特性，能够清晰且无歧义地描述算法执行的动作。

为了方便描述算法，类高级语言还可以扩展增加很多自然的描述机制，比如，一些数学公式可以出现在类高级语言描述的算法中，甚至，自然语言也可以出现在算法中描述算法的动作。只要这些语句清晰、无歧义，且具备能行性，这些语句就可以使用。语句清晰、无歧义和具备能行性是指，如果愿意，可以用一段 RAM 程序实现这个语句。例如：

（1）设 a 是集合 S 中的最小元素；

（2）给元素 a 加上"旧的"标记；

（3）令 m 是使得 $C_{i,k-1}+C_{k-1,j}$ 和的最小的 k（$i \leqslant k \leqslant j$）的取值。

这些都是清晰而无歧义的，在算法中可以使用。对于第一条语句，可以用 RAM 指令写一个循环求出 S 中元素的最小值并将该值赋给 a。对于第三条语句，可以用 RAM 指令写一个循坏求出 $C_{i,i-1}+C_{i-1,j}$，$C_{i,i}+C_{i,j}$，…，$C_{i,j-1}+C_{j-1,j}$ 的最小值及相应的下标 k 的值，并将该值赋给 m。第二条语句如果出现在算法中，算法中就应该有用来标记元素的量，并且这些量是可以修改的。可以用 RAM 指令写一段程序找到"旧的"标记并赋给 a。

有些语句虽然清晰无歧义，但是在算法中也不能用。例如，"如果哥德巴赫猜想正确，执行以下操作"这句话就不能写在算法中，这个动作不可行，即使下功夫，现在也写不出一段 RAM 程序实现上述动作。

允许在算法描述中使用自然语言给算法描述带来方便，但是进行复杂性计算有些困难，往往必须回到 RAM 模型或者简化模型层面才能计算。例如，有两个 n 阶矩阵 A 和 B，我们要计算这两个矩阵行列式的和，可以写出如下三个语句组成的算法：

> 1. 计算 n 阶矩阵 A 的行列式的值，结果记为 a；
> 2. 计算 n 阶矩阵 B 的行列式的值，结果记为 b；
> 3. 令 $c=a+b$。

即使采用三角化方法计算 n 阶矩阵 A 的行列式的值，语句 1 和语句 2 需要的加法和乘法运算次数都是 $O(n^3)$，因此算法所需要的总的加法和乘法运算次数为 $O(n^3)+O(n^3)+1=O(n^3)$。

很多情况下人们都采用类高级语言描述算法，特别是当算法比较复杂时更是这样。本书中的算法都采用类高级语言描述。

本章小结

算法是一个有穷规则的有序集合。这些规则确定了解决某一类问题的一个运算序列，对于该类问题的任何初始输入，它能机械地、一步一步地计算，并在有限步后终止计算，产生输出。

　　算法有有穷性、确定性、能行性、输入、输出 5 大特征。为了定义确定性、能行性，以及为了计算算法的复杂性，本章介绍了随机存取模型 RAM。

　　给定了耗费标准以后，有两种方法计算算法的复杂性。一种是计算算法在最坏情况下的复杂性，另一种是计算算法在期望意义下的复杂性。对于算法的复杂性，我们更关心其渐近特性，因为渐近特性刻画了复杂性随问题规模增加而增长的速度，它最终决定算法能够解决的问题的规模。

习题

　　1. 对下面的函数对，确定最小的整数值 $n_0 \geq 0$，使得当 $n > n_0$ 时，每对中的第一个函数值恒大于等于第二个函数值。

（1）n^2，$10n$　　　　　　（2）2^n，$2n^3$　　　　　　（3）$n^2/\log_2 n$，$n(\log_2 n)^2$

（4）$n^3/2$，$n^{2.81}$　　　　（5）$2000 n^2$，$n(n+1)$　　（6）$0.01n^3$，$100 n^2$

（7）$\log_2^2 n$，$\log_2 n^2$　　（8）$n!$，$(n-1)!$

　　2. 某硬件厂商 A 宣称它最新研制的微处理器运行速度为其竞争对手 L 公司同类产品的 100 倍。对于计算复杂性分别为 n，n^2，$n\log_2 n$ 和 $n!$ 的算法，若用 A 公司的计算机在一小时内能解决输入规模为 n 的问题，那么，用 L 公司的计算机在一小时内能分别解决规模为多少的问题？

　　3. 高斯消去法是求解有 n 个变量的 n 阶线性方程组的解的经典算法。它大约需要做 $\frac{1}{3}n^3$ 次乘法。假定某台计算机每秒能够执行一亿次加法运算或者乘法运算，那么，求 1000 阶线性方程的解和求 500 阶线性方程的解分别要花多长时间？

　　4. 如果 a）对于某一 $\varepsilon > 0$ 存在 $N_0 > 0$，当 $n > N_0$ 时，有 $f(n) \geq \varepsilon$ 且 b）存在常数 $c_1 > 0$ 和 $c_2 > 0$，使得当 $n > N_0$ 时，有

$$g(n) \leq c_1 f(n) + c_2$$

证明 $g(n)$ 是 $O(f(n))$。

　　5. 如果存在一个正的常数 c，使得对于一切 $n \geq 0$，有 $f(n) \leq cg(n)$，则记为 $f(n) \preceq g(n)$。试证明：若 $f_1 \preceq g_1$ 和 $f_2 \preceq g_2$，必有

$$f_1 + f_2 \preceq g_1 + g_2$$

关系"$\preceq$"还有什么性质？

　　6. 证明

（1）$O(f(n)) + O(g(n)) = O(f(n) + g(n))$

（2）$f(n) = O(f(n))$

（3）$O(c f(n)) = O(f(n))$，其中，c 为常数，$c > 0$。

　　7. 写出一个计算 n^n 的 RAM 程序，要求在均匀耗费标准下，其时间复杂性为 $O(\log_2 n)$，并证明你的程序正确性。

　　8. 输入三个整数 a，b，c，已知没有两数相等。

（1）写出一个找到它们中位数的算法。

（2）在最坏情况和平均情况下，你的算法分别需要比较多少次？

（3）在最坏情况下，从三个数中找出中位数必须进行几次比较？证明你的结论。

9．定义函数

$$g(m,n)=\begin{cases}n & m=0 \\ 2^{g(m-1,n)} & m>0\end{cases}$$

试给出一个计算 $g(m,n)$ 的程序，并研究你的程序的均匀耗费和对数耗费。

10．试写出能完成下列工作的 RAM 程序和类高级语言程序：

（1）输入 n，计算 $n!$。

（2）读入 n 个正整数（0 作为结束标志），按照从大到小的顺序输出这 n 个正整数。

（3）接收一切形如 $1^n2^{n^2}0$ 的输入串。

11．在对数耗费下，证明时间复杂性为 $T(n)$ 的任何 RAM 程序，有一个其指令中没有 MULT 指令和 DIV 指令的 RAM 程序与它代价，其时间复杂性为 $O(T^2(n))$。〔提示：用子程序模拟 MULT 指令和 DIV 指令，这些子程序用编号为偶数的寄存器做暂存单元。对于 MULT 指令，证明如果 i 乘以 j，可以在 $O(l(j))$ 步之内计算出 $l(j)$ 个部分积并对这些部分积求和，而每一步的耗费是 $O(l(i))$。〕

12．若从指令系统中去掉 MULT 指令和 DIV 指令，RAM 的计算能力会发生什么变化？计算复杂性会发生什么变化？

13．证明下面恒等式：

（1）$\lceil \log_2(n+1) \rceil = \lfloor \log_2(n) \rfloor + 1$

（2）$\left\lceil \dfrac{n}{2} \right\rceil = \left\lfloor \dfrac{n+1}{2} \right\rfloor$

14．给出一个 3×3 的矩阵中的 9 个标量元素，写一个直线式程序计算矩阵的行列式值。

15．假设一个有 n 个顶点的无向图 G 用一个二进制位向量 V_i 的集合表示。这里，V_i 的第 j 个分量为 1 当且仅当 G 有一条从顶点 i 到顶点 j 的边。试给出一个时间复杂性为 $O_{BV}(n)$ 的算法确定向量 P_1，其中 P_1 的第 j 位为 1 当且仅当有一条从顶点 1 到顶点 j 的路径。可以使用以下几个特殊的操作：

（1）位向量上逐位的逻辑操作；

（2）给某向量的特定位置 0 或 1；

（3）测试位向量 V。若被测向量中最左边的那个 1 在第 j 位，则把整数 j 赋值给整变量 I，否则 I 赋值为 0。

16．试证明任何布尔函数可以用一个直线式程序来计算。

17．给定 n，编写一个在 $O(n)$ 步内计算出 2^{2^n} 的类高级语言程序。按照均匀和对数耗费两种标准，求你编写的程序的时间和空间复杂性。

第2章

分治与递归

分治（Divide and Conquer）和递归（Recursion）是算法设计中两种重要的思想，它们经常一起使用来解决复杂问题。

1. 分治（Divide and Conquer）

分治是一种被广泛应用的问题解决策略，它的基本思想是将一个大问题划分成若干个规模较小的子问题，然后分别解决这些子问题，最后将它们的解合并起来得到原问题的解。所谓分治就是"分而治之"的意思。由于分解出的每个子问题总是要比最初的问题容易些，因而分治策略往往能够降低原始问题的难度，或者提高解决问题的效率。例如，在项目管理中，大型项目通常会被分解为若干个子项目或模块，每个子项目或模块由不同的团队或个人负责。这样可以确保项目按计划进行，每个部分都能够得到关注和管理。最后，当所有子项目或模块都完成时，再将它们组合起来形成整个项目。

分治法-基本思想

分治算法一般包括三个步骤：分解（Divide）、解决（Conquer）和合并（Combine）。

（1）分解（Divide）。这是分治算法的第一步。面对一个复杂的问题，首先要分析这个问题是否可以被分解成更小的、相同或相似的子问题。分解的子问题应当是原问题的简化版本，但它们的解决思路与原问题相同。分解的过程中，每个子问题还可以进一步被分解成更小的子问题，直到子问题的规模变得足够小，可以直接求解。

（2）求解（Conquer）。对于分解得到的子问题，应用分治策略进行求解。如果子问题的规模已经足够小，可以直接求解。对于规模较大的子问题，则继续将其分解成更小的子问题，直到所有子问题都可以直接求解。

（3）合并（Combine）。当所有子问题都被解决后，需要将这些子问题的解合并起来，形成原问题的解。合并的过程依赖于子问题的解和原问题的定义。在某些情况下，合并可能是一个简单的操作，例如加法或数组连接；而在其他情况下，合并可能是一个复杂的过程，需要额外的计算或逻辑。无论是哪一种情况，适当运用分治策略往往可以较快地缩小问题求解的范围，从而提高问题求解的速度。

分治法的一般的算法模式为：

【算法2-1】

```
Divide-and-Conquer(P)
{//|P|<=n0 表示 P 的规模不超过阈值 n0，可直接求解
```

```
    if (|P|<=n0) return Adhoc(P);
    divide P into smaller subinstants P1, .., Pk;
    for (i =1; i <= k; i++)
        yi = Divide-and-Conquer(Pi);
    return Merge(y1, …, yk);
} //算法 Merge(y1, …, yk)表示将子问题的解合成 P 的解
```

分治策略运用于计算机算法时，往往会出现分解出来的子问题与原始问题类型相同的现象，而与原始问题相比，各个子问题的"尺寸"变小了。这刚好符合"递归"的特征，因此计算机中的分治策略往往是与递归联系在一起的。

2．递归（Recursion）

递归-递归主要思想

简单地说，递归就是用自己来定义自己。递归是一种通过重复应用相同的过程来解决问题的思想，这个过程将问题分解为更小的部分，直到达到可以直接解决的基本情况（Base Case）。递归函数通常包含两个主要部分。

（1）基本情况（Base Case）。这是递归的终止条件，当问题规模足够小或满足某个特定条件时，递归函数会直接返回结果，而不是继续递归调用自身。

（2）递归步骤（Recursive Step）。在基本情况之外，递归函数会调用自身来处理规模更小的问题。通常，递归步骤会将问题分解为更小的部分，并基于这些部分的解来构建原始问题的解。

递归的关键在于定义好基本情况，并确保递归步骤能够逐步缩小问题的规模，直到达到基本情况。递归在许多算法中都有应用，如排序、查找、遍历树和图等。

2.1　阶乘函数

在数学中阶乘的定义为

$$n!=1\times2\times\cdots\times(n-1)\times n$$

阶乘函数也可递归定义为

$$n!=\begin{cases} 1 & n=0 \\ n\times(n-1)! & n\geq1 \end{cases} \tag{2.1}$$

阶乘函数的自变量 n 的定义域是非负整数。递归函数的第一式给出了这个函数的一个初始值，是非递归定义的。每个递归函数必须有非递归定义的初始值，否则，递归函数就无法计算。递归式的第二式是用较小的自变量的函数值来表示较大自变量的函数值的方式来定义 n 的阶乘。定义式的左右两边都引用了阶乘记号，是一个递归定义式。

可以写一个递归算法计算 $n!$ 如下。

【算法 2-2】

```
int fact(int n){
    if (n == 0)
        return 1;
    else
```

```
        return fact(n - 1) * n;
    }
```

2.2　斐波那契（Fibonacci）数列

按照以下递归定义式产生的无穷数列 $F(0)$，$F(1)$，$F(2)$，$F(3)$，…，称为斐波那契数列：

$$F(n) = \begin{cases} 0 & n = 0 \\ 1 & n = 1 \\ F(n-1) + F(n-2) & n > 1 \end{cases} \tag{2.2}$$

按照式（2.2）的定义，$F(0)=0$，$F(1)=1$，当 n 大于 1 时，这个数列的第 n 项的值是它前面两项之和。依据定义，可以算出斐波那契数列的前 10 项是 0，1，1，2，3，5，8，13，21，34。

一般地，第 n 个斐波那契数可递归地计算如下：

【算法 2-3】

```
int Fibonacci(int n) {
    if (n <= 1){
        return n;}
    else {
        return Fibonacci(n - 1) + Fibonacci(n - 2);}
```

斐波那契函数也可以用非递归方式定义：

$$F(n) = \frac{1}{\sqrt{5}}(\varphi^{n+1} - \hat{\varphi}^{n+1})? \quad n \geq 0$$

其中，$\varphi = \dfrac{1+\sqrt{5}}{2}$，$\hat{\varphi} = \dfrac{1-\sqrt{5}}{2}$。

2.3　组合问题

数学上组合公式的求解，定义为

$$C_n^m = \begin{cases} 1 & n = m \text{或} m = 0 \\ C_{n-1}^m + C_{n-1}^{m-1} & \text{否则} \end{cases} \tag{2.3}$$

这个函数也可以按照下面的公式直接计算：

$$C_n^m = \frac{n!}{m!(n-m)!}$$

2.4　汉诺塔问题

汉诺塔（Hanoi Tower）问题是一个经典的递归问题，其起源可以追溯到古印度的传说。传说古代在印度北部的贝拉勒斯圣庙里，在三个铜铸的基座上各安装了一根宝石针。印度主神"梵天"做了一个梵塔，即在其中一根宝石针上串了 64 个大小不等的金片，这些金片从上到下一个比一个大。然后，他命令僧侣们轮流值班，要求他们把这 64 个金片从原来的基座上移动到另一个基座上。移动方法是，每次只能从一根针上取走最上面的一片，放到另一根宝石针的最上面，而且不允许把较大的金片串在较小的金片上。梵天告诉他的弟子们，当完成这一神圣任务时，世界末日就要到来，即世界将在一声霹雳中毁灭。弟子们听了非常恐慌，认为世界很快就要毁灭了。其实不然。

为了说明解决问题方法本身，在此把实际问题概念化，成为下面的表述形式，并尽可能地使用 C 语言的写法。

【问题描述】假设有三根柱子（标记为 A、B、C），其中一根柱子上套着若干个不同大小的圆盘，大的圆盘在下面，小的圆盘在上面。初始时，所有圆盘都套在柱子 A 上，而柱子 B 和柱子 C 为空。

问题的目标是将所有圆盘从柱子 A 移动到柱子 C，要求移动过程中，任何时刻都保持大的圆盘在下面，小的圆盘在上面，并且每次只能移动一个圆盘，且只能将圆盘放置在空柱子上或者放置在比其直径大的圆盘上，如图 2-1 所示。

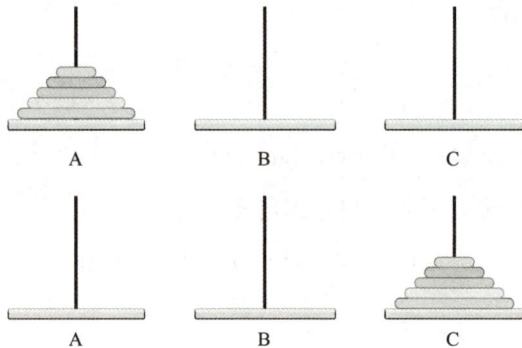

图 2-1　汉诺塔问题

解决汉诺塔问题的经典方法是使用递归，基本思路如下：

（1）先将 A 上面 $n-1$ 个圆盘移至 C。

（2）再将 A 上剩下的 1 个圆盘移至 B。

（3）最后将 C 上的 $n-1$ 个圆盘移至 B。

解决汉诺塔问题的算法见"算法 2-4"。

【算法 2-4】

```
void Hanoi(int n, char A, char B, char C) {
if (n > 0) {
    Hanoi(n - 1, A, C, B);
    Move(n, A, B);
    Hanoi(n - 1, C, B, A);
}
```

算法 Hanoi 以递归形式给出，每个圆盘的具体移动方式不直观，但是这个算法易于理解，也容易证明其正确性。

事实上，当 $n=1$ 时，算法可以遵循移动规则将 A 中唯一的圆盘移动到 B。假设 $n=k$ 时，算法仍然能够将 A 中的 k 个圆盘移动到 B。$n=k+1$ 时，根据归纳假设，Hanoi($n-1$, A, C, B)可以将 A 中 k 个小圆盘移动到 C，紧接着 A 中的最大的圆盘可以移动到 B，Hanoi($n-1$, C, B, A)可以将 C 中 k 个圆盘移动到 B。因此，我们知道，Hanoi(n, A, B, C)可以将 A 中的 n 个圆盘移动到 B。

【算法分析】汉诺塔问题算法的时间复杂性为 $O(2^n)$。

证明：使用归纳法，证明移动次数 $move(n) = 2^n - 1$。

归纳基础：当 $n = 1$ 时，$move(1) = 1 = 2^1 - 1$。

归纳假设：当 $n \leqslant k$ 时，$move(n) = 2^n - 1$。

归纳步骤：当 $n = k + 1$ 时，移动次数为

$$move(k+1) = 2(move(k)) + 1 = 2^{k+1} - 1$$

由归纳法可知对任意 n 有 $move(n) = 2^n - 1$。

汉诺塔问题展示了递归的典型应用，每次移动的操作都可以看作是一个相同但规模较小的子问题，通过递归来解决这些子问题最终实现了整个问题的解决。

2.5　二分查找

在一批数据中查找一个目标值是很常见的问题，查找的方法有很多，不同的方法其工作效率也不同。

【问题描述】设 a[0],…,a[$n-1$]是一个按升序排列的整型数组，且没有重复元素，即

$$a[0]<a[1]<\cdots<a[n-1]$$

另有一个整数 X，要查找 X 是否存在于这个数组中。若存在，则找出其所在位置，即给出其下标值；若不存在，则给出-1 作为查找结果。

顺序查找是最容易想到的查找方法，即从数组第 0 号下标的元素看起，逐个与目标值 X 比较，一旦发现相等，则记录其下标值作为查找结果；反之，如果查看到最后一个元素还没有发现目标，则以-1 作为结果。顺序查找的算法见"算法 2-5"。

在整型数组中用顺序法查找目标值。

【算法 2-5】

```
int one_by_one_search(int a[] , int n , int X)
{int i , k ;
 k = -1 ;
 for( i=0 ; i<n ; i++ )
     if( a[i] == X )
        { k = i ;
          break;
        }
 return(k);
}
```

顺序查找方法显然没有利用数组中各元素已按升序排列这一事实，为了提高查找效率，可以用二分查找的方法。二分查找的基本思路是，首先用数组的中间一个

元素与目标值比较（如果数组元素的数量是偶数，则可以取中间偏小的一个下标作为中间点），记中间位置的下标是 mid，若 a[mid]刚巧等于 X，则一次比较就找到了目标所在的位置。更一般的情况是 a[mid]与 X 不等，如果 a[mid]<X，由数组元素按升序排列这一特性可知，a[0],…,a[mid−1]都比 a[mid]小，因而也比 X 小，目标值只可能存在于下标比 mid 大的那些元素中，只需要再在 a[mid+1],…,a[n−1]中查找即可；相反地，如果 a[mid]>X，则 a[mid+1],…,a[n−1]也都大于 X，目标值只可能存在于下标比 mid 小的那些元素中，只需要再在 a[0],…,a[mid−1]中查找即可。经过这样处理之后，查找的范围缩小了一半（二分法由此得名）。在缩小范围后的数组中可以继续使用二分法，如此重复下去，如果始终没有发现与目标值相等的元素而缩小范围后已没有元素可以继续查找，则说明原数组中根本不存在目标值。算法 2-6 采用的是二分查找的递归形式，而算法 2-7 采用的是非递归形式。

在整型数组中用二分法查找目标值（递归式）。

【算法 2-6】

```
int recursive_binary_search ( int a[] , int left , int right , int X )
{int k , mid ;
 if ( left > right )
     k = -1 ;
 else
     {mid = ( left + right ) / 2 ;
      if ( a[mid] == X )
      k = mid ;
      else   if (a[mid] < X )
          k = recursive_binary_search ( a , mid+1 , right , X ) ;
             else
          k = recursive_binary_search ( a , left , mid-1 ,X ) ;
     }
 return ( k ) ;
}
```

在整型数组中用二分法查找目标值（非递归式）。

【算法 2-7】

```
int binary_search ( int a[] , int n , int X )
    {int left , right , mid , k ;
     left = 0 ;
     right = n - 1 ;
     k = -1 ;
     while ( left <= right && k == -1 )
         {mid = ( left + right ) / 2;
          if( a[mid] == X )
             k = mid ;
         else   if ( a[mid] > X )
             right = mid-1 ;
         else
             left = mid+1 ;
```

```
        }
    return ( k ) ;
    }
```

　　二分查找是分治策略的典型应用。二分查找算法的每一次处理都把当前的查找范围分成三部分：中间元素、下标值小于中间点的元素、下标值大于中间点的元素。经过两次比较（多数计算机硬件系统都提供一次比较区分出小于、等于、大于三种情况的分支指令，这样的计算机只需要一次比较），就可以确定目标值在哪一部分中，然后根据实际情况分而治之。

　　【算法分析】实际应用中，用一个数据元素与目标值进行比较往往是上述几个算法中最耗时的操作，因此以这种比较操作的次数作为评判算法好坏的依据。为了分析结果的直观，尽可能地做一些量化工作。假设目标值存在于数组中的概率为 p，查找各个元素的可能性相等，都是 p/n。对算法 2-6 而言，查找各个元素需要的比较次数依次为 1，2，…，n，平均 $(1+2+\cdots+n)/n$ 次；而查找失败（即目标值不存在）的概率为 $1-p$，查找一个数组中不存在的元素都需要经过 n 次比较。综合两种情况，算法 2-7 的平均比较次数为

$$p\times(1+2+\cdots+n)/n + n\times(1-p) = n - p\times(n-1)/2$$

算法的时间复杂度为 $O((1-p/2)n)$。当 $p=0.5$ 时（即查找的目标值有一半的可能性出现在数组中），平均比较次数约为 $0.75n$。

　　对于二分查找，为了分析的方便，不妨假设数组元素的个数 $n=2^N-1$。以算法 2-6 和算法 2-7 的每次操作都只做一次比较计算（一次比较可区分出大于、等于、小于三种情况），查找一个数组中存在的元素时，最好情况只需进行 1 次比较，最坏情况需要进行 N 次比较，平均比较次数为

$$(2^0\times1+2^1\times2+2^2\times3+\cdots+2^{N-1}\times N)/n=(n+1)/n\times N-1\approx N-1=\log_2 n-1$$

　　查找一个数组中不存在的元素时，都需要经过 N（即 $\log_2 n$）次比较。综合目标值存在的概率为 p，则平均比较次数为

$$p\times(\log_2 n-1)+(1-p)\times\log_2 n=\log_2 n-p\approx\log_2 n$$

　　二分查找算法的时间复杂度为 $O(\log_2 n)$。与顺序查找法相比，二分查找的效率要高得多。

2.6　大整数乘法

　　与人脑相比，现代电子计算机的一个重要优势是它能够快速、准确地进行大量的数值计算。现在的个人计算机已经具备了每秒进行上百万次整数乘法运算的能力。不过，无论什么样的计算机，它能够处理的整数的范围是有限的，例如，目前一台配备了 Inter 系列高档 CPU 的计算机，最多只能一次计算 32 位二进制数乘以另一个 32 位二进制数，大约是十进制下两个十位数的乘法，当整数位数更多时，就不得不由程序设计人员进行编程处理了。这种大整数乘法是有实际应用需要的，密码学中的 RSA 算法就是一个典型例子，其中用到了两个足够大的素数相乘的计算。

　　编程解决大整数乘法的一般做法是以数组的形式存放大整数的各个位上的数

码，然后模仿人类自己的计算方式，逐位相乘、相加，但具体实现时却又有优劣之分。

【问题描述】设有两个大整数的各个位上的数码值已存放在数组 a 和数组 b 中，数组的 0 号下标中存放个位数字，1 号下标中存放十位数字，2 号下标中存放百位数字，……，m 和 n 表示两个大整数的位数，要求计算这两个大整数的乘积，结果存放到另一个数组 c 中，并记载乘积的位数。

很容易想到的做法是完全模仿人工计算方式，即先把数组 c 各位清 0，然后以乘数数组 b 的个位数由低位到高位依次去乘被乘数数组 a 的各位，乘得的结果加到数组 c 的相应位上，再以乘数数组 b 的十位数依次去乘数组 a 的各位，结果加到数组 c 的相应位置，……，最后用数组 b 的最高位依次去乘数组 a 的各位，结果加到数组 c 的相应位置。具体算法见算法 2-8。

模仿人工计算方式的大整数乘法。

【算法 2-8】

```
int integer_product ( char *a , int m , char *b , int n , char *c )
{int i , j , k , p , q ;
 k = m + n ;
 for ( i=0 ; i<k ; i++ )
     c[i] = 0 ;
 for ( i=0 ; i<n ; i++ )
     {p = 0 ;                        /* p 用于记载每次的进位值  */
      for ( j=0 ; j<m ; j++ )
         {q = ( c[i+j] + a[j]*b[i] + p ) ;
          c[i+j] = q%10 ;
          p = q/10 ;
         }
      c[i+n] = p ;
     }
 if ( c[m+n-1] == 0 )   k-- ;        /* 乘积只有 m+n-1 位  */
 return (k) ;                        /* 以乘积的位数作为函数返回值 */
}
```

算法 2-8 把大整数 a 和 b 相乘的结果放到数组 c 中，而结果的位数则作为函数的返回值。由于计算机处理乘除法要比处理加减法耗时多，因此分析算法 2-8 的时间复杂度可以只考虑循环中的乘除法。不难得到如下结论：算法 2-8 共做了 $m \times n$ 次一位数乘法、$m \times n$ 次除以 10 的计算，其时间复杂度为 $O(m \times n)$。

因为算法 2-8 模拟了人工操作的方式，长期以来人们都是这样进行乘法计算的，所以"m 位整数乘以 n 位整数的算法复杂度是 $O(m \times n)$"也一直作为天经地义的结论。

其实并非如此。为了讨论简单起见，设 $m=n=2^N$，并令 A 表示数组 a 中存放的整数，B 表示数组 b 中的整数。记 A_1 是 A 的高 $n/2$ 位，A_2 是 A 的低 $n/2$ 位，B_1 是 B 的高 $n/2$ 位，B_2 是 B 的低 $n/2$ 位，则有

$$A = A_1 \times 10^{n/2} + A_2, \quad B = B_1 \times 10^{n/2} + B_2$$

则

$$A \times B = (A_1 \times 10^{n/2} + A_2) \times (B_1 \times 10^{n/2} + B_2)$$
$$= A_1 \times B_1 \times 10^n + (A_1 \times B_2 + A_2 \times B_1) \times 10^{n/2} + A_2 \times B_2 \quad (2.4)$$

再令

$$p = (A_1+A_2)\times(B_1+B_2)$$
$$q = A_1\times B_1$$
$$r = A_2\times B_2$$

则有

$$A\times B=q\times 10^n+(p-q-r)\times 10^{n/2}+r \tag{2.5}$$

计算 p、q 和 r 各需要一次两个等长的 $n/2$ 位整数的乘法，而乘以 10^i 只需要通过简单的移位就可以实现。也就是说，计算两个 n 位整数的乘法被转换成 3 次 $n/2$ 位的整数乘法以及几次移位操作和加减法运算。在忽略移位和加法的开销的前提下，式（2.4）的四次 $n/2$ 位乘法计算被简化成式（2.5）的三次 $n/2$ 位乘法。重复这样的分治策略可以再对关于 p、q 和 r 的乘法计算进行同样的处理，直到参与乘法运算的整数是一位数。

由于用 C 语言实现这个算法的程序过于冗长，在此只给出该算法的流程描述。

【算法 2-9】应用分治策略的大整数乘法

入口参数：a，b，n ------ a 和 b 是以数组形式存放的两个 n 位大整数
出口参数：c ------ c=a×b，是以数组形式存放的一个 2n 位大整数
S1　如果 n>1，依次执行 S2 至 S7，否则执行 S8；
S2　取四个有 n/2 个下标的数组 a1、a2、b1 和 b2，把 a 的高 n/2 位放到 a1，低 n/2 位放到 a2，b 的高 n/2 位放到 b1，低 n/2 位放到 b2；
S3　取两个有 n/2+1 个下标的数组 a3 和 b3，计算大整数加法 a1+a2，将结果放到 a3，计算 b1+b2，将结果放到 b3；若 a1+a2 的最高位向前有进位，或者 b1+b2 的最高位向前有进位，则令 k 为 n/2+1，否则令 k 为 n/2；
S4　取有 n 个下标的数组 p，以 a3、b3 和 k 作为实际参数递归调用算法 2-9，把计算结果（即出口参数）放到 p 中；
S5　取有 n 个下标的数组 q，以 a1、b1 和 n/2 作为实际参数递归调用算法 2-9，把计算结果（即出口参数）放到 q 中；
S6　取有 n 个下标的数组 r，以 a2、b2 和 n/2 作为实际参数递归调用算法 2-9，把计算结果（即出口参数）放到 r 中；
S7　取有 2n 个下标的数组 c，计算 q×10ⁿ+(p-q-r)×10^{n/2}+r，结果放到 c 中，并转到 S9；
S8　取有 2 个下标的数组 c，计算一位数乘法 a×b，结果放到 c 中；
S9　以 c 作为返回值，结束。

【算法分析】 算法 2-9 中用到了递归，其时间复杂度取决于递归的深度。记 T_i 表示当算法中的 n 取值 2^i 时算法需要完成一位整数乘法的次数，则有

$$T_i=3T_{i-1},\quad i=1,2,\cdots$$
$$T_0=1$$

由此以及 $n=2^N$ 不难推出 $T_N=3^N$，即两个 2^N 位的大整数相乘，需要 3^N 次一位数乘法运算。

又由 $N=\log_2 n$，再运用数学方法可以推导出，算法 2-9 的时间复杂度是 $O(n^{1.585})$，优于算法 2-8 的 $O(m\times n)$。可见，长期以来被人们认可的似乎是天经地义的结论还是有值得探讨的地方的。

另外，算法 2-8 也可以用于二进制长整数的乘法计算。

2.7 矩阵乘积的 Strassen 算法

【问题描述】 一般的矩阵乘法是指有一个 m 行 n 列的矩阵 A 和一个 n 行 k 列的矩阵 B，即

$$A=(a_{ij})_{m \times n}, \quad B=(b_{ij})_{n \times k}$$

求一个 m 行 k 列的矩阵 $C=(c_{ij})_{m \times k}$，使得

$$c_{ij} = \sum_{k=1}^{n} a_{ik} b_{kj}$$

本节只讨论 $m=n=k$ 的情形，先给出一个简单的算法，然后在 $n=2^N$ 的条件下介绍 Strassen 算法，并说明如何把 Strassen 算法做适当的推广。

如果按照矩阵乘法的基本定义进行计算，则有以下的朴素算法。

【算法 2-10】朴素的矩阵乘法

```
void matrix_product ( int a[n][n] , int b[n][n] , int c[n][n] )
{ int i , j , k ;
   for ( i = 0 ; i < n ; i++ )
   for ( j = 0 ; j < n ; j++ )
                  { c[i][j] = 0 ;
    for ( k = 0 ; k < n ; k++ )
                        c[i][j] += a[i][k] * b[k][j] ;
                  }
}
```

[注：因为 C 语言的规定，在应用算法 2-10 编程时，n 必须定义为常量。]

从算法 2-10 的三重循环嵌套形式很容易得出其时间复杂度是 $O(n^3)$ 的结论。

Strassen 发现在矩阵乘积问题上 $O(n^3)$ 的时间复杂度并不是必需的，经过研究，他提出了一种比上述算法更优的计算矩阵乘积的方式，他的方法使用了分治策略，并在把矩阵分割之后再利用类似大整数乘法的分块组合方式减少乘法运算的次数。

首先，把 2^N 行 2^N 列的两个矩阵 A 和 B 分割成各 2^{N-1} 行 2^{N-1} 列的四块。

由数学上关于矩阵的知识可得，分块后，任意两个分块的乘积 $A_{ij} \times B_{kl}$ 需要做 $(n/2)^3$ 次元素乘法，式中共有 8 种分块乘积计算，共需要进行 n^3 次元素乘法，也就是说，这样分治本身并没有减少计算量。但 Strassen 提出了如下的乘法计算组合，令

$$P=(A_{11}+A_{22}) \times (B_{11}+B_{22})$$
$$Q=(A_{21}+A_{22}) \times B_{11}$$
$$R=A_{11} \times (B_{12}-B_{22})$$
$$S=A_{22} \times (B_{21}-B_{11})$$
$$T=(A_{11}+A_{12}) \times B_{22} \qquad (2.6)$$
$$U=(A_{21}-A_{11}) \times (B_{11}+B_{12})$$
$$V=(A_{12}-A_{22}) \times (B_{21}+B_{22})$$

则

$$C_{11}=P+S+V-T$$
$$C_{12}=R+T$$
$$C_{21}=Q+S \qquad (2.7)$$
$$C_{22}=P+R+U-Q$$

计算 P、Q、R、S、T、U 和 V 共需要进行 7 次分块乘法运算，配合以 18 次分块的加减法运算。由于计算机进行乘法运算所花费的代价要远远高于加减法运算，以适当增加加减法运算次数为代价求得减少乘法运算次数是值得的。在进一步计算分块的乘积时，又可以再次采取分块的策略以降低计算的复杂度。根据上述分析，可以总结出算法 2-11。由于 C 语言代码过于冗长，在此仅给出算法 2-11 的流程描述。

【算法 2-11】应用 Strassen 方法求矩阵乘积

入口参数：A，B，n ------ A 和 B 是 n 行 n 列的二维数组
出口参数：C ------ C=A×B 是 n 行 n 列的二维数组
S1　如果 n>1，依次执行 S2 至 S4，否则执行 S5；
S2　把 A 分割成左上、左下、右上、右下各 n/2 行 n/2 列的四块，分别存入 A_{11}、A_{12}、A_{21} 和 A_{22} 中，对 B 也做类似的分割；
S3　按照式（2.6）中各计算式中指明的参数，分 7 次递归调用本算法，结果依次存入二维数组 P、Q、R、S、T、U 和 V 中；
S4　按照式（2.7）计算出 C 的各个分块，并拼装成 n 行 n 列的二维数组 C，转 S6；
S5　直接计算 A 的唯一一个元素与 B 的唯一一个元素的乘积，结果存入 C 中；
S6　返回计算结果 C，结束。

【算法分析】算法 2-11 中用到了递归，其时间复杂度取决于递归的深度。前面已经提到，计算机进行乘法运算所花费的代价要远远高于加减法运算，在此只分析乘法运算的次数。记 T_i 表示当算法中的 n 取值 2^i 时算法需要完成矩阵元素乘法的次数，则有

$$T_i=7\,T_{i-1}, \quad i=1, 2, \cdots$$
$$T_0=1$$

由此以及 $n=2^N$ 不难推出 $T_N=7^N$，即两个 n 行 n 列的矩阵相乘，需要执行 7^N 次矩阵元素的乘法运算。又因为 $N=\log_2 n$，再运用数学方法可以推导出

$$T_N = n^{\log_2 7} = n^{2.807}$$

即算法 2-11 的时间复杂度是 $O(n^{2.807})$，略优于算法 2-10 的 $O(n^3)$。

算法 2-11 存在的一个重要缺陷是它只针对 2^N 行 2^N 列的方阵有效，因而如果想要对一般情况下的方阵应用 Strassen 算法，就需要对算法 2-11 做适当的改进。对 $2^{N-1}<n<2^N$ 的情况，一种简单的处理是为矩阵 A 和 B 添加额外的行和列，添加的部分元素值都填零，使得 $n'=2^N$。这种方法当 n 接近 2^{N-1} 时需要过多的存储开销，而且由于 n' 接近 n 的两倍，使得时间开销接近 $n=2^{N-1}$ 时的 8 倍（即接近其有效计算部分的 4 倍），这会使得算法对复杂度的改进只有当 n 充分大，比如 $n>2000$ 时才有意义，因此这种方法通常是在 n 略小于 2^N 时使用的。

Strassen 算法的主要意义在于，它从理论上突破了矩阵乘法需要 $O(n^3)$ 次乘法运算的障碍，使得运用电子计算机解决大型 $n\times n$ 矩阵问题时在时间复杂度的级别上有了提高。$n\times n$ 矩阵有着很广泛的应用，包括矩阵求逆、行列式计算、解多元线性方

程组，等等。不过，复杂度低于 $O(n^3)$ 的有效算法仍有待发现，人们期待着 $n \times n$ 矩阵乘法的时间复杂度逐步向 $O(n^2)$ 迈进。

2.8 常见的递归形式

递归-常见的
递归形式

除基本的递归形式外，其他常见的递归形式有四种，分别是：多变元递归、多步递归、嵌套递归、联立递归。

下面分别对这几种递归形式进行介绍。

2.8.1 多变元递归

【问题描述】整数划分问题：将一个正整数 n 表示为一系列正整数之和

$$n = n_1 + n_2 + \cdots + n_k$$

其中，$n_1 \geq n_2 \geq \cdots \geq n_k \geq 1$，$k \geq 1$。

例如 $\rho(6) = 11$，即整数 6 的划分数为 11：6，5+1，4+2，4+1+1，3+3，3+2+1，3+1+1+1，2+2+2，2+2+1+1，2+1+1+1+1，1+1+1+1+1+1。

在正整数的所有不同划分中，将最大加数 n_1 不大于 m 的划分个数记为 $q(n, m)$，可以建立如下的二元递归函数。

【算法 2-12】正整数的划分

```
q(n, m) {
        if (n < 1) || (m < 1)        return 0;
        if (n == 1) || (m == 1)    return 1;
        if (n == 1) || (n < m)        return 1 + q(n, n–1);
        return q(n, m–1) + q(n–m, m);    }
```

整数 n 的划分数 $\rho(n) = q(n, n)$。

2.8.2 多步递归

若递归函数为 $f(x, y)$，其中 y 是递归元，不仅与 $f(x, y-1)$ 有关，而且与 $f(x, y-2)$，……，乃至 $f(x, 0)$ 有关，则称为多步递归。如 Fibonacci 函数：

$$F(n) \begin{cases} 1 & n = 0 \\ 1 & n = 1 \\ F(n-1) + F(n-2) & n > 1 \end{cases}$$

Fibonacci 函数就是一个两步的递归函数。

2.8.3 嵌套递归

所谓嵌套递归是指递归调用中又含有递归调用，又称为多重递归。例如，Ackermann 函数：

$$A(x, y) \begin{cases} y+1 & x = 0 \\ A(x-1, \ 1) & y = 0 \\ A(x-1, \ A(x, \ y-1)) & x, y > 0 \end{cases}$$

Ackermann 函数是一个双重的递归函数，同时它也是个二元递归。

2.8.4　联立递归

联立递归同时定义几个函数，它们彼此相互调用，从而形成递归，又称间接递归。

例如，希尔伯特图案，又称希尔伯特曲线（Hilbert Curve），是一种填满单位正方形的空间填充曲线。它以德国数学家大卫·希尔伯特（David Hilbert）的名字命名。希尔伯特曲线具有以下特点：

（1）空间填充性。希尔伯特曲线是一种连续曲线，能够填满单位正方形或者其他形状的空间。

（2）分形性。希尔伯特曲线的细节在各个尺度上都具有相似性，因此被认为是一种分形曲线。

（3）迭代构造。希尔伯特曲线可以通过递归构造的方式生成。它可以被认为是由多个类似的子曲线组成的。

（4）空间填充度。希尔伯特曲线是一种空间填充曲线，它在填充单位正方形时，可以充分利用空间，将单位正方形划分成许多小正方形，以实现高效的空间利用。

希尔伯特曲线在计算机图形学、图像处理、空间数据索引等领域有着广泛的应用。它能够将高维空间的数据映射到低维空间，方便进行数据的可视化和分析。

希尔伯特曲线的构造是通过递归的方式完成的，每一次迭代都将当前曲线分割成四个子曲线，并将它们连接起来形成一个更大的曲线。这个过程可以一直进行下去，直到达到所需的层级。

图 2-2 所示为 H_1、H_2 和 H_3 的 Hilbert 图案。

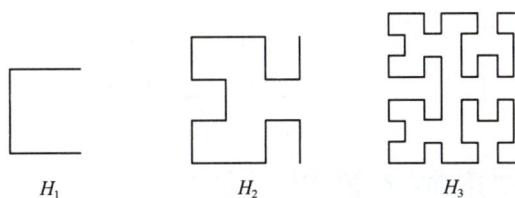

H_1　　　　　　H_2　　　　　　H_3

图 2-2　Hilbert 图案

将 H_i 记为 A_i，将 H_i 旋转 90°、180° 和 270° 后的图形分别记为 B_i、C_i 和 D_i，其中一、二级曲线如图 2-3 所示。

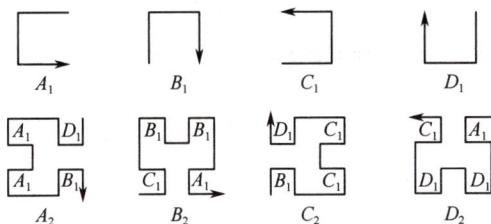

图 2-3　希尔伯特图案一、二级曲线

于是可得出这些子曲线逐级间存在如下关系：

$$A_{i+1}: \quad D_i \leftarrow A_i \quad \downarrow \quad A_i \rightarrow B_i$$

$$B_{i+1}: \quad C_i \uparrow B_i \rightarrow B_i \uparrow A_i$$

$$C_{i+1}: \quad B_i \rightarrow C_i \uparrow C_i \leftarrow D_i$$

$$D_{i+1}: \quad A_i \downarrow D_i \leftarrow D_i \uparrow C_i$$

其中，箭头表示曲线移动的方向。

算法 2-13 是生成希尔伯特图案的递归程序。

● 画 A 的子程序：

【算法 2-13】

```
A(i) {
    if  (i > 0) {
        D(i – 1); x = x – h;   ploting(x, y) ;
        A(i – 1);     y = y – h;   ploting(x, y) ;
        A(i – 1);     x = x + h;   ploting(x, y) ;
        B(i – 1);
    }
}
//*ploting(x, y)是从画笔现行坐标到坐标(x, y)画条直线
```

● 类似地可以写出画 B、C 和 D 的曲线的子程序。

画希尔伯特曲线的程序在调用 A 之前还应有一些初始化的工作，如计算 h，移动画笔至起点。

【算法分析】 Hilbert 图案 A_{i+1} 是由 A_i、B_i、C_i 和 D_i 中的 4 个图案，再通过三根直线连接而成的。显然绘制 A_i、B_i、C_i 和 D_i 的复杂形式一样。于是我们有如下的递推公式：

$$T(n) = \begin{cases} 0 & n = 0 \\ 4T(n-1) + 3 & n > 0 \end{cases}$$

不难推出：$T(n) = 12 \times 4^n - 3$，所以，画希尔伯特图案的时间复杂度为 $O(4^n)$。

2.9　递归方程求解的递推求和方法

递归-递归方法小结

虽然递归算法运行效率低，但是递归算法结构简洁、清晰，可读性强，而且容易用数学归纳法证明算法正确性。因此，在描述算法时，人们在很多情况下还是采用递归算法。

这样就会引起一个问题：递归算法的复杂性常常以递归形式定义。于是我们需要求这些递归函数的非递归形式解析表达式，即需要求解递归方程。

先看一个例子，考虑从有 n 个元素的集合 S 中找出最大元和最小元的问题。为简单起见，不妨假定 n 是 2 的整次幂。

我们按照这样的思路来求解：将集合 S 分成两个规模相等的不相交子集 S_1 和 S_2。只要分别找出了 S_1 和 S_2 的最大元和最小元，那么，两个最大元中的大者便是 S

的最大元，两个最小元中的小者便是 S 的最小元。进一步将以上做法运用于子集 S_1 和 S_2，…，直到子集中只有两个元素，直接进行一次比较，产生两个元素集合的最大元和最小元。

【算法 2-14】找出集合 S 中的最大元和最小元

输入 S 的元素 $S[1]$，$S[2]$，…，$S[N]$。

输出 S 中的最大元和最小元。

方法 见过程 FINDMAXMIN。

```
      void MAXMIN(int S[], int i, int j, int *A, int *B) {
          int A1, B1, A2, B2;
1.        if (j - i == 1) {
2.            if (S[i] >= S[j]) {
3.                *A = S[i];
4.                *B = S[j];
              }
              else{
5.                *A = S[j];
6.                *B = S[i];
              }
          else{
7.            MAXMIN(S, i, (i + j - 1) / 2, &A1, &B1);
8.            MAXMIN(S, (i + j + 1) / 2, j, &A2, &B2);
9.            if (A1 >= A2)   *A = A1;
10.           else *A = A2;
11.           if (B1 <= B2) *B = B1;
12.           else *B = B2;
      void FINDMAXMIN() {
          int A, B, N;
          int S[N];
          for (int i = 0; i < N; i++) {
13.           scanf("%d", &S[i]);
          }
14.       MAXMIN(S, 0, N - 1, &A, &B);
15.       printf("Max: %d, Min: %d\n", A, B);
      }
```

算法 2-14 在语句 2、9、11 三处进行两个元素的比较。如果采用判定树模型，以元素间的比较次数来代表这个算法的时间复杂性，并用 $T(n)$ 表示从 n 个元素中寻找最大元和最小元的时间复杂性，那么，$T(n)$ 满足以下递归定义：

$$T(n)=\begin{cases} 1 & n=2 \\ 2T\left(\dfrac{n}{2}\right)+2 & n>2 \end{cases} \tag{2.8}$$

显然，必须求解这个递归方程，才能确定函数 $T(n)$。

可以用归纳法证明，$T(n)=\dfrac{3}{2}n-2$ 是式（2.8）的解。

当 $n=2$ 时，$T(2)=\dfrac{3}{2}\cdot 2-2=1$。

假设当 $n=2^k$ 时，$T(2^k)=\dfrac{3}{2}\cdot 2^k-2$。当 $n=2^{k+1}$ 时，从式（2.8）可得

$$T(2^{k+1})=2T(2^k)+2$$

将 $T(2^k)=\dfrac{3}{2}\cdot 2^k-2$ 代入上式，则有

$$T(2^{k+1})=2\left(\frac{3}{2}\cdot 2^k-2\right)+2=\frac{3}{2}\cdot 2^{k+1}-2$$

这就证明了 $T(n)=\dfrac{3}{2}n-2$ 是式（2.8）的解。得到这个解的思路是：将 $n=2^k$（$k\geqslant 1$）代入式（2.8），并对右边项反复使用式（2.8），逐次降低指数 k 直到 $k=1$，就可以导出这个解的表达式。其演算过程如下：

$$\begin{aligned}
T(2^k) &= 2T(2^{k-1})+2 \\
&= 2[2T(2^{k-2})+2]+2=2^2T(2^{k-2})+2^2+2 \\
&\quad\cdots\cdots \\
&= 2^{k-1}T(2)+2^{k-1}+2^{k-2}+\cdots+2^2+2 \\
&= 2^{k-1}T(2)+2^k-2
\end{aligned}$$

由 $T(2)=1$ 可得

$$T(2^k)=2^{k-1}+2^k-2=\frac{3}{2}2^k-2$$

以 n 代替 2^k，便得 $T(n)=\dfrac{3}{2}n-2$。

如果 n 是任意的正整数，从 n 个元素的集合 S 中找出最大元和最小元的问题，算法 1-1 就有点不适用了。但可证明，对任何 $n\geqslant 2$，在元素间进行 $\left\lceil\dfrac{3}{2}n-2\right\rceil$ 次比较是必要且充分的（$\left\lceil\dfrac{3}{2}n-2\right\rceil$ 表示大于 $\dfrac{3}{2}n-2$ 的最小整数）。所以，按元素的比较次数计算时间复杂性，算法 2-14 是一个最佳算法。对一个固定的 n，这个算法总是做 $\left\lceil\dfrac{3}{2}n-2\right\rceil$ 次比较。因此，它的最坏情况下的比较次数和期望比较次数是相等的。

上面的例子给出了一种可以总结为递推求和求解递归方程的方法。对于一个递归方程，我们反复应用递归式得到一个和式，然后对和式求和。

下面是利用递推求和方法求解递归方程的另外一个例子。这个例子的结果可以用来考察递归方程的解，记住这个结果对于迅速确定一个算法的复杂性有帮助，所以我们把它称作定理。

定理 2.1　设 a，b，c 是非负常数，n 是 c 的整幂，则递归方程

$$T(n)=\begin{cases} b & n=1 \\ aT\left(\dfrac{n}{c}\right)+bn & n>1 \end{cases} \tag{2.9}$$

的解是：

$$T(n) = \begin{cases} O(n) & \text{如果} a < c \\ O(n\log_2 n) & \text{如果} a = c \\ O(n^{\log_c a}) & \text{如果} a > c \end{cases}$$

证明： 因为 n 是 c 的整幂，令 $n = c^{\log_c n}$，$k = \log_c n$，解递归方程式（2.9）可得：

$$T(n) = bn \sum_{i=0}^{\log_c n} r^i$$

其中 $r = \dfrac{a}{c}$。

（1）如果 $a < c$，则有 $r < 1$。由此，级数 $\sum_{i=0}^{\infty} r^i =$ 收敛，所以 $T(n) = O(n)$。

（2）如果 $a = c$，则 $r = 1$，从而可得

$$T(n) = bn \sum_{i=0}^{\log_c n} 1^i = bn(\log_c n + 1) = \frac{b}{\log_2 c} n\log_2 n + bn$$

所以 $T(n) = O(n\log_2 n)$。

（3）如果 $a > c$，则有

$$T(n) = bn \sum_{i=0}^{k} r^i = bn \frac{(r^{1+k} - 1)}{r - 1} = O(n^{\log_c a})$$

从定理 2.1 可以看出，当把一个问题分为 a 个子问题，每个子问题规模为 $\dfrac{n}{c}$ 时，

如果 $a \times \dfrac{1}{c} < 1$，即问题个数小于 c（把 a，c 视为整数），可以产生时间复杂性为 $O(n)$

的算法；如果 $a \times \dfrac{1}{c} = 1$，即问题个数等于 c，可以产生时间复杂性为 $O(n^{\log_c n})$ 的算法；

如果 $a \times \dfrac{1}{c} > 1$，即问题个数大于 c，可以产生时间复杂性为 $O(n\log_c a)$ 的算法。因此，

取 $c = 2$，a 等于 3、4 或 8 时，算法的时间复杂性函数分别为 $O(n^{\log_2 c})$、$O(n^2)$ 和 $O(n^3)$。

当 n 不是 c 的整幂时，通常可以取 $n' = n^{\lceil \log_c n \rceil}$，通过必要的数据填充等措施，将规模为 n 的问题转化成规模为 n' 的问题。于是，对任意自然数 n，定理 1.2 的渐近增长率成立。

2.10　递归方程求解的生成函数求和方法

下面介绍用生成函数求和方法求解递归方程。该方法的基本步骤是：

（1）利用给定的递归定义式产生无穷序列 u_0, u_1, u_2, $\cdots$, u_n, $\cdots$。利用无穷序列 u_0, u_1, u_2, $\cdots$, u_n, $\cdots$ 构造形式幂级数：

$$A(t) = \sum_{i=0}^{\infty} u_i t^i \tag{2.10}$$

之所以称（2.10）为形式幂级数，是因为该幂级数不一定收敛，它只具备幂级数的形式。

（2）求出 $\sum\limits_{i=0}^{\infty}$ 的有限形式的和式（非常重要的一步）。

（3）将 $A(t)$ 再进行幂级数展开，得到

$$A(t) = \sum_{i=0}^{\infty} A^{(i)}(0)t^i$$

（4）令形式幂级数 $\sum\limits_{i=0}^{\infty}$ 的通项与展开幂级数 $\sum\limits_{i=0}^{\infty} A^{(i)}$ 的对应项相等，即得到通项 u_n 的非递归形式表达式。

例 2.1 应用生成函数求和方法求解 Hanoi 问题导出的递归方程：

$$T(n) = \begin{cases} 1 & n = 1 \\ 2T(n-1)+1 & n > 1 \end{cases}$$

设序列 $\{T(n)\}$ 的生成函数为

$$A(x) = \sum_{n=1}^{\infty} T(n)x^n \tag{2.11}$$

将式（2.11）两边同乘 $2x$，得到如下公式

$$2x \cdot A(x) = \sum_{n=1}^{\infty} 2T(n)x^{n+1} \tag{2.12}$$

将式（2.11）减去式（2.12），得到

$$A(x) - 2xA(x) = T(1)x + x^2 + x^3 + \cdots$$

$$= \frac{x}{1-x}$$

$$A(x) = \frac{x}{(1-2x)(1-x)} = \frac{1}{1-2x} - \frac{1}{1-x} = \sum_{n=0}^{\infty} 2^n x^n - \sum_{n=0}^{\infty} x^n$$

于是得到

$$T(n) = 2^n - 1$$

于是在梵塔上把 n 个金片从一根针上移动到另一根针上去，必须移动 2^n-1 次。因此，主神告诉他的弟子们不必惊慌，也无须消极怠工。即使每秒移动一次，世界末日也是 5849 亿年以后的事情。而据科学推断，太阳系的寿命也只有 150 亿年。

例 2.2 用生成函数求和方法求裴波那契序列

$$F(n) = \begin{cases} 0 & n = 0 \\ 1 & n = 1 \\ F(n-1) + F(n-2) & n \geqslant 2 \end{cases}$$

的通项。

设序列 $\{F(n)\}$ 的生成函数为

$$A(x) = \sum_{n=0}^{\infty} F(n)x^n \tag{2.13}$$

将式（2.13）两边同乘 x，得到如下公式

$$xA(x) = \sum_{n=0}^{\infty} F(n)x^{n+1} \tag{2.14}$$

将式（2.13）两边同乘 x^2，得到如下公式

$$x^2 A(x) = \sum_{n=0}^{\infty} F(n) x^{n+2} \tag{2.15}$$

显然

$$\sum_{n=2}^{\infty} F(n) x^n = \sum_{n=2}^{\infty} F(n-1) x^n + \sum_{n=2}^{\infty} F(n-2) x^n \tag{2.16}$$

将式（2.13）两端分别减去式（2.14）和式（2.15）两端，并用式（2.16）化简得到

$$A(x) = \frac{x}{1-x-x^2} = \frac{1}{\sqrt{5}} \left(\frac{1}{1-\alpha x} - \frac{1}{1-\beta x} \right)$$

其中

$$\alpha = \frac{1+\sqrt{5}}{2}, \quad \beta = \frac{1-\sqrt{5}}{2}$$

于是

$$F(n) = \frac{1}{\sqrt{5}} \left[\left(\frac{1+\sqrt{5}}{2} \right)^n - \left(\frac{1-\sqrt{5}}{2} \right)^n \right], \quad n \geqslant 0$$

例 2.3　设 $a_0=0$，$a_1=1$，$\cdots$，$a_n=7a_{n-1}-10a_{n-2}$，对一切 $n \geqslant 2$，求解 a_n 的解析表达式。

设 $\{a_n\}$ 的生成函数为

$$G(x)=a_0+a_1x+a_2x^2+a_3x^3+\cdots+a_nx^n+\cdots \tag{2.17}$$

则有

$$7xG(x)=7a_0x+7a_1x^2+7a_2x^3+\cdots+7a_{n-1}x^n+\cdots \tag{2.18}$$

$$10x^2G(x)=10a_0x^2+10a_1x^3+10a_2x^4+\cdots+10a_{n-2}x^n+\cdots \tag{2.19}$$

由式（2.17）+式（2.19）−式（2.18）得

$$(1-7x+10x^2)G(x)=a_0+(a_1-7a_0)x$$

故

$$G(x) = \frac{x}{1-7x+10x^2} = \frac{1}{3} \left(\frac{1}{1-5x} - \frac{1}{1-2x} \right)$$

$$= \frac{1}{3} \left[\sum_{k=0}^{\infty} (5x)^k - \sum_{k=0}^{\infty} (2x)^k \right] = \frac{1}{3} \sum_{k=0}^{\infty} (5^k - 2^k) x^k$$

于是 $a_n = \dfrac{1}{3}(5^n - 2^n)$，$n \geqslant 0$。

读者可以尝试用生成函数求和方法求解下面的线性变系数递归方程：

$$\begin{cases} T(0) = 0 \\ T(1) = 1 \\ (n-1)T(n) = (n-2)T(n-1) + 2T(n-2) \quad n \geqslant 2 \end{cases} \tag{2.20}$$

生成函数求和方法的一个重要步骤是求 $A(x)$ 的有限形式的表达式以及将其幂级数展开。以下一些方法和技巧可以用于帮助实现这个目标。

（1）加法。如果 $A_1(x)$ 和 $A_2(x)$ 分别是序列

$$a_0, \ a_1, \ a_2, \ \cdots, \ a_n, \ \cdots \text{和} \ b_0, \ b_1, \ b_2, \ \cdots, \ b_n, \ \cdots$$

的生成函数，则 $\alpha A_1(x)+\beta A_2(x)$ 是序列

$$\alpha a_0+\beta b_0, \quad \alpha a_1+\beta b_1, \quad \cdots, \quad \alpha a_n+\beta b_n, \quad \cdots$$

的生成函数。

因为

$$\alpha \sum_{k\geqslant 0} a_k x^k + \beta \sum_{k\geqslant 0} b_k x^k = \sum_{k\geqslant 0}(\alpha a_k + \beta b_k)x^k$$

（2）移位。如果 $A(x)$ 是关于 a_0, a_1, a_2, $\cdots$ 的生成函数，则 $x^n A(x)$ 是对于 0, 0, $\cdots$, 0, a_0, a_1, $\cdots$ 的生成函数。因为

$$x^n \sum_{k\geqslant 0} a_k x^k = \sum_{k\geqslant n} a_{k-n} x^k$$

类似地，$(A(x)-a_0-a_1 x-\cdots-a_{n-1}x^{n-1})/x^n$ 是关于 a_n, a_{n+1}, $\cdots$ 的生成函数。因为

$$x^{-n} \sum_{k\geqslant n} a_k x^k = \sum_{k\geqslant 0} a_{k+n} x^k$$

设 $A(x)$ 是常数序列 1, 1, 1, $\cdots$ 的生成函数，则 $xA(x)$ 是 0, 1, 1, $\cdots$ 的生成函数。所以有

$$(1-x)A(x)=1$$

从中可以得到 $1/(1-x)$ 的幂级数展开式为

$$1/(1-x)=1+x+x^2+\cdots+x^n+\cdots$$

（3）乘法。设 $A_1(x)$ 和 $A_2(x)$ 分别是序列

$$a_0, \quad a_1, \quad \cdots, \quad a_n, \quad \cdots \text{和} b_0, \quad b_1, \quad \cdots, \quad b_n, \quad \cdots$$

的生成函数，则 $A_1(x)A_2(x)$ 是关于 S_0, S_1, $\cdots$ 的生成函数。这里

$$S_n = \sum_{0\leqslant k\leqslant n} a_k b_{n-k}$$

当 $b_n=1$（$n=0$, 1, $\cdots$）时，会导致一个重要的特例，即

$$\frac{1}{1-x}A_1(x) = a_0 + (a_0+a_1)x + (a_0+a_1+a_2)x^2 + \cdots$$

这是序列 $\{a_n\}$ 的部分和构成的序列的生成函数。

生成函数的乘积形式对于求类似于 $\{S_n\}$ 这样的序列是十分有用的。

（4）微分和积分。设 $A(x)$ 是 a_0, a_1, a_2, $\cdots$ 的生成函数，其导函数是

$$A'(x) = a_1 + 2a_2 x + 3a_3 x^2 + \cdots = \sum_{k\geqslant 0}(k+1)a_{k+1}x^k$$

则有

$$xA'(x) = \sum_{k\geqslant 0} ka_k x^k$$

所以，$xA'(x)$ 是序列 $\{na_n\}$ 的生成函数。

对生成函数两边做积分

$$\int_0^x A(t)\mathrm{d}t = a_0 x + \frac{1}{2}a_1 x^2 + \frac{1}{3}a_2 x^3 + \cdots$$

得

$$\int_0^x A(t)\mathrm{d}t = \sum_{k\geqslant 1} \frac{1}{k}a_{k-1}x^k$$

特别地，如果 $A(x)$ 是序列 $\{na_n\}$ 的生成函数，则

$$\int_0^x \frac{A(t)}{t}\, \mathrm{d}t = \sum_{n \geq 0} a_n x^n$$

这是序列 $\{a_n\}$ 的生成函数。这里，$a_0 = 0$。

2.11　大数据中的分治和递归算法

在当前的大数据算法中，许多算法都包含了分治和递归的思想。这些算法通常用于处理大规模数据集，通过将问题分解成更小的子问题并递归地解决这些子问题来提高计算效率。以下是一些常见的包含了分治和递归思想的大数据算法。

1. MapReduce

MapReduce 是一种编程模型和处理框架，用于并行处理大规模数据集。它将输入数据集分解成独立的片段，然后通过 Map 和 Reduce 两个阶段来分别处理这些片段。在 Map 阶段，数据被分割和映射到不同的节点上进行处理；在 Reduce 阶段，将 Map 阶段的输出结果进行汇总和归约。MapReduce 的过程可以看作是分治的思想在大数据处理中的应用。

2. 分布式排序算法

在分布式环境下进行排序时，通常会将排序任务分解成多个子任务，每个子任务在不同的节点上独立进行排序，最后将排序结果合并起来。这种排序算法也使用了分治的思想，通过递归地将排序任务分解成更小的子任务来提高排序效率。

3. 分布式搜索算法

大规模搜索引擎中的搜索过程通常涉及将查询请求分布式地发送到多个节点上进行处理，然后将各个节点的搜索结果进行汇总和排序。这种搜索算法也可以看作是使用了分治和递归的思想，将搜索任务分解成多个子任务，并递归地在不同节点上处理这些子任务。

4. K-means 聚类算法

K-means 是一种常用的聚类算法，用于将数据集分成 K 个簇。它通常通过迭代的方式来优化簇的质心位置，每次迭代都可以看作是对整个数据集进行一次分治操作，将数据集分解成多个子集，并根据当前质心位置重新分配数据点到各个簇中去。

这些算法都展示了在大数据处理中分治和递归思想的重要性和应用价值。通过将问题分解成更小的子问题并递归地解决这些子问题，可以有效地提高算法的性能和效率。

下面以 MapReduce 为例，介绍分治和递归在大数据处理中的应用。

MapReduce 最初由 Google 提出，后来被 Apache Hadoop 等开源项目广泛采用和实现。MapReduce 模型的思想和原理基于分治和并行计算的概念。它的核心思想是将一个大规模的计算任务分解成多个独立的子任务，并在多个计算节点上并行执行这些子任务，最后将结果合并得到最终的计算结果。

MapReduce 模型主要包括以下几个阶段。

（1）输入数据划分。输入数据（集）被划分成多个独立的数据块。每个数据块被分配给一个 Map 任务进行处理。

（2）Map 阶段。每个 Map 任务独立地对其分配到的数据块应用用户定义的映射函数。映射函数将输入数据转换成一系列键-值对的形式，并输出到临时存储中。

（3）Shuffle 和排序。Map 阶段的输出结果根据键进行排序，并根据键将它们分组。相同键的数据被分配到同一个 Reduce 任务中。

（4）Reduce 阶段。Reduce 阶段接收到分组后的键-值对，对每个键的值集合应用用户定义的归约函数。归约函数对这些值执行某种操作，生成最终的输出结果。

（5）最终输出。Reduce 阶段生成最终的输出结果，这些结果通常被写入到外部存储系统中。

MapReduce 的工作流程介绍如下。

（1）分布式执行。MapReduce 框架将映射函数并行应用于输入数据集的不同部分，在多个计算节点上同时执行。每个节点上的 Map 任务都是独立运行的，不需要与其他节点进行通信。

（2）中间结果传输。Map 阶段的输出结果根据键进行分区，并将相同键的数据传输到同一个 Reduce 任务中。这个过程涉及数据的 Shuffle 和排序操作。

（3）Reduce 执行。Reduce 阶段接收到 Map 阶段的输出结果，并将相同键的数据进行聚合和处理。每个 Reduce 任务处理一个或多个分区的数据，也是并行执行的。

（4）最终输出。Reduce 阶段生成最终的输出结果，这些结果通常被写入到外部存储系统中（如分布式文件系统或数据库）。

例如，假设有一个大型文本文件，需要统计其中每个单词的出现次数，可以使用 MapReduce 模型来实现这个任务。

（1）Map 阶段。将文本文件划分成多个数据块，每个 Map 任务读取一个数据块，并对其中的单词进行计数，输出键-值对（单词，出现次数）。

（2）Shuffle 和排序。根据单词进行排序，并将相同单词的计数结果分组。

（3）Reduce 阶段。对每个单词的计数结果进行归约，将相同单词的计数相加得到最终的出现次数。

（4）最终输出。输出每个单词的出现次数作为最终的统计结果。

本章小结

本章系统阐述了算法设计中的核心思想——分治与递归，通过理论分析与经典案例展示了其在高效解决复杂问题中的关键作用。分治策略遵循"分解、解决、合并"的流程，将大规模问题拆解为独立子问题，显著降低问题复杂度，例如，汉诺塔问题中将移动 n 个圆盘转化为移动 $n-1$ 个圆盘的子任务；递归方法则通过函数自我调用简化问题，如阶乘和斐波那契数列的定义，但需明确定义终止条件以避免无限递归。经典算法应用中，二分查找法利用有序性将复杂度优化至对数级，大整数乘法和矩阵乘法通过分治策略突破传统复杂度瓶颈。此外，递归形式涵盖多变元、多步、嵌套及联立等扩展类型，其方程可通过递推求和与生成函数法求解。在大数据领域，分治与递归思想驱动了 MapReduce 的分布式计算框架、分布式排序搜索的并行处理，以及 K-means 聚类的迭代优化机制。总之，分治与递归通过问题分解与自我调用，为高效算法设计提供了核心框架，其理论价值与实用性能已在经典问题和大数据场景中得到充分验证，成为算法领域不可或缺的基石。

习题

1．对于顺序查找算法，分析目标值存在于数组中的概率 p 趋于 0 的含义，这种情况下平均查找次数有什么样的变化？当 p 趋于 1 时呢？

2．对于二分查找算法，分析目标值存在于数组中的概率 p 对算法的时间复杂度的影响。

3．在一个由 10 个元素构成的数组中，用二分查找法查找各个位置上元素分别需要进行多少次元素值的比较？

4．试写出求二叉树中序遍历序列的递归程序。

5．针对图 2.1（b）的二叉排序树，若查找的命中率为 100%，即不考虑查找的目标值不在树中的情况，则平均需要多少次元素值的比较？

6．向一棵空二叉树中依次插入如下元素值：8，9，10，2，1，5，3，6，4，7，11，12，要求每插入一个元素后的二叉树都是二叉排序树，画出每次插入元素后的二叉排序树。

7．按 2.2.4 节的描述，编写从二叉树中删除一个节点的 C 语言程序。

8．针对平衡的二叉排序树 LR 型失衡的情况，写出调整使之恢复平衡的算法。

9．在习题 6 中，插入操作会导致二叉排序树失去平衡，重新向空二叉树中依次插入各元素，当失去平衡时应用平衡算法进行调整，画图说明插入和调整的过程。

10．用快速排序法对如下数据进行排序：45，23，65，57，18，2，90，84，12，76。说明第一遍扫描的具体过程。

11．编写针对链表的快速排序程序。

12．编写针对数组的归并排序程序。

13．应用分治策略完成下面的整数乘法计算：2348×3825。

14．应用 Strassen 算法完成下面的矩阵乘法运算。

15．求解递归方程
$$L(n)=L(n-1)+n, \quad n \geq 1，其中 L(0)=1$$

16．用生成函数求和方法求解下面的线性变系数递归方程：
$$\begin{cases} T(0) = 0 \\ T(1) = 1 \\ (n-1)T(n) = (n-2)T(n-1) + 2T(n-2) & n \geq 2 \end{cases}$$

17．编写一个求解 Hanoi 问题的非递归算法。与递归算法比较，哪一个容易理解和编写？

18．求以下和式的和

（1）$\displaystyle\sum_{i=1}^{n} i$ 　　　　（2）$\displaystyle\sum_{i=1}^{n} a^i$ 　　　　（3）$\displaystyle\sum_{i=1}^{n} ia^i$

（4）$\displaystyle\sum_{i=1}^{n} 2^{n-i}\cdot i^2$ 　　（5）$\displaystyle\sum_{i=0}^{n}\binom{n}{i}$ 　　（6）$\displaystyle\sum_{i=1}^{n} i\binom{n}{i}$

19. 解下列递归式，设 $T(1)=b$

（1）$T(n)=aT(n-1)+bn$；

（2）$T(n)=T(n/2)+bn\log 2n$；

（3）$T(n)=aT(n/2)+bnc$。

20. 给定 $a_0=0$，$a_1=1$，$a_n+2=a_n+1+6a_n$，求 a_n 的非递归形式的表达式。

21. 证明递归式

$$X(1)=1,$$
$$X(n)=\sum_{i=1}^{n-1}X(i)X(n-i)\quad n>1$$

的解是

$$X(n+1)=\frac{1}{n+1}\binom{2n}{n}\ \ \text{及}\ \ X(n)\geqslant 2^{n-2}$$

[提示：利用生成函数的积的形式。]

22. 一叠纸牌，共有 n 张。由两人进行比赛。第一个选手可以取 1 或 2 或…或 $n-1$ 张。以后，两人交替取牌。每个人至少取一张，最多只能取他的对手刚才取的张数的 2 倍。谁取最后剩下的牌谁就获胜。例如，$n=7$ 时：选手 A 取 2 张，剩下 5 张；选手 B 至多可以取 4 张，他当然不会这么做，因为这样他马上就会输。他甚至连取两张都不敢。因此，B 选取 1 张，剩 4 张。轮到 A 时，他也只能取 1 张，剩下 3 张。轮到 B 取牌，可惜刚才 A 只取了 1 张，B 无法把最后 3 张一次取走。但他知道，无论自己如何选取都会输。除非 A 有意让他得胜，即在 B 取 1 张，剩 2 张时，A 只取 1 张。

如果开始时有 100 张牌，对选手 A，最好的取法是取多少张？$n=1000$ 时呢？

23. 写出一个算法使上题的比赛以最快的速度结束。

24. 写出一个算法使上题的比赛以尽可能慢的速度结束。

25. 写出一个与算法 2-14 不同的算法找出一个集合的最小元和最大元。方法是，每次用相邻的元素对进行比较，然后取其中的大者与当前最大的元素进行比较，取其中的小者与当前最小的元素比较，最后找出最大元和最小元。分析该算法的比较次数，并与算法 2-14 比较，哪个算法更优？

26. 修改算法 2-14，允许递归下推到 $\|S\|=1$，算法所需的比较次数是多少？

27. 证明从 n 个元素的集合中找出最大元和最小元，$\left\lceil\dfrac{3}{2}n-2\right\rceil$ 次比较是充分必要的。

28. 给定 $n=3k$，$k\geqslant 1$，求递归方程

$$T(n)=\begin{cases}1 & n=1\\ T(2n/3)+T(n/3)+n & 3\mid n\\ 2T(n/2)+n-1 & 3\nmid n,2\mid n\end{cases}$$

的解。

第 3 章

贪心算法

贪心算法是一种求解最优化问题的常用方法。设待求解问题有 n 个输入，根据必须满足的条件和目标函数，希望从问题的所有允许解中求出最优解。求解此类问题的策略之一是"贪心算法"，其基本要素在于"贪心选择"性质：在每个选择步骤上，做出的选择都是当前状态下最优的。所求问题的全局最优解可以通过一系列局部最优解的选择，即贪心选择来达到。贪心选择每次选取当前最优解，因此它依赖于以往的选择，而不依赖于将来的选择，即当前决策不会影响后续的决策。贪心算法通常以自顶向下的方式进行，每次贪心选择就将原问题转化为规模更小的子问题。

贪心-基本思想

显然，这种选择方法是局部最优的，但不是从问题求解的整体考虑选择序列，因此不保证最后所得的一定是全局最优解。因此，在应用贪心算法之前需要分析考虑问题的特性，证明贪心选择策略是否能够导致全局最优解：首先证明存在问题的一个全局最优解必定包含第一个贪心选择。然后证明在做了贪心选择后，原问题简化为规模较小的类似子问题，即可继续使用贪心选择。最后用数学归纳法证明，经过一系列贪心选择可以得到全局最优解。

贪心-贪心选择
性质

贪心算法是问题求解的一种有效方法，所得到的结果如果不是"全局最优的"，通常也是近似最优的。

贪心算法的一般框架如算法 3-1 所示。

【算法 3-1】贪心算法的一般框架

```
GreedyAlgorithm(parameters){
初始化；
重复执行以下的操作：
    选择当前可以选择的（相容）最优解；
    将所选择的当前解加入到问题的解中；
直至满足问题求解的结束条件。
}
```

3.1　找零钱问题

【问题描述】

设有一个自动售货机，它接受的钞票面额分别为 1 元、5 元、10 元、20 元、50

元和 100 元。现在一个顾客需要支付 n 元，需要找出最少数量的钞票组合来支付这 n 元。

【问题分析】

可以用贪心算法解决这个问题，尽量先使用大面额的钞票，以最小化使用的钞票数量。

（1）将面额数组按照从大到小的顺序排列。

（2）从最大的面额开始，尽可能多地使用这种面额的钞票，直到无法再使用更多的这种面额的钞票。

（3）继续使用下一个较小的面额，重复第（2）步，直到完成找零操作。

按这种策略实现最少数量的钞票找零钱的算法如算法 3-2 所示。

【算法 3-2】使用最少数量的钞票完成找零钱算法

```
void minCoins(int amount, int coins[], int n, int *combination, int *numCoins) {
    *numCoins = 0; //初始化钞票数量为 0
    for (int i = 0; i < n; i++) {
        //当前面额的钞票数量
        int count = amount / coins[i];
        //更新剩余需要支付的金额
        amount -= count * coins[i];
        //将当前面额的钞票数量添加到组合中
        for (int j = 0; j < count; j++) {
            combination[*numCoins++] = coins[i];
        }
    }
}
```

【算法分析】

combination 数组的大小被设定为 amount，这是为了简化问题，并假设最大情况下需要的钞票数量不会超过金额本身。在实际应用中，可能需要动态分配内存或使用其他数据结构。minCoins 函数接收一个指向 combination 数组的指针，以及一个指向 numCoins 的指针，以便在函数内部修改它们的值。coins 数组被初始化为降序排列，这样可以从最大面额的钞票开始找起。算法的时间复杂度为 $O(n*m)$，其中 n 是钞票面额的数量，m 是所需金额除以最小面额的结果（即最多需要的钞票数量）。在最坏情况下，需要遍历所有面额，并对每种面额进行多次减法操作。

3.2 销售问题

【问题描述】

在新春佳节期间，中国人有食用元宵的传统。市场上存在多种不同风味的元宵，每种风味元宵都有其特定的库存量和总售价。给定每种元宵的库存量、总售价以及市场的最大需求量，我们需要确定一个销售策略，以最大化总收益。

假设有 n 种元宵，每种元宵的库存量分别为 stock[i]万吨，总售价分别为 price[i]亿元。市场对元宵的最大需求量为 max_demand 万吨。每种元宵的单位售价是固定的，即单位售价等于 price[i]除以 stock[i]。销售时允许只取出部分库存进行销售。需要计算并找出一种销售策略，使得在满足市场需求的前提下，总收益最大化。总收益是销售出的元宵的售价总和。

【例 3-1】假设有 3 种元宵，其库存量分别为 [18, 15, 10] 万吨，总售价分别为 [75, 72, 45] 亿元。如果市场的最大需求量是 20 万吨，那么我们应该如何分配销售每种元宵的数量，以最大化总收益？

【问题分析】

为了最大化总收益，可以采用贪心算法的策略，按照单位售价（即 price[i]/stock[i]）从高到低对元宵进行排序。然后，从单位售价最高的元宵开始，尽可能多地销售，直至达到市场需求或该元宵的库存售罄。重复这个过程，直到满足市场需求或所有元宵都售罄。

【算法 3-3】贪心算法解决元宵销售问题

```c
#include <stdio.h>
#include <stdlib.h>

//定义元宵结构体
typedef struct {
    double unitPrice;          //单位售价
    int stock;                 //库存量
} Yuanxiao;

//根据单位售价对元宵进行排序的比较函数
int compareYuanxiaos(const void *a, const void *b) {
    Yuanxiao *YuanxiaoA = (Yuanxiao *)a;
    Yuanxiao *YuanxiaoB = (Yuanxiao *)b;
    if (YuanxiaoA->unitPrice > YuanxiaoB->unitPrice) {
        return -1;
    } else if (YuanxiaoA->unitPrice < YuanxiaoB->unitPrice) {
        return 1;
    } else {
        return 0;
    }
}

//计算最大收益
double maxProfitFromYuanxiaos(Yuanxiao Yuanxiaos[], int n, int maxDemand) {
    //对元宵按照单位售价从高到低进行排序
    qsort(Yuanxiaos, n, sizeof(Yuanxiao), compareYuanxiaos);

    //初始化总收益和已售出的元宵量
    double totalProfit = 0.0;
    int soldDemand = 0;

    //遍历每种元宵
    for (int i = 0; i < n; i++) {
```

```
                    //计算可以售出的元宵量（不超过库存量和剩余需求量）
                    int  sellAmount  =  Yuanxiaos[i].stock  <  (maxDemand  -  soldDemand)  ?
Yuanxiaos[i].stock : (maxDemand - soldDemand);
                    //更新总收益和已售出的元宵量
                    totalProfit += Yuanxiaos[i].unitPrice * sellAmount;
                    soldDemand += sellAmount;
                    //如果已经满足市场需求，则停止销售
                    if (soldDemand >= maxDemand) {
                        break;
                    }
            }

        return totalProfit;
    }

    int main() {
        //样例数据
        Yuanxiao Yuanxiaos[] = {{75.0 / 18, 18}, {72.0 / 15, 15}, {45.0 / 10, 10}};
        int n = sizeof(Yuanxiaos) / sizeof(Yuanxiaos[0]);
        int maxDemand = 20;

        //计算最大收益
        double maxProfit = maxProfitFromYuanxiaos(Yuanxiaos, n, maxDemand);
        printf("最大收益为：%.2f 亿元\n", maxProfit);

        return 0;
    }
```

【算法分析】

1. 时间复杂度

qsort 函数的时间复杂度在最坏情况下是 $O(n \log n)$，其中 n 是元宵的种类数。遍历元宵并计算总收益的循环的时间复杂度是 $O(n)$，因为最多遍历 n 种元宵。因此，总的时间复杂度是 $O(n \log n)$，主要由 qsort 函数决定。

2. 空间复杂度

没有使用额外的数组来存储排序结果，因为 qsort 是在原数组上进行排序的。因此，空间复杂度是 $O(1)$（除了函数调用栈和输入数据本身所需的空间）。

注意：虽然这里使用了 double 类型来表示价格和收益，但在实际计算中可能需要根据精度需求进行调整。此外，如果元宵的单位售价是整数，且库存量非常大，可能会遇到浮点数精度问题，可以考虑使用整数运算或更高精度的数据类型来避免这些问题。

3.3 最小生成树

贪心-Prim 和
Kruskal 算法

【问题描述】

给定简单无向连通图 $G=<V,E,w>$，$|V|=n$，$|E|=m$，$m \geqslant n-1$，$w(v_i,v_j)$ 是边 (v_i,v_j) 的权函数。求 G 的最小生成树 T_G，这里 T_G 满足：

$$w(T_G) = \sum_{<v_i,v_j> \in E(T_G)} w(v_i,v_j) = \min\{w(T) \mid T 是 G 的生成树\}$$

【问题分析】

已知，如果 T 是 G 的一棵生成树，则 T 中恰有 $(n-1)$ 条边。根据贪心算法，求 G 的最小生成树的基本思想是：

将 G 的所有边按照边权的递增顺序进行排列，不失一般性为：$e_1, e_2, \cdots, e_m$，记对应边权序列为

$$w_1, w_2, \cdots, w_m \quad (w_k \leqslant w_{k+1}, \ k=1,2,\cdots, (m-1)) \tag{3-1}$$

对序列（3-1），从第 1 项开始，实施 $n-1$ 步选择：选择第 k 条边 e_{k+i}，使得与前面所选的边集不构成回路而且是当前所剩边中权最小者（$k=1,2,\cdots,n-1$）。按照这种策略形成的算法称为求最小生成树的 Kruskal 算法。

【算法 3-4】MinSpanTree_Kruskal

S1 对 G 的边按照权进行递增排序，得 $e_1,e_2,\cdots,e_m$，满足 $w(e_k) \leqslant w(e_{k+1})$，$k=1,2,\cdots,(m-1)$；
S2 初始化操作：T=Φ，g=0，t=0，k=1；
S3 如果 T∪{e_k} 构成回路，则 k=k+1，转 S3；
S4 T=T∪{e_k}，t=t+1，g=g+w(e_{k+1})，k=k+1；
S5 如果 t<n-1 转 S3；
S6 输出 T，g，终止。

定理 3-1 无向连通图 $G=<V,E,w>$，$|V|=n$，$|E|=m$，$m \geqslant n-1$，$E=\{e_1, e_2,\cdots,e_m\}$，其中各边按边权递增排序。按照 Kruskal 算法所得生成树是一棵最小生成树。

引理：对 G 中任一基本回路 C（C 通过点各不相同），则 C 中权最大的边 e 不在 G 的最小生成树中。

证明：记 T' 是 G 的最小生成树，$e \in E(T')$。因为 T' 是生成树，所以 $V(T')=V$，$V(C)$ 是 $V(T')$ 的子集。但 $E(C)-E(T') \neq \varPhi$，即存在 $e' \in E(C)$，e' 是 T' 的弦且 $w(e')<w(e)$。将 e' 加入 T' 中形成一个同时包含 e 和 e' 的唯一回路。

将该回路中的 e 删除，仍然得一棵生成树 T，且 $w(T)=w(T')-w(e)+w(e')<w(T')$。这与 T' 是最小生成树矛盾。证毕。

本定理证明：设 T 是按照 Kruskal 算法求出的生成树，T' 是 G 的最小生成树。

如果 T 不是 G 的最小生成树，即 $w(T')<w(T)$。则必有 $e \in E(T')-E(T)$。将 e 添加到 T 中，形成基本回路 C。由 Kruskal 算法，e 必为 C 中权最大的边。又因为 $e \in E(T')$，这与引理矛盾。证毕。

实际上 Kruskal 算法中每一步选择的边都是不构成回路的最小边，因此所得的生成树 T 一定是最小生成树。如图 3-1 所示，按照 Kruskal 算法，首先对边排序如下：

$e_1=<0,2>$, $e_2=<0,3>$, $e_3=<3,5>$, $e_4=<0,1>$, $e_5=<4,7>$, $e_6=<6,7>$, $e_7=<2,4>$,
$e_8=<5,8>$, $e_9=<2,5>$, $e_{10}=<3,6>$, $e_{11}=<1,5>$, $e_{12}=<5,7>$, $e_{13}=<1,4>$, $e_{14}=<2,6>$
然后逐次选择生成最小生成树 $T_G=\{e_1, e_2, e_3, e_4, e_5, e_6, e_7, e_8\}$。

Kruskal 算法实现中有两个问题：其一，对 m 条边排序的时间复杂性至少为 $O(m\log(m))$；其二，需要判定 $T\cup\{e_k\}$ 是否构成回路。

仍然使用贪心选择，这里考虑采用无须判定回路的办法。设 T_k 是当前求出的最小生成子树（T_k 含有 k 个节点，$k<n-1$）。记 $V_k=V-V(T_k)$，则下一个加入到 T_k 中的节点可以是 V_k 中与 T_k 距离最近的节点（该点与 T_k 中某点邻接且边权最小），由此得到求最小生成树的 Prim 算法。

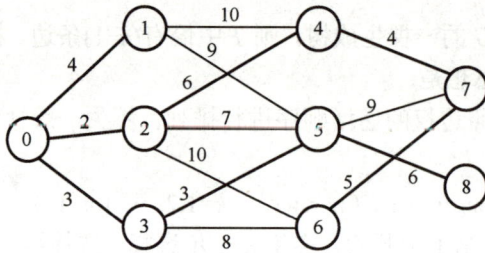

图 3-1　连通图及其最小生成树

【算法 3-5】MinSpanTree_Prim:

设 G=<V,E,w>,V={v_1, v_2,···,v_n} ,E={e_1, e_2,···,e_m}，这里不要求 e_1, e_2,···, e_m 递增排序。
S1 初始化操作：T=Φ，g=0，取 v=v_1,V=V-{v};
S2 在 V 中求 v_j, v_j 与 v 邻接（v 属于 T）且边权 w(v,v_j)最小，记 e=<v,v_j>;
S3 g=g+w(v,v_j),T=T$\cup$ {e },V=V-{v_j},
S5 如果 V≠Φ 转 S2;
S6 输出 T, g，终止

Prim 算法的每次循环向当前最小生成子树 T_k 中添加一个新节点及连接该节点的一条边，因此不可能形成回路。该算法的另一个好处是无须对边集排序。这里的问题是如何求出 "$V_k[=V-V(T_k)]$ 中与 T_k 距离最近的节点"。

图 G 用邻接矩阵 $D[n][n]$ 表示，其中，如果 $<i,j>$ 不是 G 中边，则 $d[i][j]$=Infinity。设置 3 个辅助数组 Visited[n]、Closest[n]、Lowcost[n]。其中 Visited[i]=True 表示节点 i 已经进入 T_k，Closest[j]记录 T_k 中与节点 j 距离最近的节点（j 属于 $V-V(T_k)$），Lowcost[j]=$d[j][Closest[j]]$。初始化中，Closest[j]指向第一个节点（比如节点 0）。当 T_k 中增加一个新节点 k 时，对 $V-V(T_k)$ 每个点 j，通过比较 $d[j][k]$ 和 $d[j][closest[j]]$ 来决定是否更新 closest[j]的值。如此使得 closest[j]总是 T_k 中距离 j 最近的节点。最小生成树用数组 $T[n][2]$ 表示，其中<$T[i][0]$, $T[i][1]$>构成其第 i 条边(i=1,2,···,$n-1$)。由此 Prim 算法实现如下：

```
WeightType MinSpanTree_Prim(int n,WeightType **d,int T[][2])
// 数组 d[n][n] 是 G 的邻接矩阵，T[n][2]输出最小生成树的 n-1 条边 <T[i][0],
T[i][1]>,i=1,2,..(n-1)
    //函数返回最小生成树的权
    {
```

```
int Closest[Maxint];
  Bool Visited[Maxint];
WeightType Lowcost[Maxint],g=0;
Visited[0]=True;
  for (i=1;i<n;i++){              //初始化
    Lowcost[i]=d[0][i];Closest[i]=0;Visited=False;
  }
  for(i=1;i<n;i++){
    min=Infinity;
    for(j=0,k=1;k<n;k++) //选取离当前最小子树最近的节点 j
     if ((Lowcost[k]<min)&&(!Visited[k])){ min= Lowcost[k];j=k;}
    T[i]={j,Closest[j]};   //边加入最小子树
    g=g+d[j][Closest[j]];
    Visited[j]=True;
    for(k=1;k<n;k++)      //更新 V-V(T)中各点到 T 最近节点
if((!Visited[k])&&(d[j][k]<Lowcost[k])){Lowcost[k]=d[j][k];Closest[k]=j;}
  }
  return(g);
}
```

【算法分析】

Prim 算法的主循环执行(n-1)次，循环体内执行一趟需要的时间为 $O(n)$，因此其时间复杂性为 $O(n^2)$，n 是图 G 中节点个数。算法中使用了 3 个长度为 n 的一维辅助数组，输出(n-1)条边，图 G 本身用邻接矩阵表示，因此存储空间复杂性为 $O(n^2)$。

3.4　单源最短路径

贪心-Dijkstra
算法

【问题描述】

给定简单有向图 $G=<V,E,w>$，$|V|=n$，$|E|=m$，$m \geq n-1$，$w(v_i,v_j)$是边$<v_i,v_j>$的权函数，如果$<v_i,v_j>$属于 E，$w(v_i,v_j)$为非负实数，否则 $w(v_i,v_j)$=Infinity。在 V 中给定顶点 v_0，求 v_0 到 G 中其他各点的最短路径长，这里称 v_0 为 G 的源点。

【问题分析】

求解单源最短路径问题的 Dijikstra 算法是一个贪心算法。其基本思想是将顶点集 V 分解为两个子集 $V=S \cup (V-S)$，其中 $S=\{v|v_0$ 到 v 的最短路径已经求出$\}$，初始时 $S=\{v_0\}$。对于 u 属于 $V-S$，记 dist(u)=从 v_0 出发仅经过 S 中点到达 u 的最短路径长，如果从 v_0 出发仅经过 S 中的点到达 u 的路径不存在，则 dist(u)=Infinity。每次从在 $V-S$ 中选择 v，v 满足：

$$dist(v) = min\{dist(u)\,|\,u \in V-S\} \tag{3-2}$$

则 dist(v)是从 v_0 出发到达 u 的最短路径长。将 v 添加到 S，如此循环 n-1 次后，$V-S$ 为空。

Dijkstra 算法中所做的贪心选择由公式（3-2）给出：从 v_0 仅经过 S 中的点最后到达 $V-S$ 中的点的所有最短路径中选取最短者。这里必须解决两个问题：其一，公式（3-2）给出的 dist(v)一定是从 v_0 出发到达 v 的最短路径长吗？其二，对 $V-S$ 中的

顶点 u，如何求 $\text{dist}(u)$？

定理 3-2 记 $d(v_0,v)$ 是 v_0 到 v 的最短路径长。对 $V\text{-}S$ 中的顶点 v，如果 v 满足公式（3-2），则 $d(v_0,v)=\text{dist}(v)$。

证：如果存在 v_0 到 v 的最短路径 $P=<v_0,\cdots,x,\cdots,v>$，其中 $x\neq v$，且 x 属于 $V\text{-}S$，P 中 x 之前的点全在 S 中，则有：

$$d(v_0,v)=\text{Length}(P)=d(v_0,x)+d(x,v)\leqslant\text{dist}(v)$$

由 $\text{dist}(x)$ 定义，$\text{dist}(x)\leqslant d(v_0,x)$，又 $d(x,v)>0$

所以 $\text{dist}(x)<\text{dist}(v)$。这与 v 满足公式（3-2）矛盾，证毕。

定理 3-3 记 $T=V\text{-}S$，v 属于 T。如果 v 满足公式（3-2），$T_1=T\text{-}\{v\}$。则对于所有 t 属于 T_1，有

$\text{dist}(t)=\min\{\text{dist}'(t),\text{dist}'(v)+w(v,t)\}$，这里 $\text{dist}'(t)$ 是 t 对于顶点子集 T 的值。

证：考虑以下两种情况：

（a）从 v_0 有不经过 T_1 中其他点到 t 的最短路径 P，P 不含 v，则 $\text{dist}(t)=\text{dist}'(t)$；

（b）从 v_0 有不经过 T_1 中其他点到 t 的最短路径 $P=L(v_0,x)+<v,t>$，这里 $L(v_0,x)$ 表示 v_0 到 x 的最短路径，则 $\text{dist}(t)=\text{dist}'(v)+w(v,t)$。

如果又有 $P_1=<v_0,\cdots,v,\cdots,x,t>$ 是从 v_0 出发不经过 T_1 中其他点到达 t 的最短路径，则 v、x 属于 S。因为 v 刚刚进入 S，因此 x 是在 v 之前的步骤上添加到 S 中的，则从 v_0 出发有一条不含 v 的最短路径，这应该是情况（a），证毕。

Dijkstra 算法的完整描述如下。

【算法 3-6】Dijkstra 算法

w_{ij} 表示图 G 中节点 i 到 j 的边权，如果 $<i,j>$ 不存在，则 $w_{ij}=\infty$。d_i 记录从源点 v_0 仅经过 S 到达节点 i 的最短距离。$s_i=1$ 表示节点 i 属于 S，$i,j=0,\cdots,(n\text{-}1)$。

S1：初始化：$c=1,s_0=1$,对 $i=1,2,\cdots,(n\text{-}1)$：$d_i=w_{0i}$, $s_i=0$；
S2：$d_k=\min\{\,d_i\,|\,s_i=0,i=1,2,\cdots,(n\text{-}1)\}$
S3：$s_k=1,c=c+1$，如果 $c=n$ 则转 S6
S4：对 $j=1,2,\cdots,(n\text{-}1)$：如果 $s_j=0$，则 $d_j=\min\{d_j,d_k+w_{kj}\}$
S5：转 S2
S6：输出 v_0 到各点最短路径长 $d_1, d_2,\cdots, d_{n\text{-}1}$，终止。

对于算法 3-6，定理 3-2 确定当 $s_k=1$ 时，d_k 为源点 v_0 到节点 k 的最短路径长，即所求的是最优解。定理 3-3 保证步骤 S4 中对 d_j 更新的正确性。如果在算法 3-5 中增加一个数组 $p[n]$，p_i 指向源点 v_0 到节点 i 的最短路径上 i 的前一节点，则由该数组可输出源点 v_0 到节点 i 的最短路径。算法 3-6 经修改后的实现如下。

```
void Single_Sorce_Dijkstra(int n,WeightType **w)
//数组 w[n][n]是 G 的邻接矩阵，设 0 为源点。
{
    WeightType d[Maxint];
    int s[Maxint],p[Maxint];
    for(s[0]=1,i=1;i<n;i++){        //S={0}
        s[i]=0;d[i]=w[0][i];
        if(d[i]<Infinity)p[i]=0;     //<0,i>在 G 中
        else   p[i]=-1;              //<0,i>不在 G 中
```

```
    }
    for(i=1;i<n;i++){
      t=Infinity,k=1;
      for(j=1;j<n;j++)    //V-S 中选取距离 0 最近的节点 k
       if ((!s[j])&&(d[j]<t){ t=d[j];k=j;}
      s[k]=1;            //节点 k 加入 S
      for(j=1;j<n;j++)    //V-S 中选取距离 0 最近的节点 k
       if ((!s[j])&&(w[k][j]<Infinity)&&(d[j]>d[k]+ w[k][j]))
          {d[j]= d[k]+ w[k][j];p[j]=k;}
    }
    for(i=1;i<n;i++){
      cout<<"Distance(0,"<<i<<")="<<d[i]<<endl;   //输出最短路径长 Distance(0,i)
      cout<<"Short_Path(0,"<<i<<")=["<<i;        //按照逆序输出 0 到 i 的最短路径
      prev=i;
      do{
        prev=p[prev];
        cout<<"←"<<prev;
        }while (prev!=0);
        cout<<"]"<<endl;
    }
  }
```

【算法分析】

对于 n 个节点的有向图 G，Dijkstra 算法要求 3 个长度为 n 的一维辅助数组，图 G 采用邻近矩阵表示，因此其存储空间复杂性为 $O(n^2)$。算法中主循环体执行一次需要 $O(n)$ 时间，要求执行$(n-1)$次，因此其时间复杂性为 $O(n^2)$。

3.5　旅行商问题

【问题描述】

旅行商问题是有关求优化解的一个典型问题：推销员从某城市出发，遍历 n 个城市最后返回出发城市。设从城市 i 到城市 j 的费用为 c_{ij}，如何选择旅行路线使得该推销员此趟旅行的总费用最小。

该问题用图论语言表述如下：

给定 n 个节点简单无向完全图 $G=<V,E,c>$，$c(i,j)$ 是节点 i 到 j 的代价（边权）。在 G 中求遍历所有节点简单回路 C，使 C 上所有边权的和最小。如图 3-2 所示，是一个 5 节点的旅行商问题对应的简单完全赋权图。图 3-2 对应的代价矩阵如表 3-1 所示。

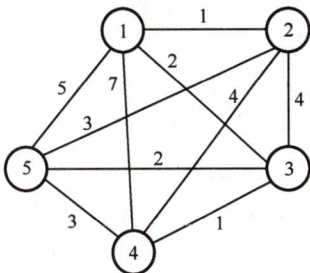

图 3-2　5 节点的简单完全赋权图

表 3-1 图 3-2 对应的代价矩阵

	1	2	3	4	5
1	∞	1	2	7	5
2	1	∞	4	4	3
3	2	4	∞	1	2
4	7	4	1	∞	3
5	5	3	2	3	∞

【问题分析】

对于 n 个节点的旅行商问题，n 个节点的任意一个圆排列都是问题的一个可能解。n 个节点的圆排列有 $(n-1)!$ 个，因此问题归结为在 $(n-1)!$ 个回路中选取最小回路。

是否能够不用 $O((n-1)!)$ 时间来求解旅行商问题？由于问题的解是遍历 n 个节点的回路，因此可以从任意节点出发考虑贪心选择：如果从 v_1 点出发已经选择部分路径 $P=<v_1,\cdots,v_{k-1}>$，这里 $v_1,\cdots,v_{k-1}$ 互不相同，则第 k 个节点取 $\{1,\cdots,n\}-\{v_1,\cdots,v_{k-1}\}$ 中与 v_{k-1} 邻接且边权最小者。由此得回路 $C=<v_1,\cdots,v_n,v_1>$。即每次取与当前终点最临近且尚未通过的节点。

【算法 3-7】Trav_Greedy（旅行商问题的最临近算法）

c_{ij} 表示 n 个节点的简单无向完全图 G 中节点 i 到 j 的代价，$c_{ii}=\infty$。$e_i=<v_i, v_{i+1}>$ 记录所求回路中第 i 条边，$v_{n+1}=v_1$。$s_i=1$ 节点 i 已经通过。

S1：初始化：m=0,i=1,s_i=1,w=0;   //节点 1 为出发点，c 为回路总代价

S2：c_{ik}=min$\{c_{ij} \mid s_j=0,j=1,2,..n,j\neq i\}$

S3：s_k=1,w= w+c_{ik} ，e_{m+1}=<v_i, v_k>

S4：i=k,m=m+1 如果 m<n-1 则转 S2

S5：w= w+ c_{k1},e_n=<v_k, v_1>

S5：输出 w，回路 C=<$e_1,\cdots,e_n$>，终止。

【算法分析】

算法 3-6 的复杂性为 $O(n^2)$，这里 n 为图中节点个数。对于图 3-2，从节点 1 出发，按照最临近算法 3-6，得到回路 $C=<1,2,5,3,4,1>$，C 的代价 $w(C)=1+3+2+1+7=14$。但是，通过观察不难得到此问题的最优解：$C_{min}=<1,2,5,4,3,1>$，$w(C_{min})=1+3+3+1+2=10$。按照算法 3-7，前 4 步选出的边都较小，但是最后一步没有选择余地：$c_{41}=7$。因此最临近法不保证求得旅行商问题的精确解，只能得到问题的近似解。一般地，贪心选择只依赖于前面选择步骤的最优性，因此是局部最优的，所以贪心法不能够确保求出问题的最优解。

如果分别从节点 i 出发（$i=1,2,\cdots,n$）执行算法 3-7，通过结果比较，取最小代价回路，可以求得更接近于最佳解的近似解。例如，对于图 3-2，按照最临近法，分别从各节点出发得到的回路如下：

$C_1=<1,2,5,3,4,1>$ $w(C_1)=1+3+2+1+7=14$

$C_2=<2,1,3,4,5,2>$ $w(C_2)=1+2+1+3+3=10$

$C_3=<3,4,2,1,5,3>$ $w(C_3)=1+2+1+5+2=11$

$C_4=<4,3,5,2,1,4>$　　　　$w(C_4)=1+2+3+1+7=14$

$C_5=<5,3,4,2,1,5>$　　　　$w(C_5)=2+1+4+1+5=13$

经过比较，取结果 C_2。事实上 C_2 是本题的精确解 C_{min} 的另一种表示，C_2 与 C_{min} 遍历的边完全相同。在计算新的回路过程中，如果当前子回路的边权和已经超过上一回路的权，该计算可以中止，直接转入下一回路的构造。根据这些修改，算法 3-7 的实现由函数 Trav_Greedy1() 给出。算法 3-7 的复杂性为 $O(n^2)$，Trav_Greedy1() 对其执行 n 次，因此 Trav_Greedy1() 所需的时间上界为 $O(n^3)$。

```
CostType Trav_Greedy1(int n,CostType **w,int *best_circle)
//数组 w[n+1][n+1]是 G 的邻接矩阵。节点为 1,2,…,n。
//数组 best_circle 返回所求回路（1,2,…,n 的一个排列），函数返回该回路的代价
{
    WeightType min_cost,cost;
    //min_cost 表示已经计算回路代价的最小值，cost 保存按照最临近法计算的当前回路代价
    int cp[Maxint];                    //cp 保存最临近法计算的当前回路
    Bool arrived[Maxint];              //如果节点 k 已经到达，则 arrived[k]=True
    min_cost=Infinity;
    for(start=1;start<=n;start++){
        cost=0;arrived[start]=True;cp[1]=start;    //以 start 为起点，准备计算最临近回路
        for(i=1;i<=n;i++) if (i!=start) arrived[i]=!True;
        p=start;                       //p 记录当前到达的最后一个节点
        for(i=2;i<=n;i++){
            for(k=1; (arrived[k]); k++);    //搜索第一个尚未到达的点 k
              tmp=w[p][k];
            for(j=k+1;j<=n;j++)             //搜索最邻近 p 的尚未到达过的节点 k
                if ((!arrived[j])&&(tmp> w[p][j])){k=j;tmp= w[p][j];}
            cp[i]=k; arrived[k]=True;p=k;   //最临近点 k 加入回路
            cost=cost+tmp;
            if (cost>min_cost)break; //当前部分路径代价已经超过 min_cost，继续计算无意义，退出。
        }
        cost=cost+w[p][start];              //加上回路最后一条边的权
        if (min_cost>cost){
          min_cost=cost;
          path_copy(best_circle,cp);        //当前所求回路 cp 复制到 best_circle
        }
    }
    return(min_cost);
}
```

3.6　机器任务调度问题

【问题描述】

假设有一组机器需要执行一组任务，每个任务都需要一定的时间完成，每台机器同时只能执行一个任务。目标是找到一种任务分配方案，使得所有任务完成所需的总时间最小。

【问题分析】

可以使用贪心算法来解决这个问题。贪心算法的选择策略是根据任务的执行时间，优先选择执行时间较短的任务，并将其分配给空闲的机器。

首先，将所有任务按照执行时间从小到大进行排序。

其次，初始化一个列表或者队列，用于存储每台机器的当前任务执行时间。

再次，遍历排序后的任务列表，依次选择每个任务并分配给空闲的机器：

● 对于每个任务，选择当前执行时间最短的机器，并将任务分配给该机器。

● 更新该机器的执行时间，加上当前任务的执行时间。

最终，返回所有机器执行时间中的最大值，即为所有任务完成所需的总时间。

【算法 3-8】机器任务调度算法示例

```c
#include <stdio.h>
#include <stdlib.h>

#define MAX_MACHINES 100
#define MAX_TASKS 100

//定义任务结构体
typedef struct {
    int id;         //任务编号
    int duration; //执行时间
} Task;

//比较函数，按照任务执行时间从小到大排序
int compare(const void *a, const void *b) {
    return ((Task *)a)->duration - ((Task *)b)->duration;
}

//使用贪心算法求解 n 台机器 m 任务调度问题
void schedule_tasks(Task tasks[], int m, int n) {
    //定义机器处理任务的完成时间数组
    int machines[MAX_MACHINES] = {0};

    //按照任务执行时间进行排序（升序）
    qsort(tasks, m, sizeof(Task), compare);

    //分配任务给机器，优先选择完成时间最早的机器
    printf("任务调度情况：\n");
    for (int i = 0; i < m; i++) {
        int min_completion_time = machines[0];
        int min_machine_index = 0;

        //找到完成时间最早的机器
        for (int j = 1; j < n; j++) {
            if (machines[j] < min_completion_time) {
                min_completion_time = machines[j];
```

```
                                min_machine_index = j;
                        }
                }

                //将任务分配给完成时间最早的机器
                printf("任务 %d 分配给机器 %d，开始时间 %d，执行时间 %d\n", tasks[i].id,
min_machine_index, min_completion_time, tasks[i].duration);
                machines[min_machine_index] += tasks[i].duration;
        }

        //计算所有任务完成的总时间
        int total_completion_time = machines[0];
        for (int i = 1; i < n; i++) {
                if (machines[i] > total_completion_time) {
                        total_completion_time = machines[i];
                }
        }
        printf("所有任务完成的总时间：%d\n", total_completion_time);
}

int main() {
        int n; //机器数量
        int m; //任务数量

        //输入机器数量和任务数量
        printf("请输入机器数量和任务数量：\n");
        scanf("%d %d", &n, &m);

        //定义任务数组，每个任务包括编号和执行时间
        Task tasks[MAX_TASKS];
        printf("请输入每个任务的执行时间：\n");
        for (int i = 0; i < m; i++) {
                tasks[i].id = i + 1;
                scanf("%d", &tasks[i].duration);
        }

        //调用贪心算法求解 n 台机器 m 任务调度问题
        schedule_tasks(tasks, m, n);

        return 0;
}
```

在算法 3-8 中，定义了一个 Task 结构体，用于表示每个任务的编号和执行时间。使用 qsort 函数对任务数组按照执行时间进行升序排序，以便使用贪心策略。在 schedule_tasks 函数中，采用贪心算法将任务分配给机器，并记录每个任务的分配情况和完成时间。最后输出每个任务的分配情况以及所有任务完成的总时间。用户可以自行输入机器数量、任务数量和每个任务的执行时间。

算法 3-8 使用了贪心算法的核心思想，即优先选择完成时间最早的机器来分配任务，以期望得到近似最优的任务调度方案。

【算法分析】

对任务数组进行排序的时间复杂度为 $O(m \log m)$，其中 m 是任务数量。

在任务分配过程中，每个任务需要遍历所有机器找到完成时间最早的机器，因此时间复杂度为 $O(mn)$，其中 n 是机器数量。

因此，整体的时间复杂度主要取决于任务数量和机器数量，为 $O(m \log m + mn)$，其中 m 是任务数量，n 是机器数量。贪心算法虽然简单快速，但不能保证得到全局最优解，可能会得到近似最优解。

贪心-总结

本章小结

本章系统介绍了贪心算法的核心思想、理论基础及典型应用场景，通过多个实例展示了贪心策略在解决最优化问题中的应用逻辑与实现方法。贪心算法的本质是在每一步选择中采取当前状态下的最优解，通过一系列局部最优选择逼近全局最优解，其核心要素是"贪心选择"性质和问题的最优子结构。但需注意，贪心算法不保证总能得到全局最优解，应用前需证明贪心策略的有效性，通常通过证明存在一个全局最优解包含首次贪心选择，并利用数学归纳法验证后续选择的正确性。

在实际应用中，贪心算法展现出强大的问题解决能力。如"找零钱问题"中，按面额从大到小选择钞票，以最小化钞票数量；"销售问题"中，依据单位售价排序，优先销售高单位价值的元宵，实现总收益最大化；"最小生成树问题"通过 Kruskal 和 Prim 算法，分别以边权和节点距离为贪心策略，构建权值最小的生成树；"单源最短路径问题"利用 Dijkstra 算法，按距离源点的最短路径逐步扩展，求得最优路径；"机器任务调度问题"则按任务执行时间排序，分配给当前空闲最早的机器，优化总完成时间。

贪心算法的局限性在于局部最优选择的累积未必等价于全局最优。如"旅行商问题"中最邻近算法仅能得到近似解，无法保证全局最优。"0-1 背包"问题中无论是基于价值优先还是单位价值优先的贪心策略，均无法保证全局最优。因此，需根据问题是否满足贪心选择性质选择算法。本章通过理论分析与算法实现结合，为贪心算法的实际应用提供了系统的思路和方法，同时强调了验证算法正确性的重要性。

习题

1. Kruskal 算法中判定新增一条边是否构成回路的问题可以用集合运算实现：

（1）Unite(T_1,T_2)：将图 G 的两个连通分支 T_1、T_2 合并，所得结果为新的连通分支 T。

（2）Find(v)：返回节点 v 所在的连通分支。

如果 Unite()、Find()已经定义，则 Kruskal 算法中对当前边 e 取舍与否的处理如下：

S1：对 e=<a,b>，如果 Find(a)=Find(b)，则新增 e 将形成回路，舍弃。
S2：否则实施增加边 e 的操作：添加 e 并执行 Unite(Find(a),Find(b))。

问题 1：按照以上描述，写出 Kruskal 算法的伪语言描述。

问题 2：在初始化中，如何确定每个节点所在的连通分支？

问题 3：实现 Find()、Unite()的时间复杂性是多少？

2．设连通无向图 G 采用邻接矩阵表示，$V(G)$={1,2,…,n}。按照习题 1 的提示，写出 Kruskal 算法的实现代码（包括 Unite()、Find()的实现）。

3．设连通无向图 G 采用邻接表表示，按照习题 1 的提示，写出 Kruskal 算法的实现代码（包括 Unite()、Find()的实现）。

4．算法 3-2 的实现中最小生成树采用(n-1)×2 维数组表示。请改写这段实现代码，其中最小生成树也用邻接矩阵表示。

5．设连通无向图 G 采用邻接表表示，写出求最小生成树 Prim 算法的实现代码。

6．连通无向图 G 各边权互不相同，e 是图 G 的最小权边，证明 e 必在 G 的任意生成树中出现。

7．连通无向图 G 各边权互不相同，e 是 G 中某个回路上的最大权边，证明 G'=<V,E-{e}>必有一棵最小生成树 T，T 同时也是 G 的生成树。

8．如果 T、T'都是图 G 的最小生成树，分别将 T、T'中各边按权排列，证明所得两序列各项权相等。

9．修改 Dijkstra 算法的实现代码，使之能够求源点到指定节点的最短路径。

10．G=<V,E>是一个单源有向图，如果其中边权有负数，则 Dijkstra 算法的正确性如何？如果需要修改，试写出修改后的实现代码。

11．G=<V,E>是一个单源有向图，边 e=<u,v>表示节点 u 到 v 的信道，$p(u,v)$表示节点 u 到 v 信道故障概率（0≤$p(u,v)$≤1）。设各信道故障概率都是独立的，设计一个算法求源点到指定节点的最可靠信道。

12．0-1 背包问题：给定 n 个物品，物品 p_i 的体积为 a_i，价值为 c_i，i=1,2,…,n。今有一个背包 B，其容积为 b，$\sum_{i=1}^{n} a_i > b$。如何挑选装入 B 的物品，使 B 中物品总价值最大。这里物品 p_i 要么装入，要么不装入（i=1,2,…,n）。背包问题的数学语言描述如下：

给定向量 a=<$a_1,a_2,…,a_n$>、c=<$c_1,c_2,…,c_n$>，求向量 x=<$x_1,x_2,…,x_n$>（x_i=0 或者 1，i=1,2,…,n）使之在条件 $\sum_{i=1}^{n} a_i x_i \leq b$ 约束下求 $\max z = \sum_{i=1}^{n} c_i x_i$。

对于背包问题可以考虑两种贪心选择：

（1）总是选择当前能够装入 B 中的最大价值物品装入。

（2）按照 c_i/a_i 大小选择当前能够装入 B 中的物品。

问题 1：分别按以上两种贪心选择策略写出求解算法，并对解的精确性进行讨论。

问题 2：一般背包问题：解向量 x=<$x_1,x_2,…,x_n$>取值修改为 0≤x_i≤1（i=1,2,…,n），

重新按以上两种贪心选择策略写出求解算法，并对解的精确性进行讨论。

13．硬币找兑问题：设硬币面值分别为 100 分、50 分、20 分、10 分、5 分、1 分，如果要求找兑 n 分钱，则求使用硬币枚数最少的方法。设计求解该问题的算法并且证明你的算法是最优的。

14．设有 n 个磁盘文件 $f_1, f_2, \cdots, f_n$，每个文件占用一个磁道。文件 f_i 的检索概率为 p_i，且 $\sum\limits_{i=1}^{n} p_i = 1$。磁头从当前磁道移动到被检索信息磁道需要的时间与这两个磁道之间的径向距离成正比。如果文件 f_i 位于第 i 道，则检索这 n 个文件的期望时间是 $\sum\limits_{1 \leq i < j \leq n} p_i p_j d_{ij}$，其中 d_{ij} 是磁头从第 i 道移动到第 j 道需要的时间。设计一个算法来安排这 n 个文件在磁盘上的位置，使得检索这 n 个文件的期望时间最短。

15．套汇是指利用若干货币兑换率的差异来牟利的行为。如果 1 美元买 0.7 英镑，1 英镑买 9.5 法郎，1 法郎买 0.16 美元，则通过从 1 美元买入，得到 0.7×9.5×0.16=1.064 美元，从而获利 6.4%。

设已知有可以互相兑换的 n 种货币 $c_1, c_2, \cdots, c_n$，其兑换表为 $R=(r_{ij})_{n \times n}$，其中表示 1 个单位的货币 c_i 可以买到货币 c_j 的数量。

问题 1：设计一个有效算法，用于确定是否存在一个货币序列 $c_{i1}, c_{i2}, \cdots, c_{ik}$，使得：
$$r_{i1,i2} \times r_{i2,i3} \times \cdots \times r_{ik,i1} > 1 \qquad (1 < k \leq n)$$

问题 2：设计一个算法求出所有可能存在的盈利兑换序列，并分析其时间复杂性。

第4章

动态规划

将待求解问题分解为若干子问题，通过子问题的解得到原问题的解，这是问题求解的有效途径。但是如何实施分解？分治策略的基本思想是将规模为 n 的问题分解为 k 个规模较小的子问题，各子问题相互独立但与原问题求解策略相同。并不是所有问题都可以这样处理的。问题分解的另一个途径是将求解过程分解为若干阶段（级），依次求解每个阶段即得到原问题的解。通过分解得到的各子阶段不要求相互独立，但希望它们具有相同类型，而且前一阶段的输出可以作为下一阶段的输出。这种策略特别适合求解具有某种最优性质的问题。贪心法属于这类求解策略：对问题 $P(n)$，其求解过程中各贪心选择步骤构成决策序列 $D=<D_1,D_2,\cdots,D_k>$。D_i 的最优性仅依赖于 $D_1,D_2,\cdots,D_{i-1}$。贪心法不保证决策序列 D 最后求出解的最优性。

动态规划基本思想

动态规划也是一个分阶段判定决策过程，其问题求解策略的基础是决策过程的最优原理：为达到某问题的最优目标 T，需要依次作出决策序列 $D=<D_1,\cdots,D_k>$。如果 D 是最优的，则对任意 $i(1\leq i<k)$，决策子序列 $D_{i+1},\cdots,D_k$ 也是最优的，即当前决策的最优性取决于其后续决策序列的是否最优。由此追溯至目标，再由最终目标决策向上回溯，导出决策序列 $D=D=<D_1,\cdots,D_k>$，因此动态规划方法可以保证问题求解是全局最优的。

动态规划算法通常用于求解具有最优子结构性质的问题，即问题的最优解可以通过子问题的最优解推导而来。动态规划算法的核心思想是将复杂的问题分解成若干个简单的子问题，通过递推求解子问题的解，最终得到原问题的解。这些子问题的解往往不是相互独立的。在求解的过程中，许多子问题的解被反复地使用。为了避免重复计算，动态规划算法采用了填表来保存子问题解的方法。在算法中用表格来保存已经求解的子问题的解，无论它是否会被用到。当以后遇到该子问题时即可查表取出其解，避免了重复计算。动态规划算法能够在合理的时间复杂度内求解问题的最优解。

因此，动态规划的基本要素包括：

（1）最优子结构。问题的最优解是由其子问题的最优解所构成的。

最优子结构性质使我们能够以自底向上的方式递归地从子结构的最优解构造出问题的最优解。

（2）重叠子问题。子问题之间并非相互独立的，而是彼此有重叠的。

因此存在着重复计算，可以用填表保存子问题解的方法来提高效率。

（3）动态规划算法的思想可以概括为以下几点：

① 寻找最优子结构：动态规划问题需要满足最优结构性质，即问题的最优解可以由子问题的最优解推导而来。这意味着问题可以分解成若干个子问题，并且这些子问题之间存在重叠。

② 建立状态转移方程：通过观察问题的特点，建立状态转移方程来描述子问题之间的关系。状态转移方程描述了当前状态与之前状态之间的转移关系，是动态规划算法的核心。

③ 确定边界条件：确定问题的边界条件，即最简单的子问题的解。这些边界条件可以作为动态规划算法的起始点，通常是递归求解的终止条件。

④ 利用子问题的解求解当前问题：通过递推或迭代的方式，利用子问题的解求解当前问题。动态规划算法通常采用自底向上的方式进行求解，先解决较小规模的子问题，然后逐步求解更大规模的子问题，直到达到最终问题的解。

⑤ 存储子问题的解：为了避免重复计算子问题的解，通常使用表格来存储已经计算过的子问题的解，以便在需要时直接查找。

4.1 射气球

【问题描述】现在有 n 个气球，编号为 0 到 $n-1$，每个气球上都标有一个数字，这些数字存在数组 nums 中。现在要求玩家射破所有的气球。射破第 i 个气球，你可以获得 nums[$i-1$]*nums[i]*nums[$i+1$]个娃娃。这里的 $i-1$ 和 $i+1$ 代表和 i 相邻的两个气球的序号。如果 $i-1$ 或 $i+1$ 超出了数组的边界，那么就当它是一个数字为 1 的气球。求所能获得娃娃的最大数量。

【问题分析】为了求解射破所有气球所能获得的最大娃娃数量，我们可以使用动态规划的方法。

首先，定义一个动态规划数组 dp[i][j]，表示射破从索引 i 到索引 j（包含 i 和 j）之间的所有气球（不包括 nums[$i-1$]和 nums[$j+1$]这两个边界的气球），所能获得的最大娃娃数量。

于是得到状态转移方程：

dp[i][j]=max(nums[$i-1$]*nums[k]*nums[$j+1$]+dp[i][$k-1$]+dp[$k+1$][j])，其中 $i \leqslant k \leqslant j$

方程的含义是，对于每个可能的 k（它表示当前最后一个被射破的气球的索引），计算射破这个气球 k 可以获得的娃娃数量，并加上射破 i 到 $k-1$ 之间和 $k+1$ 到 j 之间所有气球所能获得的娃娃数量（即 dp[i][$k-1$]和 dp[$k+1$][j]）。

边界条件是当 $i == j$ 时，只有一个气球，没有相邻的气球，因此 dp[i][i] = 0。另外，当 $i > j$ 时，没有气球，因此 dp[i][j]=0（这种情况在算法中通常不需要显式处理，因为不会访问到这样的索引）。

最后需要求解的是 dp[0][$n-1$]，即射破从索引 0 到索引 $n-1$（包含）之间的所有气球所能获得的最大娃娃数量，如算法 4-1 所示。

【算法 4-1】动态规划算法求解射破所有气球所能获得的最大娃娃数量

```python
def maxCoins(nums):
    n = len(nums)
    # 创建一个新的数组，将边界值 1 添加到 nums 的开头和结尾
    nums = [1] + nums + [1]
    n += 2

    # 初始化 dp 数组
    dp = [[0] * n for _ in range(n)]

    # 动态规划求解
    for length in range(2, n):
        for i in range(n - length):
            j = i + length - 1
            for k in range(i + 1, j):
                dp[i][j] = max(dp[i][j], nums[i] * nums[k] * nums[j] + dp[i][k-1] + dp[k+1][j])

    # 返回结果，即 dp[0][n-1]，但由于我们在 nums 中添加了边界值，所以需要减去 2
    return dp[0][n-1]

# 示例用法
nums = [3, 1, 5, 8]
print(maxCoins(nums))   # 输出应为 167，即 3*1*5 + 3*5*8 + 1*5*8 = 15 + 120 + 40 = 167
```

【算法分析】这个算法的时间复杂度是 $O(n^3)$，因为有三重循环：外层循环用于控制子区间长度，中层循环用于控制起始点，内层循环用于控制分割点。在实际情况中，由于常数因子的影响，可能还有其他一些优化手段（如记忆化搜索或优化状态转移方程）来稍微提升性能，但总体时间复杂度仍然是 $O(n^3)$。

4.2　动态规划在最短路径中的应用

【问题描述】给定简单有向连通赋权图 $G=<V,E,w>$，$w(i,j)$ 是 G 中边 $<i,j>$ 的权。顶点集 V 可以划分为 $k+1$ 个两两不交的子集 V_i，$i=0,1,2,\cdots,k$。其中 $V_0=\{s\}$，$V_k=\{t\}$。对 G 中任一边 $<u,v>$，存在 V_i、V_{i+1}，使得 u 属于 V_i，v 属于 V_{i+1}，其中 $0 \leqslant i < k$。称 G 为 k 段图，s 点为起点，t 为终点。在 G 中求从 s 出发到 t 的最短路径。这里"最短"是指从 s 到 t 的路径上各边权的和最小。如图 4-1 所示的是一个 4 段图。

【问题分析】

在 k 段图 G 中考虑如下方法：记 $D(u,v)$ 是 G 中起点为 u，终点为 v 的最短路径，$C(u,v)$ 是该路径上各边权的和。设 $D(s,t)=<s,v_{i1},v_{i2},\cdots,v_{ik-1},t>$，$v_{ir}$ 属于 $V_r(r=1,2,\cdots,k-1)$，则 $D(v_{i1},t)=<v_{i1},v_{i2},\cdots,v_{ik-1},t>$ 是从 v_{i1} 出发到 t 的最短路径，$D(v_{i2},t)=<v_{i2},\cdots,v_{ik-1},t>$ 是从 v_{i2} 出发到 t 的最短路径，等等。设 u 属于 V_i，有

$$C(u,t) = \min_{v \in V_{i+1}}\{w(u,v) + C(v,t)\} \tag{4-1}$$

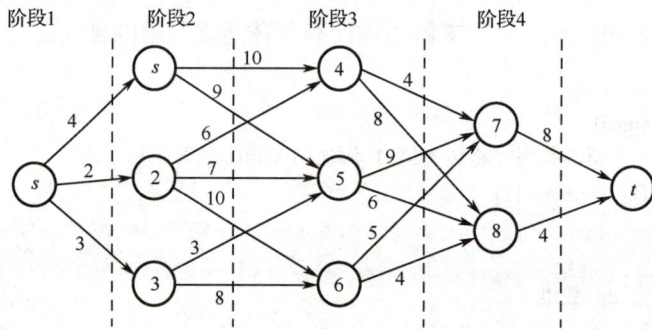

图 4-1 一个 4 段图

如图 4-1 所示，$V=\{s,1,2,3,4,5,6,7,8,t\}$，$V_0=\{s\}$，$V_1=\{1,2,3\}$，$V_2=\{4,5,6\}$，$V_3=\{7,8\}$，$V_4=\{t\}$。由公式（4-1），从终点 t 向回倒推计算 $D(s,t)$ 的过程如下。

阶段 1：$C(7,t)=w(7,t)=8$，$\underline{C(8,t)}=\underline{w(8,t)}=4$

阶段 2：$C(4,t)=\min\{w(4,7)+C(7,t),w(4,8)+C(8,t)\}=\min\{12,12\}=12$

$\underline{C(5,t)}=\min\{w(5,7)+C(7,t),\underline{w(5,8)+C(8,t)}\}=\min\{17,10\}=10$

$C(6,t)=\min\{w(6,7)+C(7,t),w(6,8)+C(8,t)\}=\min\{12,8\}=8$

阶段 3：$C(1,t)=\min\{w(1,4)+C(4,t),w(1,5)+C(5,t)\}=\min\{22,19\}=19$

$C(2,t)=\min\{w(2,4)+C(4,t),w(2,5)+C(5,t),w(2,6)+C(6,t)\}=\min\{18,17,18\}=17$

$\underline{C(3,t)}=\min\{\underline{w(3,5)+C(5,t)},w(3,6)+C(6,t)\}=\min\{13,16\}=13$

阶段 4：$C(s,t)=\min\{w(s,1)+C(1,t),w(s,2)+C(2,t),\underline{w(s,3)+C(3,t)}\}=\{23,19,16\}=16$

沿阶段 4 求解中带下画线的项回溯，得最短路径解：$D(s,t)=<s,3,5,8,t>$。

由公式（4-1）知，求 $D(s,t)$ 的过程分为 k 阶段，第 i 阶段要求做出判断：在 V_i 中选取节点 v_i，使 $C(v_i,t)$ 最小（$i=(k-1),(k-2),\cdots,1,0$）。

多段图最短路径求解过程中起到关键作用的是公式（4-1），它给出了求该问题最优解的基本性质：原始问题最优解与子问题最优解的递归关系，称这种关系为问题求解的最优子结构。最优子结构为构造求解问题的最优决策序列提供了重要线索，它提示可以自底向上的方式逐次由子问题最优解构造原始问题的最优解。公式（4-1）还有一个重要特征：在给出的自顶向下的递归分解中，每次产生的子问题求解的关键（求 $C(v,t)$）与原问题是类似的，只是在相对较小的子问题空间中考虑问题的解，因此子问题与原始问题存在相似性。这种特征可以称为子问题重叠。

采用邻接矩阵表示图 G，其中 w_{ij} 为 G 中边 $<i,j>$ 的权，如果 $<i,j>$ 不是 G 的边，则 $w_{ij}=\text{Infinity}$。G 的节点集 $V=\{0,1,2,\cdots,n\}=V_0\cup V_1\cup\cdots\cup V_k$，其中 $V_0=\{0\}$ 是起始点集，$V_k=\{n\}$ 是终点集，$\{V_0,V_1,\cdots,V_k\}$ 中各子集非空、两两不交。设 $V_1=\{1,2,\cdots,r_1\}$，$V_2=\{r_1+1,r_1+2,\cdots,r_1+r_2\}$，$\cdots$，$V_{k-1}=\{r_{k-2}+1,r_{k-2}+2,\cdots,r_{k-2}+n-1\}$。求多段图最短路径算法如下。

【算法 4-2】MultiStage_Graph

S1: 初始化：j=n-1; 对 i=0,1,…,n，c_i=0;   //c_i=0 记节点 i 到终点 n 的最短路径长

S2: 求节点 r，使得 $w_{jr}+c_r=\min\{w_{ji}+c_i|<j,i>$ 是 G 的边};   //按照 $\{V_0,V_1,\cdots,V_k\}$ 对节点的标记，j<i。

S3: $c_j=w_{jr}+c_r$，$D_j=r$;   //$D_j=r$ 表示边 $<j,r>$ 是从 j 出发到 n 的最短路径上第 1 条边

S4: j=j-1;

S5: 如果 j≥0 则转 S2;

S6: 输出从源点 0 出发的最短路径长 c_0；$p_0=0$, $p_k=n$;

S7: 对 $j=1,2,\cdots,k$，$p_j=Dp_{j-1}$，　　//最短路径 Path=< $p_0, p_1,\dots p_k$>

S8: 终止。

【算法分析】算法 4-2 中，G 用邻接矩阵表示，对于 S2 到 S5 的主循环执行 n 次。为求满足 $w_{jr}+c_r=\min\{w_{ji}+c_i|<j,i>$ 是 G 的边$\}$ 的 r，最多要求进行 $n-1$ 次比较。因此 MultiStage_Graph 的时间复杂性为 $O(n^2)$。除输入 G，输出 P 外，要求附加存储空间 c、D。如果 G 采用邻接表表示，则求满足最小性的节点 r 仅对属于 G 的边$<j,r>$ 访问一次，此算法的时间复杂性应该为 $O(n+e)$（e 为 G 的边数）。

给定用邻接矩阵表示的 k 段图 G，算法 4-2 的实现如下：

```
typedef struct{
    VertextType v[Max_vertex_Num+1];
    CostType w[Max_vertex_Num+1][ Max_vertex_Num+1];
    int vn,em;                    //vn 是 G 的节点数，em 是 G 的边数
}MSGraph;
CostType MultiStage_Graph(MSgraph G, VertextType P[],int k)
//G 有 vn 个节点，分为 k 级，P 用于输出所求最短路径
{ for(i=0;i<=G.vn;i++)  C[i]=0;       //C[i]用于记录节点 i 到 n 的最短路径长
  for(j=G.vn-1;j>=0;j--){
    //求 r，使 r 满足 w[j][r]+C[r]=min{ w[j][k]+C[k]||k=j+1,…,n}
    //注意按照约定，如果 k≤j，则<j,k>不是 G 中的边
    r=j+1;
    for(k=r;k<G.vn;k++)
      if (G.w[j][k]+C[k]< G.w[j][r]+C[r]) r=k;
    C[j]= G.w[j][r]+C[r];
    D[j]=r;   //<j,r>在 j 到 n 的最短路径上
    }
  P[0]=0;P[k]=G.vn;
  for(j=1;j<k;j++)  P[j]=D[P[j-1]];
  return(C[0]);                 //返回源点 0 出发到终点 n 的最短路径长
}
```

MultiStage_Graph 中数组 $C[n]$ 非常重要。从目标节点 $t(t=n)$ 开始，每次回溯一步，无论 v 是否在 $s(s=0)$ 出发的最短路径上，都对 $C[v]$ 进行计算保存，以便下一步选择时查找。一般地，为避免递归过程中的重复计算，每个子问题首次处理时将结果保存以备查。一般地，基于动态规划方法的算法要素可归纳如下：

动态规划是用于求解最优化问题的一种常用方法，它以最优决策原理为基础。设计一个动态规划算法的步骤是：

（1）找出问题最优解的性质，由此构造问题求解的最优子结构。

（2）根据子问题重叠特性给出求最优解的递归描述。

（3）自底向上地计算各子问题的"最优"值，每个子问题首次计算时保存以备后续过程查找。

（4）从最后一步的最优值回溯，即可得到原始问题最优解。

问题求解的最优子结构和子问题重叠是构造动态规划算法的要点，保存子问题计算值是保证动态规划算法效率的重要途径。以上步骤（1）、（2）、（3）是动态规

划算法的基本步骤，如果只要求"最优值"，则步骤（4）可以不执行。

求多段图最短路径的策略可以扩充为有向图中求任意两点间的最短路径问题。

给定有向赋权图 $G=<V,E,w>$，$V=\{0,1,\cdots,n-1\}$，w_{ij} 为边 $<i,j>$ 的权，定义为

$$w_{ij}=\begin{cases}边 <i,j> 的权值, & <i,j> \in E \\ 0, & i=j \\ \infty, & <i,j> \notin E\end{cases}$$

求 G 的距离矩阵 $D=(d_{i,j})_{n\times n}$，$d_{i,j}$ 为节点 i 到 j 的距离，即节点 i 到 j 的最短路径长：

$$d(i,j)=\begin{cases}i 到 j 的最短路径长, & i 可达 j \\ 0, & i=j \\ \infty, & i 不可达 j\end{cases}$$

记 $D^{(k)}=(d^{(k)}_{ij})_{n\times n}$，$d^{(k)}_{ij}$ 是从节点 i 出发经过节点子集 $\{0,1,\cdots,k-1\}$ 中若干点后到达节点 j 的最短距离。设 $d^{(k+1)}_{ij}$ 对应路径为 $P=<i,v_1,v_2,\cdots,v_k,j>$，其中 $v_1,v_2,\cdots,v_k$ 属于 $\{0,1,\cdots,k\}$ 且各不相同。现考虑节点 k 是否属于 $\{v_1,v_2,\cdots,v_k\}$：

如果 k 不属于 $\{v_1,v_2,\cdots,v_k\}$，则 $d^{(k+1)}_{ij}=d^{(k)}_{ij}$；

如果 k 属于 $\{v_1,v_2,\cdots,v_k\}$，则 $d^{(k+1)}_{ij}=d^{(k)}_{ik}+d^{(k)}_{kj}$ 且 $d^{(k)}_{ik}+d^{(k)}_{kj}\leq d^{(k)}_{ij}$；

即求 $d^{(k+1)}_{ij}$ 可化为多段决策：$d^{(k+1)}_{ij}= min\{d^{(k)}_{ij},d^{(k)}_{ik}+d^{(k)}_{kj}\}$ $i,j=0,1,\cdots,(n-1)$，$k=0,1,2,\cdots,n$。

其中 $d^{(0)}_{ij}=w_{ij}$，$d(i,j)=d^{(n)}_{ij}$。由此得算法 4-2。

【算法 4-3】

```
void All_Paris_Distance(MSgraph G, CostType D,int n)
//输出数组 D 中元素 D[i][j]为节点 i 到 j 的最短路径
{ for(i=0;i<G.vn;i++)
    for(j=0;j< G.vn;j++)D[i][j]=G.w[i][j];
  for(k=0;k<G.vn;k++)
    for(i=0;i<G.vn;i++)
      for(j=0;j<G.vn;j++)
        if (D[i][j]> D[i][k]+ D[k][j]) D[i][j]= D[i][k]+ D[k][j];
}
```

显然，算法 4-3 的时间复杂性为 $O(n^3)$。

4.3 矩阵连乘积问题

矩阵连乘问题

给定矩阵 $A=(a_{ij})_{n\times m}$，$B=(b_{ij})_{m\times k}$，$C=(c_{ij})_{k\times r}$，求矩阵乘积 $D=ABC$。根据结合律，$D=(AB)C=A(BC)$。

考虑结合方式一：$D=(AB)C$

记 $D_1=AB=(d'_{ij})_{n\times k}$，计算 d'_{ij} 要进行 m 次乘法，所以计算 D_1 要求进行 $n\times k\times m$ 次乘法。

$D=(AB)C=D_1C=(d_{ij})_{n\times r}$，计算 d_{ij} 要 k 次乘法，所以计算 D 要求进行$(nkm+nrk)=kn(m+r)$次乘法。

考虑结合方式二：$D=A(BC)$

记 $D_2=BC=(d'_{ij})_{m\times r}$，计算 d'_{ij} 要进行 k 次乘法，所以计算 D_2 要求进行 $m\times r\times k$ 次乘法。

$D=A(BC)=AD_2=(d_{ij})_{n\times r}$，计算 d_{ij} 要进行 m 次乘法，所以计算 D 要求进行 $(mrk+nrm)=rm(k+n)$ 次乘法。

设 $n=10,m=100,k=5,r=50$，则

$kn(m+r)=5\times10\times(100+50)=7500$

$km(n+r)=50\times100\times(5+10)=75000$

由此可见结合方式二的运算量大约是结合方式一的 10 倍。

【问题描述】一般地，考虑矩阵序列 $A_1,A_2,\cdots,A_n$ 的连乘积，$A_k=(a_{ij}^{(k)})_{n_{k-1}\times n_k}$，$k=1,2,\cdots,n$。确定这 n 个矩阵的乘积结合次序，使所需的总乘法次数最少。对应于乘法次数最少的乘积结合次序为这 n 个矩阵的最优连乘积。

【问题分析】

穷举搜索是确定最优连乘积的最简单策略：列出所有可能的结合次序，对每种结合次序计算所需乘法次数，从中找出最小者。记 $P(n)$ 为如上 n 个矩阵的结合次序方法数，因为 $A=(A_1\times A_2\times\cdots\times A_k)\times(A_{k+1}\times A_{k+2}\times\cdots\times A_n)$，所以

$$P(n)=\begin{cases}1, & n=1\\\sum_{k=1}^{n-1}P(k)P(n-k), & n>1\end{cases}$$

解此递归方程，$P(n)$ 为 Catalan 数 $C(n-1)$：

$$C(n)=\frac{1}{n+1}\binom{2n}{n}=O\left(\frac{4^n}{n^{3/2}}\right)$$

即 $P(n)$ 随 n 的增长呈指数型增长，因此穷举法不是一个有效算法。

对 $A=A_1\times A_2\times\cdots\times A_k\times A_{k+1}\times A_{k+2}\times\cdots\times A_n$，设 A_i 为 $n_{i-1}\times n_i$ 阶阵（$i=1,2,\cdots,n$）。记矩阵连乘积子序列 $A[i,j]=A_i\times A_{i+1}\times\cdots\times A_j$。如果 $A[1,n]$ 的最优连乘积在第 k 个矩阵处断开，即 $A[1,n]=A[1,k]\times A[k+1,n]$，这里 $1\leq k<n$，则计算 $A[1,k]$、$A[k+1,n]$ 的连乘积次序也必须是最优的。由此考虑用动态规划方法确定 $A[1,n]$ 的最优连乘积。

对于 $A[i,j]$，记其最优连乘积的乘法次数为 $m[i][j]$，则 $A[1,n]$ 的最优连乘积乘法次数为 $m[1][n]$。如果 $A[i,j]$ 的最优连乘积是在 A_k 与 A_{k+1} 之间断开，即 $A[i,j]=A[i,k]\times A[k+1,j](i\leq k<j)$，则有：

$m[i][j]=m[i][k]+m[k+1][j]+n_{i-1}n_kn_j$，这里 k 满足 $k=i,i+1,\cdots,j-1$ 中使 $m[i][k]+m[k][j]+n_{i-1}n_kn_j$ 最小。同时可记 $s[i][j]=k\ (i<k<j)$。由此，$m[i][j]$ 的递归定义如下：

$$m[i][j]=\begin{cases}0, & i=j\\\min_{i\leq k<j}\{m[i][k]+m[k+1][j]+n_{i-1}n_kn_j\}, & i<j\end{cases}\tag{4-2}$$

当计算出 $m[1][n]$ 后可导出 $s[1][n]=k_1,s[1][k_1]=k_2,s[k_1+1][n]=k_3,\cdots$，最优乘积结合序列。【例 4-1】可说明公式（4-2）的计算过程。

【例 4-1】计算矩阵连乘积 $A=A_1\times A_2\times A_3\times A_4\times A_5\times A_6$ ，其中各矩阵维数如下：

A_1	A_2	A_3	A_4	A_5	A_6
10×20	20×25	25×15	15×5	5×10	10×25

第 1 步：置 $\{m[i][i]|\ i=1,2,3,4,5,6\}=\{0,0,0,0,0,0\}$

第 2 步：计算 $\{m[i][i+1]|i=1,2,3,4,5\}=\{5000,7500,1875,750,1250\}$

第 3 步：计算 $\{m[i][i+2]|i=1,2,3,4\}$：

$m[1][3]=\min\{m[2][3]+10\times20\times15,m[1][2]+10\times25\times15\}=\min\{10500,8750\}=8750$，$s[1][3]=2$

$m[2][4]=\min\{m[3][4]+20\times25\times5,m[2][3]+20\times15\times5\}=\min\{4375,9000\}=4375$，s[2][4]=2

$m[3][5]=\min\{m[4][5]+25\times15\times10,m[3][4]+25\times5\times10\}=\min\{4500,3125\}=3125$，$s[3][5]=4$

$m[4][6]=\min\{m[5][6]+15\times5\times25,m[4][5]+15\times10\times25\}=\min\{3125,4500\}=3125$，$s[4][6]=4$

第 4 步：计算 $\{m[i][i+3]|i=1,2,3\}$：

$m[1][4]=\min\{m[2][4]+10\times20\times5,m[1][2]+m[3][4]+10\times25\times5,m[1][3]+10\times15\times5\}$
$\quad\quad\quad=\min\{5375,8125,9500\}=5375$，　　s[1][4]=1

$m[2][5]=\min\{m[3][5]+20\times25\times10,m[2][3]+m[4][5]+20\times15\times10,m[2][4]+20\times5\times10\}$
$\quad\quad\quad\bar{\ }\min\{8125,11500,5375\}=5375$，　　$s[2][5]=4$

$m[3][6]=\min\{m[4][6]+25\times15\times25,m[3][4]+m[5][6]+25\times5\times25,m[3][5]+25\times10\times25\}$
$\quad\quad\quad=\min\{12500,6250,9375\}=6250$，　　$s[3][6]=4$

第 5 步：计算 $\{m[i][i+4]|i=1,2\}$：

$m[1][5]=\min\{m[2][5]+10\times20\times10,m[1][2]+m[3][5]+10\times25\times10,$
$\quad\quad\quad\quad m[1][3]+m[4][5]+10\times15\times10,m[1][4]+10\times5\times10\}$
$\quad\quad\quad=\min\{7375,10625,11000,5875\}=5875$，　　$s[1][5]=4$

$m[2][6]=\min\{m[3][6]+20\times25\times25,m[2][3]+m[4][6]+20\times15\times25,$
$\quad\quad\quad\quad m[2][4]+m[5][6]+20\times5\times25,m[2][5]+20\times10\times25\}$
$\quad\quad\quad=\min\{18750,18125,9125,10375\}=9125$　　$s[2][6]=4$

第 6 步：计算 $\{m[1][6]\}$：

$m[1][6]=\min\{m[2][6]+10\times20\times25,m[1][2]+m[3][6]+10\times25\times25,$
$\quad\quad\quad m[1][3]+m[4][6]+10\times15\times25,m[1][4]+m[5][6]+10\times5\times25,m[1][5]+10\times10\times25\}$
$\quad\quad\quad=\min\{14125,15000,15625,7875,8375\}=7875$，　　s[1][6]=4

因为：$s[1][6]=4,s[1][4]=1,s[2][4]=2$

所以：$A=A_1\times A_2\times A_3\times A_4\times A_5\times A_6=(A_1\times A_2\times A_3\times A_4)\times(A_5\times A_6)$
$\quad\quad\quad\ =(A_1\times(A_2\times A_3\times A_4))\times(A_5\times A_6)=(A_1\times(A_2\times(A_3\times A_4)))\times(A_5\times A_6)$

为 A 的最佳乘积序列，所需乘积次数为 7875 次。

对 n 个矩阵的连乘积 $A=A_1\times A_2\times\cdots\times A_k\times A_{k+1}\times A_{k+2}\times\cdots\times A_n$，设 A_i 为 $p_{i-1}\times p_i$ 阶阵（$i=1,2,\cdots,n$）由公式（4-2）得算法 4-3。

【算法 4-4】

```
int Matrix_Multi_Chain(int *p,int n,int **s)
//Matrix_Multi_Chain 返回阶数分别为（p_{i-1}×p_i）（i=0,1,…,n）的 n 个矩阵连乘积的最小乘积
次数
//数组元素 s[i][j]输出个连乘积子段 A[i,j]的最优分段位置
```

```
{
  int m[MAX_n+1][ MAX_n+1]; //n≤MAX_n
  for (i=1;i<=n;i++)    m[i][i]=0;
  for (r=2;r<=n;r++){
    for (i=1;i<=n-r+1;i++){
      j=i+r-1; s[i][j]=i;
      m[i][j]=m[i+1][j]+p[i-1]*p[i]*p[j];
      for (k=i+1;k<j;k++){
        t=m[i][k]+m[k+1][j]+ p[i-1]*p[k]*p[j];
        if (t<m[i][j]){ m[i][j]=t; s[i][j]=k;}
      }
    }
  }
  return (m[1][n]);
}
```

【算法分析】算法 4-3 的时间复杂性由 r、i、k 构成的 3 重循环确定，因此为 $O(n^3)$。与穷举搜索比较，其效率高出许多。根据 Matrix_Multi_Chain 输出的 $s[n][n]$，得 $A=A_1 \times A_2 \times \cdots \times A_n$ 的最优乘法次序如下：

【算法 4-4-1】

```
void Output_Multi_Chain(int j,int j,int **s)
//i<j,  s[n][n]已由 Matrix_Multi_Chain 得出
//对 1≤i<j≤n,  A[i,j]=Ai×...×Aj
{
  if (j==i) return;
  Output_Multi_Chain(i,s[i][j],s);
  Output_Multi_Chain(s[i][j]+1,j,s);
  cout<< "A[" <<i<<"," << s[i][j]<<" ] × A[ "<< s[i][j]+1<<"," <<j<<" ]" <<endl;
}
```

4.4　求最长公共子序列

【问题描述】给定序列 $A=<a_1,a_2,\cdots,a_k,\cdots,a_n>$，$B=<b_1,b_2,\cdots,b_k,\cdots,b_m>$。如果存在 A 的子序列 $A_1=<a_{i1},a_{i2},\cdots,a_{ir}>(i_1<i_2<\cdots<i_r)$ 和 B 的子序列 $B_1=<b_{j1},b_{j2},\cdots,b_{jr}>(j_1<j_2<\cdots<j_r)$，使得 $a_{ik}=b_{ik}(k=1,2,\cdots,r)$，则称 $C=A_1=B_1$ 为序列 A、B 的一个公共子序列。A、B 的长度最大公共子序列称为 A、B 的最长公共子序列。例如：$A=<a,b,c,b,d,a,c,b>$，$B=<b,d,c,a,b>$，$C_1=<b,a,b>$ 是 A、B 的一个公共子序列，但不是最长子序列。$C_2=<b,d,a,b>$ 和 $C_3=<b,c,a,b>$ 都是 A、B 的最长子序列。

【问题分析】

对 $A=<a_1,a_2,\cdots,a_k,\cdots,a_n>$，$B=<b_1,b_2,\cdots,b_k,\cdots,b_m>$，求序列 A、B 的最长公共子序列的最直接方法是对 A 的所有子序列逐个检查是否为 B 的子序列，并且在检查过程中记录最长子序列。A 的每个子序列对应下标集 $\{1,2,\cdots,n\}$ 的一个子集，因此遍历所有 A 的不同子序列要求的时间复杂性为 $O(2^n)$。显然这不是一个有效的方法。进一

步考查 A、B 的最长公共子序列的性质：

对长度为 n 的序列 $S=<s_1,s_2,\cdots,s_k,\cdots s_n>$，记 $S_r=<s_1,s_2,\cdots,s_r>(r\leq n$，$S_n=S)$。如果 $C=<c_1,c_2,\cdots,c_k>$ 是 A、B 的一个最长公共子序列，则 C 必为如下三种情况之一：

（1）如果 $a_n=b_m$，则 $c_r=a_n=b_m$，即 C_{r-1} 是 A_{n-1} 和 B_{m-1} 的最长公共子序列。

（2）如果 $a_n\neq b_m$ 且 $c_r\neq a_n$，则 C 是 A_{n-1} 和 B 的最长公共子序列。

（3）如果 $a_n\neq b_m$ 且 $c_r\neq b_m$，则 C 是 A 和 B_{m-1} 的最长公共子序列。

即两个序列的最长公共子序列包含了这两个序列前缀的最长公共子序列。以 $\text{LCS}(A,B)$ 表示序列 A、B 的最长公共子序列，求 $\text{LCS}(A,B)$ 的递归结构如下：

$$\text{LCS}(A_i,B_j)=\begin{cases}\varPhi, & i=0 \text{ 或者 } j=0\\ \text{LCS}(A_{i-1},B_{j-1})\|\{c\}, & a_i=b_j=c\\ \max\{\text{LCS}(A_{i-1},B_j),\text{LCS}(A_i,B_{j-1})\}, & \text{其他}\end{cases} \quad (4\text{-}3)$$

这里 $\varPhi$ 表示空，$\|$ 表示在子序列尾部添加一个元素。公式（4-3）说明计算 A、B 的最长公共子序列可能要求计算 A、B_{m-1} 的公共最长子序列或者 A_{n-1}、B 的公共最长子序列，而这两个子问题又都包含求 A_{n-1}、B_{m-1} 的公共最长子序列。以 $\text{len}(i,j)$ 表示 $\text{LCS}(A_i,B_j)$ 的长度，比照公式（4-3），有

$$\text{len}(i,j)=\begin{cases}0, & i=0 \text{ 或者 } j=0\\ \text{len}(i-1,j-1)+1, & a_i=b_j=c\\ \max\{\text{len}(i-1),\text{len}(i,j-1)\}, & \text{其他}\end{cases} \quad (4\text{-}4)$$

不失一般性，设序列为字符串，求字符串 a、b 的公共最长子字符串的长度算法如下。

【算法 4-5】LCSlength

```
//a、b 是输入字符串，len(i,j)由公式(4-4)定义
//初始化:
S1: m=a 串长;n=b 串长;
    for(i=0;i<=m;i++)len(i,0)=0; for(i=1;i<=n;i++)len(0,i)=0;
//主循环:
S2: i=1,j=1;
S3:    如果 a[i]=b[j] 则{len(i,j)=len(i-1,j-1)+1;转 S6;}
S4:    如果 len(i-1,j)≥len(i,j-1) 则 {len(i,j)=len(i-1),j}; 转 S6;}
S5:    len(i,j)=len(i,j-1);
S6:    j=j+1,如果 j≤n 则转 S3;
S7: i=i+1,如果 i≤m 则转 S3;
S8: 输出 len(m,n)，终止。
```

【算法分析】算法 4-5 的时间复杂性由 i、j 构成的 2 重循环确定，因此为 $O(nm)$。注意算法的输出只要求 $\text{len}(m,n)$，但数组 $\text{len}(m,n)$ 非常重要。根据公式（4-5），$\text{len}(i,j)$ 由 S3～S5 实施更新，这里不需要递归。

算法 4-5 的实现如下：

```
int LCSlength(char *a,char *b,int **len,int **flag)
//a、b 是输入字符串，输出数组 len 的元素 len[i][j]记录 len(i,j)，
//数组 flag 在求 a、b 的最长公共子序列时作为标志使用。按照公式（4-3），各元素值意义如下:
```

```
//flag[i][j]=0：表示 LCS(ai,bj)= LCS(ai-1,bj-1)||{a[i]}，a[i]=b[j];
//flag[i][j]=1：表示 LCS(ai,bj)= LCS(ai-1,bj);
//flaglen[i][j]=-1:表示 LCS(ai,bj)= LCS(ai,bj-1);
{
  m=strlen(a);n=strlen(b);
  for(i=0;i<=m;i++)len[i][0]=0; for(i=1;i<=n;i++)len[0][i]=0;
    for(i=1;i<=m;i++)
      for(j=1;j<=n;j++)
        if (a[i]==b[j]){len[i][j]=len[i-1][j-1]+1;flag[i][j]=0;}
        else if (len[i-1][j]>=len[i][j-1]){len[i][j]=len[i-1][j];flag[i][j]=1;}
        else {len[i][j]=len[i][j-1];flag[i][j]=-1;}
    return(len[m][n]);
}
```

根据 LCSlength() 输出的标志数组 flag 和最长公共子串的长度值 len[m][n]，按照公式（4-3）可以得到子字符串 a_i、b_j 的最长公共子串 c。

【算法 4-5-1】求 c=LCS(a_i,b_j)

```
void LCS0(int i,int j,char *a,int k,int **flag,int **len,chr *c)
  //k 是当前最长公共子串长度，数组 flag、len 由 LCSlength()得到
  {
    if((i==0)||(j==0))return;
    if(flag[i][j]==0){LCB0(i-1,j-1,a,k-1,flag,c);c[k-1]=a[i];}
      else if(flag[i][j]==1)LCB0(i-1,j,a,k,flag,c);
      else LCB0(i,j-1,a,k,flag,c);
  }
```

根据函数 LCSlength()、LCS0() 求 a、b 的最长公共子串的过程如算法 4-5-2 所示。

【算法 4-5-2】求 a、b 的最长公共子串 c

```
void LCS(char *a,char *b,char *c)
{
  int len[MAX_m+1][MAX_n+1],flag[MAX_m+1][MAX_n+1];
  m=strlen(a);n=strlen(b);
  k=LCSlength(a,b,len,flag);
  LCS0(m,n,a,k,flag,len,c);
  c[k]=0; //字串结束符
}
```

【算法分析】算法 LCS0 的每次递归调用中 i 减 1 或者 j 减 1，因此算法 LCS 的时间复杂性为 $O(m+n)$。

4.5　凸多边形的最优三角形剖分

凸多边形 $D=<v_0,v_1,\cdots,v_n>$，是由直线 $L_i=(v_{i-1},v_i)(i=1,2,\cdots,n,(v_n,v_0)$ 是最末一条边）首尾相连围成多边形区域，区域内任意两点连成的直线段上所有点均在该区域内部

多边形游戏

（闭凸集）。约定顶点 $v_0, v_1, \cdots, v_n$ 沿逆时针方向排序。如图 4-2（a）所示是一个凸 6 边形。

如果 $S_{ij}=(v_i,v_j)$ 是凸多边形上不相邻接的顶点 v_i、v_j 的连线，则称 S_{ij} 是该凸多边形中由顶点 i 到顶点 j 的一条弦。凸多边形 D 的三角剖分是将 D 分割成互不相交的若干三角形的集合 T。一个凸 n 边形恰有 n-3 条弦和 n-2 个三角形，即 $|T|$=n-2。图 4-2（b）、（c）给出了一个凸 6 边形两种不同的三角剖分。

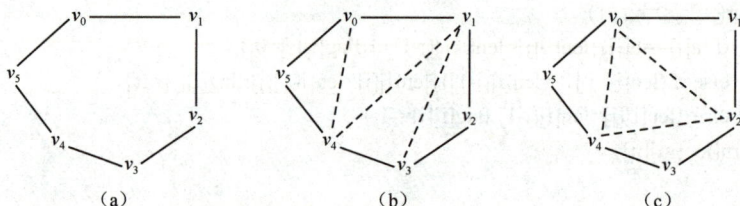

图 4-2　一个凸 6 边形及其他的两种不同的三角剖分

【问题描述】凸多边形的最优三角剖分问题：给定一个凸多边形 $D=<v_0,v_1,\cdots,v_n>$，以及定义在 D 的各边和弦组成的三角形上的权函数 w。求 D 的一个三角剖分 T，使得 T 中所有三角形的权之和最小，即求 T_{min}。T_{min} 满足：

$$w(T_{min}) = \sum_{\substack{<v_i,v_j,v_k> 是 \\ T_{min} 中的三角形}} w(v_i,v_j,v_k) = \min\{w(T)\,|\,T 是 D 的三角剖分\}$$

可以在 D 中定义各种意义的权。例如，$w(v_i,v_j,v_k)=|v_i,v_j|+|v_j,v_k|+|v_k,v_i|$，这里 $|v_i,v_j|$ 为节点 v_i 到 v_j 的距离。

【问题分析】

对于第 2 节中矩阵连乘积 $A=A_1\times A_2\times\cdots\times A_n$，设 A_i 为 $p_{i-1}\times p_i$ 阶方阵(i=0,1,$\cdots$,n)。由 $<A_1,A_2,\cdots,A_n>$ 可以定义一个凸多边形：$D=<v_0,v_1,\cdots,v_n>$，顶点 v_i 的权为 p_i，矩阵 A_i 对应边 $<v_{i-1},v_i>$(i=1,$\cdots$,n)，这 n 个矩阵的连乘积 $A=A_1\times A_2\times\cdots\times A_n$ 对应边 $<v_n,v_0>$，D 的一个三角剖分对应连乘积 A 的一个结合次序。例如图 4-2（c）可以描述矩阵连乘积 $A=A_1\times A_2\times A_3\times A_4\times A_5= ((A_1\times A_2)\times(A_3\times A_4))\times A_5$，这个连乘积结合次序也可以表示为一棵完全二叉树，如图 4-3 所示。这时将凸多边形 D 的三角剖分 T 中三角形的权定义为当前两个矩阵乘积需要的乘法次数，于是求矩阵最优连乘积的问题对应一个凸多边形最优三角剖分问题。事实上矩阵最优连乘积问题是凸多边形最优三角剖分问题的一个特例，因此凸多边形最优三角剖分问题的递归子结构应该与矩阵最优连乘积问题类似。

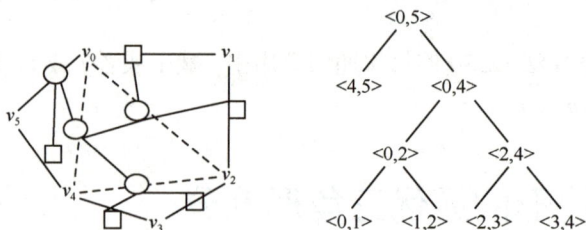

图 4-3　图 4-2（c）的三角剖分对应的二叉树

对于凸(n+1)边形 $D=<v_0,v_1,\cdots,v_n>$，D 的最优三角剖分 T 中有三角形$<v_0,v_k,v_n>$($1\leqslant k\leqslant n$-1)，则 T 的权由三部分组成：子凸多边形 $D_k=<v_0,v_1,\cdots,v_k>$ 的三角剖分 T_1 的

权，子凸多边形 $D'_k=<v_k,v_{k+1},\cdots,v_n>$ 的三角剖分 T_2 的权，三角形 $<v_0,v_k,v_n>$ 的权 $w(0,k,n)$。而且 T_1、T_2 分别是 D_k、D'_k 的最优三角剖分。

以 $t[i][j]$ 记子凸多边形 $D=<v_{i-1},v_i,\cdots,v_j>$ 的最优三角剖分对应的权值，线段 (v_{i-1},v_i) 看作退化的多边形，$t[i][i]=0$。$t[1][n]$ 对应 D 的最优三角剖分的权值。由以上分析可知

$$t[i][j]=\begin{cases}0,\ i=j\\\min_{i\leqslant k<j}\{t[i][k]+t[k+1][j]+w(v_{i-1}v_kv_j)\},\ i<j\end{cases}$$

因此计算凸多边形最优三角剖分的算法 4-6 与最优矩阵连乘积的算法类似。

【算法 4-6】计算凸多边形最优三角剖分的权

```
WeightType Min_Weight_Triangle_Partion(int n,int **s)
//Min_Weight_Triangle_Partion 凸(n+1)边形的最优三角剖分的权值
//数组 s 元素 s[i][j]记录子凸多边形<i-1,i,...,j>最优三角剖分的划分点:
//三角形<i-1,k,j>, 子凸多边形<i-1,i,...,k>、<k,k+1,...,j>, 分点 k 满足( i<k<j)
{
  WeightType t[MAX_n+1][ MAX_n+1]; //n≤MAX_n
  for (i=1;i<=n;i++)t[i][i]=0;
  for (r=2;r<=n;r++){
   for (i=1;i<=n-r+1;i++){
    j=i+r-1; s[i][j]=i;
    t[i][j]=t[i+1][j]+w(i-1,i,j); //w(i,j,k)计算三角形<i,j,k>的权值
    for (k=i+1;k<i+r-1;k++){
     u=t[i][k]+t[k+1][j]+ w(i-1,k,j);
     if (u<t[i][j]){ t[i][j]=u; s[i][j]=k;}
    }
   }
  }
return (t[1][n]);
}
```

【算法分析】 与算法 Matrix_Multi_Chain 一样，Min_Weight_Triangle_Partion 的时间复杂性为 $O(n^3)$。$s[i][j]$ 记录子凸多边形 $<i-1,i,\cdots,j>$ 最优三角剖分所得三角形 $<i-1,k,j>$ 的顶点 k，即子凸多边形 $<i-1,i,\cdots,j>$ 被剖分为子凸多边形 $<i-1,\cdots,k>$ 和 $<k,\cdots,j>$ 以及三角形 $<i-1,k,j>$。因此求得最优三角剖分中的所有三角形的时间复杂性 $O(n)$。

4.6　多边形游戏

【问题描述】 多边形游戏是一个单人玩的策略性游戏，其玩法如下：

（1）游戏开始时，有一个由 n 个顶点构成的多边形。每个顶点被赋予一个整数值，每条边被赋予一个运算符"+"或"*"。

（2）游戏开始时，先删除一条边。

（3）随后进行 $n-1$ 步操作，每一步中，玩家需要选择一条边 E 以及由 E 连接着的两个顶点 V_1 和 V_2。

（4）用一个新的顶点取代边 E 以及顶点 V_1 和 V_2。新顶点的整数值是由顶点 V_1 和 V_2 的整数值通过边 E 上的运算符得到的结果。

（5）重复以上步骤，直到所有边都被删除，游戏结束。游戏的得分就是最后所剩顶点上的整数值。

【问题描述】

多边形游戏的最优解问题具有最优子结构性质。也就是说，一个问题的最优解可以由其子问题的最优解组合而成。在这个游戏中，每一步的选择都会影响后续步骤和最终得分，因此玩家需要仔细选择每一步的操作，以最大化最终得分。

设所有的边依次从 1 到 n 编号，按顺时针序列为

$$op[1], v[1], op[2], v[2], \cdots, op[n], v[n]$$

其中，$op[i]$ 为边 i 上的运算符，$v[i]$ 为顶点 i 上的值。

将多边形中始于顶点 $i(1 \leqslant i \leqslant n)$，长度为 j 的顺时针链 $v[i], op[i+1], \cdots, v[i+j-1]$ 表示为 $p(i,j)$。若链 $p(i,j)$ 最后一次合并在 $op[i+s](1 \leqslant s \leqslant j-1)$ 处发生，则被分割为两个子链 $p(i,s)$ 和 $p(i+s, j-s)$，且子链 $p(i,s)$ 和 $p(i+s, j-s)$ 也是最优的。

因为若子链 $p(i,s)$ 和 $p(i+s, j-s)$ 不是最优的，则可推出它与链 $p(i,j)$ 也不是最优的相矛盾。所以多边形游戏具有最优子结构性质。

此处的最优子结构稍微复杂一点。若 $p(i, j)$ 的最后合并的边 $op[i+s]$ = "+"，子链 $p(i,s)$ 和 $p(i+s, s)$ 应该取最大值；若 $p(i,j)$ 的最后合并的边 $op[i+s]$ = "*"，子链 $p(i, s)$ 和 $p(i+s, j-s)$ 则不一定取最大值。

设 m_1 是对子链 $p(i, s)$ 的任意合并方式得到的值，a 和 b 是其最小值和最大值，m_2 是对子链 $p(i+s, j-s)$ 的任意合并方式得到的值，c 和 d 分别是最小值和最大值，即 $a \leqslant m_1 \leqslant b$，$c \leqslant m_2 \leqslant d$。若 $op[i+s]$ = "+"，则 $a+c \leqslant m \leqslant b+d$。可见 $p(i,s)$ 的最小值、最大值分别对应于子链的最小值、最大值。若 $op[i+s]$ = "*"，由于 $v[i]$ 可取负整数，所以 $\min\{ac, ad, bc, bd\} \leqslant m \leqslant \max\{ac, ad, bc, bd\}$，即主链最小值、最大值亦来自子链最小值、最大值。

【问题求解】

由前面的分析可知，为了求链合并的最大值和最小值，必须同时求子链合并的最大值和最小值。因此整个计算过程中应同时计算最大值和最小值。

设链 $p(i,j)$ 合并的最大值、最小值分别是 $m[i, j, 0]$ 和 $m[i, j, 1]$，最优合并处是在 $op[i+s]$，且长度小于 j 的子链的最大值、最小值均已算出，且记

$a = m[i, i+s, 0]$，$b = m[i, i+s, 1]$，$c = m[i+s, j-s, 0]$，$d = m[i+s, j-s, 1]$，则

（1）当 $op[i+s]$ = "+" 时，$m[i, j, 0] = a + c$，$m[i, j, 1] = b + d$。

（2）当 $op[i+s]$ = "*" 时，$m[i, j, 0] = \min\{ac, ad, bc, bd\}$，$m[i, j, 1] = \max\{ac, ad, bc, bd\}$。

令 $p(i, j)$ 在 $op[i+s]$ 断开的最大值和最小值分别为 $\text{maxf}(i, j, s)$ 和 $\text{minf}(i, j, s)$，综合上面的讨论，则有

$$\text{minf}(i, j, s) = \begin{cases} a + c, & op[i+s] = "+" \\ \min\{ac, ad, bc, bd\}, & op[i+s] = "*" \end{cases}$$

$$\text{maxf}(i, j, s) = \begin{cases} b + d, & op[i+s] = "+" \\ \max\{ac, ad, bc, bd\}, & op[i+s] = "*" \end{cases}$$

由于 $p(i, j)$ 的最优断开位置 $s(1 \leqslant s \leqslant j-1)$ 有 $j-1$ 种情况，于是便可得到求解多边形游戏的递归式：

$$m[i, j, 0] = \min_{1 \leqslant s \leqslant j}\{\mathrm{minf}(i, j, s)\}, \ 1 \leqslant i, j \leqslant n$$

$$m[i, j, 1] = \max_{1 \leqslant s \leqslant j}\{\mathrm{maxf}(i, j, s)\}, \ 1 \leqslant i, j \leqslant n$$

初始边界值为：

$$m[i, 1, 0] = m[i, 1, 1] = v[i], \quad 1 \leqslant i \leqslant n, j = 1$$

由于多边形是封闭的，当 $i+s>n$ 时，顶点 $i+s$ 实际编号应为 $(i+s) \bmod n$。

多边形游戏的最大得分即为 $m[i, n, 1]$。

依据上述讨论以及所得的递归式，可以写出多边形游戏动态规划算法。假设多边形是一个数组，数组的每个元素代表一个顶点，顶点值是一个整数，边运算符是顶点间隐含的（可以通过索引来计算）。

【算法 4-6】多边形游戏的动态规划算法

```c
//动态规划数组，dp[i][j]表示从顶点 i 开始，长度为 j 的链的最大得分
int dp[N][N];

//计算两个数的最大值和最小值（根据运算符，这里简化只处理加法）
int evaluate(int a, int b, char op) {
    //假设 op 总是'+'
    return a + b;
}


//动态规划求解多边形游戏的最大得分
void polygonGame() {
    //初始化 dp 数组
    for (int len = 1; len <= N; ++len) {
        for (int start = 0; start <= N - len; ++start) {
            int end = start + len - 1;
            if (len == 1) { //只有一个顶点时，直接取该顶点值
                dp[start][end] = values[start];
            } else {
                dp[start][end] = INT_MIN; //初始化为最小整数值
                for (int k = start; k < end; ++k) { //遍历所有可能的分割点
                    int score = evaluate(dp[start][k], dp[k+1][end], '+'); //简化处理，只使用'+'
                    if (score > dp[start][end]) {
                        dp[start][end] = score;
                    }
                }
            }
        }
    }

    //打印最大得分
    printf("The maximum score is: %d\n", dp[0][N-1]);
}
```

【算法分析】算法 4-6 做了许多简化和假设。例如，它假设所有边都使用加法运算符，并且没有处理可能的乘法运算符或混合运算符的情况。此外，它也没有考虑边的显式表示，而是隐含在顶点索引中。

在实际的多边形游戏中，可能需要更复杂的数据结构来表示多边形（例如，使用结构体和邻接表来表示顶点和边），并需要处理不同类型的运算符和可能的混合运算。此外，根据游戏的规则，可能还需要考虑其他的约束条件和优化技巧。

这个动态规划算法的时间复杂度是 $O(n^3)$，其中 n 是多边形的顶点数。这是因为我们需要填充一个 $n×n$ 的 dp 数组，并且对于每个 dp[i][j]，我们需要遍历所有可能的分割点 k（从 i 到 $j-1$），进行 $O(n)$ 次计算。然而，在某些特殊情况下，比如当运算符只有加法时，可以通过一些技巧（如使用前缀和）来降低时间复杂度。

4.7　旅行商问题

【问题描述】本节讨论旅行商问题的动态规划解法。设 n 个城市为 $v_1,\cdots,v_n$，记 d_{ij} 为城市 v_i 到 v_j 的距离（如果 v_i 到 v_j 没有直达路径，则 $d_{ii}=\infty$）。不失一般性，求从 v_1 出发遍历这 n 个城市再回到 v_1 的最短回路。

【问题分析】

令 $V=\{1,2,\cdots,n\}$，则所有可能回路与对应 $1,2,\cdots,n$ 的圆排列一一对应。$1,2,\cdots,n$ 的所有圆排列有$(n-1)!$个。因此如果穷举搜索所有回路，则要求进行$(n-1)(n-1)!$次加法和$(n-1)!-1$ 次比较。由 Sterling 公式可知

$$\lim_{n\to\infty}\frac{\sqrt{2n\pi}\left(\dfrac{n}{e}\right)^n}{n!}=1$$

当 n 充分大时，穷举搜索的时间复杂性为 $O(n^{1/2}\times(n/e)^n)$，这是不能接受的计算量。

采用动态规划方法，记 C 是从 1 出发的周游回路，C 包含边$(1,k)$，$k\in V-\{1\}$。则 C 由边<1,k>和从 k 出发到 1 的路径 $P(k,1)$组成，$P(k,1)$除起点 k、终点 1 外必须经过 $V-\{1,k\}$中所有节点各 1 次。记 $g(i,S)$为从 i 出发经过节点子集 S 中所有点各 1 次，最后到达 1 号节点的最短路径长（i 不在 S 中），则遍历 n 个节点的最短回路长为

$$g(1,V-(1))=\min_{2\leq k\leq n}\{d_{1k}+g(k,V-\{1,k\})\}$$

一般地，对 V 的任意非空子集 S，S 不含 i，有

$$g(i,S)=\min_{j\in S}\{d_{ij}+g(j,S-(j))\}\qquad(4\text{-}5)$$

例如取 $n=5$，对于图 4-4 所示问题，已知

$$d=\begin{bmatrix}0,2,1,3,4\\2,0,4,4,2\\1,4,0,2,2\\3,4,2,0,3\\4,2,2,3,0\end{bmatrix}$$

按照公式（4-5）有：

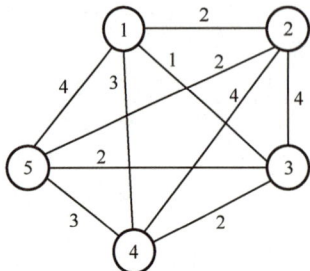

图 4-4　5 个节点的旅行商问题

$g(2,\Phi)=d_{21}=2$, $g(3,\Phi)=\underline{d_{31}=1}$, $g(4,\Phi)=d_{41}=3$, $g(5,\Phi)=d_{51}=4$

$g(2,\{3\})=d_{23}+g(3,\Phi)=4+1=5$, $g(2,\{4\})=d_{24}+g(4,\Phi)=4+3=7$, $g(2,\{5\})=d_{25}+g(5,\Phi)=4+4=8$,

$g(3,\{2\})=d_{32}+g(2,\Phi)=4+2=6$, $g(3,\{4\})=d_{34}+g(4,\Phi)=2+4=6$, $g(3,\{5\})=d_{35}+g(5,\Phi)=2+4=6$

$g(4,\{2\})=d_{42}+g(2,\Phi)=4+2=6$, $g(4,\{3\})=d_{43}+\underline{g(3,\Phi)}=2+1=3$, $g(4,\{5\})=d_{45}+g(5,\Phi)=3+4=7$

$g(5,\{2\})=d_{52}+g(2,\Phi)=2+2=4$, $g(5,\{3\})=d_{53}+g(3,\Phi)=2+1=3$, $g(5,\{4\})=d_{54}+g(4,\Phi)=3+3=6$

$g(2,\{3,4\})=\min\{d_{23}+g(3,\{4\}), d_{24}+g(4,\{3\})\}=\min\{4+6,4+3\}=7$

$g(2,\{3,5\})=\min\{d_{23}+g(3,\{5\}), d_{25}+g(5,\{3\})\}=\min\{4+6,2+3\}=5$

$g(2,\{4,5\})=\min\{d_{24}+g(4,\{5\}), d_{25}+g(5,\{4\})\}=\min\{4+7,2+6\}=8$

$g(3,\{2,4\})=\min\{d_{32}+g(2,\{4\}), d_{34}+g(4,\{2\})\}=\min\{4+7,2+6\}=8$

$g(3,\{2,5\})=\min\{d_{32}+g(2,\{5\}), d_{35}+g(5,\{2\})\}=\min\{4+8,2+4\}=6$

$g(3,\{4,5\})=\min\{d_{34}+g(4,\{5\}), d_{35}+g(5,\{4\})\}=\min\{2+7,2+6\}=8$

$g(4,\{2,5\})=\min\{d_{42}+g(2,\{5\}), d_{45}+g(5,\{2\})\}=\min\{4+8,3+4\}=7$

$g(4,\{2,3\})=\min\{d_{42}+g(2,\{3\}), d_{43}+g(3,\{2\})\}=\min\{4+5,2+6\}=8$

$g(4,\{3,5\})=\min\{d_{43}+g(3,\{5\}), d_{45}+g(5,\{3\})\}=\min\{4+6,3+3\}=6$

$g(5,\{2,3\})=\min\{d_{52}+g(2,\{3\}), d_{53}+g(3,\{2\})\}=\min\{2+5,2+6\}=7$

$g(5,\{3,4\})=\min\{d_{53}+g(3,\{4\}), d_{54}+\underline{g(4,\{3\})}\}=\min\{2+6,\underline{3+3}\}=6$

$g(5,\{2,4\})=\min\{d_{52}+g(2,\{4\}), d_{54}+g(4,\{2\})\}=\min\{2+7,3+6\}=9$

$g(2,\{3,4,5\})=\min\{d_{23}+g(3,\{4,5\}), d_{24}+g(4,\{3,5\}), d_{25}+\underline{g(5,\{3,4\})}\}=\min\{4+8,4+6,\underline{2+6}\}=8$

$g(3,\{2,4,5\})=\min\{d_{32}+g(2,\{4,5\}), d_{34}+g(4,\{2,5\}), d_{35}+g(5,\{2,4\})\}=\min\{4+8,2+7,2+9\}=9$

$g(4,\{2,3,5\})=\min\{d_{42}+g(2,\{3,5\}), d_{43}+g(3,\{2,5\}), d_{45}+g(5,\{2,3\})\}=\min\{4+5,2+6,3+7\}=8$

$g(5,\{2,3,4\})=\min\{d_{52}+g(2,\{3,4\}), d_{53}+g(3,\{2,4\}), d_{54}+g(4,\{2,3\})\}=\min\{2+7,2+8,3+8\}=9$

$g(1,\{2,3,4,5\})=\min\{d_{12}+\underline{g(2,\{3,4,5\})}, d_{13}+g(3,\{2,4,5\}), d_{14}+g(4,\{2,3,5\}), d_{15}+g(5,\{2,3,4\})\}= \min\{\underline{2+8},1+9,3+8,4+9\}=10$

所以，图 4-4 中从 1 出发的最小旅行商回路长为 10。从 $g(1,\{2,3,4,5\})$ 的求最小值过程中按照下画线项回溯，得旅行商回路 $C=<1,2,5,4,3,1>$。在以上计算过程中，$g(1,\{2,3,4,5\})$ 的计算依赖于 $g(2,\{3,4,5\})$、$g(3,\{2,4,5\})$、$g(4,\{2,3,5\})$、$g(5,\{2,3,4\})$ 的计算，$g(2,\{3,4,5\})$ 的计算依赖于 $g(3,\{4,5\})$、$g(4,\{3,5\})$、$g(5,\{3,4\})$ 的计算，$g(5,\{3,4\})$ 的计算依赖于 $g(3,\{4\})$、$g(4,\{3\})$ 的计算，$g(4,\{3\})$ 的计算依赖于 $g(3,\Phi)$ 的计算。余此类推，整个过程自底向上完成。

一般地，对于节点集 $V=\{1,2,\cdots,n\}$ 的旅行商问题，动态规划方法要求自底向上记录所有函数值 $g(i,S)$。设对确定的 (i,S)，保存 $g(i,S)$ 需要一个存储单元。记录最后一次计算值 $g(1,V-\{1\})$ 要求 1 个单元。对 $i\in V-\{1\}$ 有 $(n-1)$ 种取法，故记录 $g(i,V-\{1,i\})$

需要 $(n-1)=(n-1)C(n-2,0)$ 个单元；对 $j \in V-\{1\}$，$i \neq j$ 计算 $g(j,V-\{1,i,j\})$ 共需要 $(n-1)C(n-2,1)$ 个单元。如此类推，一般地，记录不同的 $g(k,V-\{1,i_1,i_2,\cdots,i_{k-1},k\})$ 共 $(n-1)C(n-2,k)$ 个单元，$k=0,2,\cdots,n-2$。总共需要存储空间为

$$S = 1 + \sum_{k=0}^{n-2}(n-1)C(n-2,k) = 1+(n-1)2^{n-2}$$

或者说，求解 n 个节点旅行商问题动态规划算法的空间复杂性为 $O(n\times 2^n)$，下面估计其时间复杂性。由公式（4-5），计算 $g(1,V-\{1\})$ 要求 $n-1$ 次加法和比较；计算每个 $g(i,V-\{1,i\})$ 要求进行 $n-2$ 次加法和比较；计算每个 $g(j,V-\{1,i,j\})$ 要求进行 $n-3$ 次加法和比较……计算每个 $g(k,V-\{1,i_1,i_2,\cdots,i_{k-1},k\})$ 要求进行 $n-k-1$ 次加法和比较。取 $k=1,2,\cdots,(n-1)$，得总的加法和比较次数为：

$$T = n-1 + \sum_{k=0}^{n-2}(n-1)C(n-2,k)(n-k-2) = (n-1)\left\{1+\sum_{k=0}^{n-2}C(n-2,n-k-2)(n-k-2)\right\}$$

$$=(n-1)\left\{1+\sum_{k=0}^{n-2}kC(n-2,k)\right\} = (n-1)\{1+(n-2)2^{n-3}\} = O(n^2\times 2^n)$$

和穷举法相比，动态规划方法的时间复杂性有所下降，但是仍然为指数复杂程度，而且其空间复杂度也是指数复杂度，因此动态规划给出的解法也不是有效算法。

本章小结

（1）动态规划算法与分治法相比，相同之处是均将原问题分解为若干子问题，再递归求解；不同之处是其所分解的子问题彼此并不独立，而是互有重叠的。

（2）动态规划的基本思想是造表记录已解的子问题，再次遇到时仅查表即可，避免了重复计算，提高效率。

（3）动态规划通常用于求解具有最优性质的问题，而且其子问题也具有最优性质（最优子结构性质）。

（4）其实现方法通常为自底向上的迭代形式，但也可以采用自上而下的形式（备忘录方法）。

① 自底向上的迭代形式。自底向上的迭代形式是动态规划算法的经典实现方法。从问题的最小规模开始，逐步迭代求解更大规模的子问题，直到达到最终问题的解。这种方法通常需要使用一个数组或者矩阵来保存已经计算过的子问题的解，以便后续求解更大规模的子问题时直接查找已有的结果。

② 自顶向下的递归形式（备忘录方法）。自顶向下的递归形式是通过递归的方式解决动态规划问题的一种方法。在递归过程中，通过一个备忘录（或称为记忆化搜索）来保存已经计算过的子问题的解，以避免重复计算。在递归求解过程中，对每个待解子问题，先查看它是否已求解。若未求解，则计算其解并填表保存。若已求解，则查表取出相应的结果。这种方法通常需要使用递归函数和一个备忘录数据结构来实现，适合于问题具有递归结构且子问题规模不是很大的情况。

习题

1．求图题 4-1 中 v_1 到 v_{10} 的最短路径。

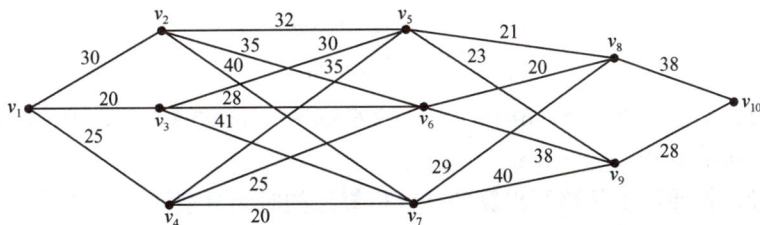

图题 4-1

2．将算法 4-2 修改为求指定两节点之间的距离。

3．扩充算法 4-2，使之还能够输出所有点对之间的最短路径。

4．用动态规划方法分别求解由邻接矩阵 D 定义的旅行商问题。

$$D = \begin{pmatrix} 0 & 10 & 8 & 18 & 14 \\ 10 & 0 & 7 & 11 & 14 \\ 8 & 7 & 0 & 6 & 5 \\ 18 & 11 & 6 & 0 & 9 \\ 14 & 4 & 5 & 9 & 0 \end{pmatrix} \qquad D = \begin{pmatrix} 0 & 10 & 20 & 30 & 40 \\ 12 & 0 & 18 & 30 & 25 \\ 23 & 19 & 0 & 5 & 10 \\ 34 & 32 & 6 & 0 & 8 \\ 45 & 27 & 11 & 10 & 0 \end{pmatrix}$$

5．对给定可乘矩阵序列 $A_1, A_2, \cdots, A_k$，修改算法 4-3-1，使之能够按照最优乘积序列计算矩阵乘积 $A = A_1 \times A_2 \times \cdots \times A_k$。

6．设计一个时间复杂度为 $O(n^2)$ 的算法，求出 n 个数组成的序列中的最长递增子序列。

7．给定字符串 A、B，希望用最少字符操作将字符串 A 转换为字符串 B。这里的字符操作包括三种：字符插入、字符更改和字符删除。将字符串 A 转换为字符串 B 所需要的最少字符操作次数称为字符串 A 到 B 的编辑距离 $d(A,B)$。例如 $A=$ "ABACB"，$B=$ "ACBACD"，则 $d(A,B)=2$。设计一个有效算法，对任意字符串 A、B，计算它们的编辑距离 $d(A,B)$。

8．n 个作业由 A、B 两台处理机处理。设第 i 个作业由 A 处理需要时间 a_i，由 B 处理需要时间 b_i。由于机器和作业特性，对于某些 i，有 $a_i \geq b_i$，而对另一些 j，有 $a_j < b_j$。每个作业只能在一台处理机上执行，一个处理机在同一时间段中只能处理一个作业。设计一个动态规划算法，使得使用 A、B 处理这 n 个作业需要的总时间最短。提示：研究实例 $(a_1, a_2, a_3, a_4, a_5, a_6) = (2, 5, 7, 10, 5, 2)$，$(b_1, b_2, b_3, b_4, b_5, b_6) = (3, 8, 4, 11, 3, 4)$。

9．0/1 背包问题：给定向量 $a = \langle a_1, a_2, \cdots, a_n \rangle$、$c = \langle c_1, c_2, \cdots, c_n \rangle$，求向量 $x = \langle x_1, x_2, \cdots, x_n \rangle$（$x_i = 0$ 或者 1，$i = 1, 2, \cdots, n$）使之在条件 $\sum_{i=1}^{n} a_i x_i \leq b$ 约束下求

$$\max z = \sum_{i=1}^{n} c_i x_i.$$

考虑动态规划解法策略：以 $g(k,w)$ 记在条件 $\sum_{i=1}^{n} a_i x_i \leqslant w$ 约束下 $z = \sum_{i=k}^{n} c_i x_i$ 的最大值，则有：

$$g(k,w) = \begin{cases} \max\{g(k+1,w), g(k+1,w-a_i+c_i)\}, w \geqslant a_i \\ g(k+1,w), 0 \leqslant w < a_i \end{cases}$$

$$g(n,b) = \begin{cases} c_n, b \geqslant a_n \\ 0, b < a_n \end{cases}$$

问题 1：对于实例 $n=5$，$b=10$，$a=<2,2,6,5,4>$、$c=<6,3,5,4,6>$，求按照以上策略求 $g(1,b)$ 和向量 $x=<x_1,x_2,\cdots,x_5>$。

问题 2：按照以上策略写出算法并分析算法的时间复杂性。

10. 作业调度问题。n 个作业等待一台处理机处理。第 i 个作业的处理时间是 t_i，该作业如果在最后期限 d_i 之前处理则获得利益 p_i。这里 $i=1,2,\cdots,n$，$t_i>0$，$p_i>0$，$d_i<d_{i+1}$。这 n 个作业的一个（合理）调度是作业集合 $\{1,2,\cdots,n\}$ 的一个子集 J，如果 $i \in J$，则作业 i 在最后期限 d_i 之前处理完毕。函数 $f(t,J_i)$ 给出到时刻 t 为止对作业集合 $\{1,2,\cdots,i\}$ 的调度 J_i 获得的利益之和，即 $f(t,J_i) = \sum_{k \in J_i} p_k$。按照以上记法，$n$ 个作业的最优调度是集合 $\{1,2,\cdots,n\}$ 子集 J_b，J_b 满足 $f(d_n,J_b) = \max\{f(d_n,J_n) \mid J_n$ 是 $\{1,2,\cdots,n\}$ 的调度$\}$。例如对于 $n=3$，作业集合 $\{1,2,3\}$ 的调度数据如下表：

	1	2	3
t_i	3	4	2
d_i	3	4	6
p_i	3	2	5

根据该表，$J_3=\{2,3\}$ 是 $\{1,2,3\}$ 的一个调度，$f(6,J_3)=2+5=7$。$J'_3=\{1,3\}$ 也是 $\{1,2,3\}$ 的一个调度，$f(6,J'_3)=3+5=8$。事实上，J'_3 是 $\{1,2,3\}$ 的最优调度。但 $\{1,2\}$、$\{1,2,3\}$ 不是 $\{1,2,3\}$ 的合理调度。按照动态规划方法设计求最优作业调度的算法。

11. n 个节点形成一个凸 n 边形，节点 i 的权是 p_i。现实施如下操作，每次将两个相邻的节点合并成一个新节点，新节点的权为原来两个节点权之和，原凸 n 边形成为凸 $n-1$ 边形。逐次实施以上手续，最后形成一个点（注意 $n=2$ 时为一条直线）。设计算法计算最后所得点的权的最大值和最小值。

第 5 章

回溯法

回溯法（Backtracking）是一种深度优先的选优搜索算法，以试探的方式在解空间中搜索问题的解，有"通用的解题法"之美称。回溯法在搜索过程会不断跳过某些显然不合适的子树，所以搜索的空间远少于一般的穷举，故它适用于解一些组合数较大的问题。回溯法广泛应用于程序设计中，例如，图和树的深度优先遍历、n 个数的全排列、n 皇后问题、骑士巡游、旅行商问题、背包问题等均可以用它来解决，本章将详细介绍其中的一部分典型例子。

回溯-计算机
求解问题

5.1 回溯法算法思想

回溯法在解空间中按选优条件向前搜索，算法搜索至解空间树的任一节点时，总是先判断该节点是否肯定不包含问题的解。如果肯定不包含，则跳过对以该节点为根的子树的搜索，继续查找该节点的兄弟节点，若它的兄弟节点都不包含问题的解，则返回其父节点——这个步骤称为回溯。否则，进入一个可能包含解的子树，继续按深度优先的策略进行搜索。这种以深度优先的方式搜索问题的解的算法称为回溯法。

回溯-回溯的
主要思想

回溯法可以形式化描述如下：假设用 n 元组$(x_1, x_2, x_3, \cdots, x_n)$表示一个给定的问题 P 的解，其中 $x_i \in$ 集合 S_i；n 元组的子组$(x_1, x_2, x_3, \cdots, x_i)$（$i<n$），如果它满足一定的约束条件，则称为部分解。如果它已经是满足约束条件的部分解，则添加 $x_{i+1} \in S_{i+1}$ 形成新的子组$(x_1, x_2, x_3, \cdots, x_i, x_{i+1})$并检查它是否满足约束条件，若满足则继续添加 $x_{i+2} \in S_{i+2}$，并以此类推。如果所有的 $x_{i+1} \in S_{i+1}$ 都不满足约束条件，那么去掉 x_{i+1}，回溯到 x_i 的位置，并去掉当前的 x_i，另选一个 $x_i' \in S_i$，组成新的子组$(x_1, x_2, x_3, \cdots, x_i')$并判断其是否满足约束条件。如此反复下去，直到得到解或者证明无解为止。

回溯法适用以下两类问题。

- 存在性问题：求满足某些条件的一个或全部元组，如果不存在这样的元组算法应返回 No；这些条件称为约束条件。
- 优化问题：给定一组约束条件，在满足约束条件的元组中求使某目标函数达到最大（小）值的元组。满足约束条件的元组称为问题的可行解。

5.1.1 回溯法的解题步骤

回溯法从初始状态（根节点）开始，按照深度优先的方式系统地从状态空间（解空间）中搜索问题的一个解或全部解。

1. 定义解空间

在采用回溯法求解问题时，首先需要明确问题的搜索空间，即定义问题的解空间。解空间应至少包含问题的一个（最优）解。回溯法通常用 n 元组 $(x_1, x_2, x_3, ..., x_n)$ 来表示问题的解，则其初始解空间范围 n 元组的每个分量 x_i 的取值范围来确定。例如，在求解 n 个物品的 0-1 背包问题时，其分量 x_i 的取值为 0 或 1，表示第 i 个物品不放入或放入背包中。当 $n=3$ 时，其解空间就是 {(0,0,0), (0,0,1), (0,1,0), (1,0,0), (0,1,1), (1,0,1), (1,1,0), (1,1,1)}。

解空间的大小与算法的搜索效率密切相关。

2. 组织解空间

定义好解空间后，接下来需要将解空间规范地组织起来，以方便后续采用深度优先的方法进行搜索。通常采用树或图的方式组织问题的解空间。例如对于 $n=3$ 的 0-1 背包问题，可以用一棵完全二叉树来进行表示，如图 5-1 所示。

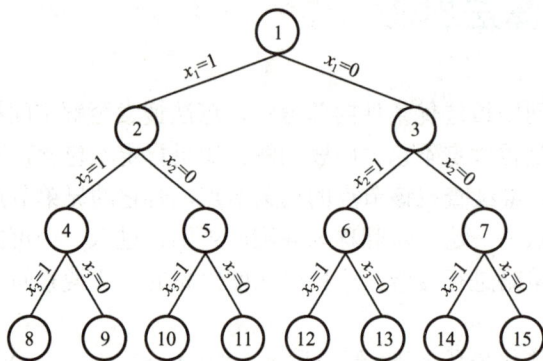

图 5-1　3 个物品的 0-1 背包问题的解空间树

解空间树通常有以下两种类型。
- 子集树：当需要求解的问题是从集合 S 中找出满足某种约束的子集时，其对应的解空间树是子集树，如 0-1 背包问题。
- 排列树：当需要求解的问题是通过确定 n 个元素的排列次序来满足某种性质时，其对应的解空间树是排列树，如 n 后问题。图 5-2 所示为 4 个城市的旅行商售货员问题对应的解空间树。

注意：解空间树是为了将解空间组织起来，方便后续的搜索，并不是真正生成一棵树。换言之，解空间树仅是解空间的具象化，便于直观地感受解空间的大小。

3. 搜索解空间

确定好解空间的组织结构后，回溯法从根节点（初始状态）开始，以深度优先的方式搜索解空间树。在开始搜索之前，先了解几个名词。

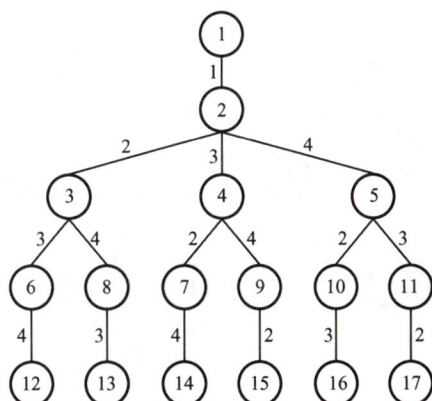

图 5-2　4 个城市旅行商售货员问题的解空间树

- 活节点：指一个自身已生成但其儿子还没有全部生成的节点。
- 扩展节点：一个正在生成儿子的节点。
- 死节点：指一个所有儿子已经产生的节点，死节点都是无法扩展的节点。

回溯法的搜索就是从根节点开始搜索的。此时，根节点成为活节点，且是当前的扩展节点。在当前扩展节点处，搜索向纵深方向移至一个新节点，并判断新节点是否满足约束条件。如果满足，则新节点成为活节点和当前扩展节点，继续往纵深方向进行搜索；如果不满足，则转为判断新节点的兄弟节点；如果新节点无兄弟节点或已搜索完新节点的所有兄弟节点，则当前扩展节点成为死节点，搜索回溯到扩展节点的父节点处。回溯法以这种递归的方式搜索问题的解空间，搜索过程持续到根节点成为死节点或找到问题的解时结束。

从搜索过程可知，必须先明确问题的约束条件，以便判断是跳过该节点还是进入该节点进行继续搜索。约束条件包括显约束和隐约束。

- 显约束：每个分量 x_i 的取值范围。
- 隐约束：为满足问题的解而对不同分量之间施加的约束。

显约束规定了问题的解空间，隐约束给出了判定一个候选解是否为可行解的条件。在搜索过程中，会根据节点是否满足隐约束来决定以该节点为根的子树是否被剪枝。因此，隐约束又被称为剪枝函数，包括约束函数和限界函数。

- 约束函数：约束是否能得到问题的可行解。
- 限界函数：约束是否能得到问题的最优解。

剪枝函数使得回溯法可以剪掉明显得不到解或最优解的子树，提高搜索效率。剪枝函数设计的优劣与搜索效率密切相关。例如，在 3 个物品的 0-1 背包问题中，第 1 个物品放入背包后，再放入第 2 个物品会超出背包的容量，就需要用到剪枝函数。如图 5-2 所示，节点 2 的左子树被剪枝。

归纳起来，采用回溯法求解问题的解题步骤如下：

（1）确定问题的解空间，确保问题的解空间树中至少包含问题的一个（最优）解。

（2）确定节点的扩展规则。

（3）以深度优先方式搜索解空间树，并利用剪枝函数来提高搜索效率。

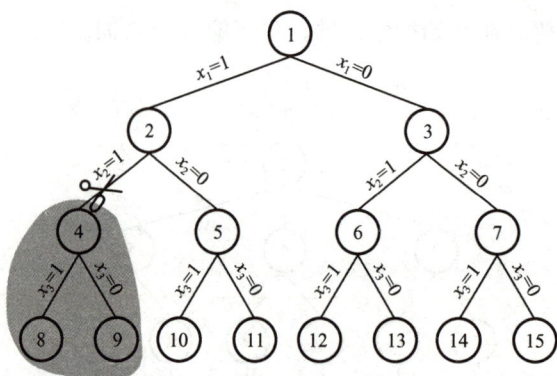

图 5-2　剪枝函数示例

5.1.2　回溯法的算法框架

采用深度优先搜索解空间，可以用递归方法也可以用非递归（迭代）方法来搜索问题的解，回溯法的递归搜索框架如下。

算法 5-1：递归回溯的一般形式

```
1.   Try(s){
2.       做挑选候选者的准备；
3.       while (未成功且还有候选者) {
4.           挑选下一个候选者 next；
5.           if (next 可接受) {
6.               记录 next；
7.               if (满足成功条件) {成功并输出结果}
8.               else Try(s+1)；
9.           if (不成功) 删去 next 的记录；}}
10.  return 成功与否}
```

算法 5-1 是用回溯法求解的通用框架，在后续的实例中，我们通过改写该框架来解决具体的问题。

在介绍回溯法的迭代回溯框架之前，首先来回顾数据结构课程中的树搜索的一般形式。

算法 5-2：树搜索的一般形式

```
1.   SearchTree(Space T)                      //表 L 用来存放待考察的节点
2.       {unfinish = true; L = T.initial;
3.       //unfinish 表示搜索未结束，先将初始状态放入 L
4.       while (unfinish || L≠Φ) {
5.           a = L.first;                      //从 L 中取出第一个元素
6.           if (a is goal) unfinish = false;   //若 a 是终态，则结束
7.           else Control-put-in(L, Sons(a));
8.       }   //否则，将 a 的儿子们以某种控制方式放入 L 中
```

算法 5-2 中第 2 行进行的是初始化操作，建立树结构；while 循环则表示依照表

L 中取元素的方式依次考查树中的节点。

对于迭代回溯，因为是深度优先搜索，所有表 L 可以采用栈来实现。因此初始化操作就是压栈操作；算法 5-2 的第 5 行取元素操作则为出栈，即弹出栈顶元素；第 6 行对于 a 是终态的操作中，由于解是由逐个状态构成的，因此还需要判断状态是否可接受，并进行记录路径等工作；第 7 行中将 a 的儿子放入表需要考虑两种情况：如果 a 可接受但未终止，则要将 a 的后继压入栈中；如果要抛弃状态 a，当 a 是最后一个儿子时，还需要消除原有记录甚至回溯一步。

那么如何判定 a 是否是最后一个儿子呢？栈中的节点是分层的，但在迭代回溯中节点是无法分层的，此时就需要设计一个末尾标记，每次压栈时，先压入末尾标记。使用末尾标记的迭代回溯框架如算法 5-3 所示。

算法 5-3　带末尾标记的迭代回溯框架

```
1.    Backtrack(Tree T) {
2.        unfinish = true;    L.Push(T.root);
3.        while (unfinish && L≠Φ) {
4.            a = L.Pop( );
5.            if (a is the last mark) backstep( );
6.            else if (a is good) {record(a);
7.                if (a is goal) {unfinish = false; output( );}
8.                else if (a has sons) L.Push-Sons(a);
9.                else move-off(a);}}}
```

可以看到，在算法 5-3 中，对于节点 a 需要经过多次判定，在判定 a 符合条件时，需要记录 a 的当前状态（第 6 行），进而继续判定 a 是否已经是目标状态，如果是，则输出（第 7 行）；如果不是，则需要进一步判定 a 是否还有儿子。如果有，则将其儿子入栈（第 8 行）；如果没有，则需要删除 a 的记录（第 9 行）。

在第 8 行中需要判定 a 是否是可接受的节点，那么不可接受的节点包括：破坏了解的相容条件的节点、超出了状态空间的范围，或者说不满足约束条件的节点、评价值很差的节点，即已经知道不可能获得解的节点和已经存在于被考查的路径之中的节点，这种节点会造成搜索的死循环。

5.1.3　回溯法的复杂度分析

1. 空间复杂度

回溯法并不会存储整棵解空间树，而是在搜索过程中动态地产生解空间。因此，回溯法仅存储从根节点到当前扩展节点的路径。假设从根节点到某叶子节点的最长路径为 $l(n)$，则回溯法的空间复杂度通常为 $O(l(n))$。

2. 时间复杂度

可以根据解空间树中节点的数量来计算回溯法的时间复杂度。对于 n 个元素的子集树来说，最多包含 $2^{n+1}-1$ 个节点。假设处理每个节点所需的时间为 $f(n)$，则子集树的时间复杂度为 $O(f(n)*2^n)$。

对于有 n 个元素的排列树而言，将根节点所在层次标为 0 层，其余依次为 1，2，…，n 层，则每层的圆形节点数目依次为：n，$n(n-1)$，$n(n-1)(n-2)$，…，$n(n-1)…2$，$n!$，设总的节点数目为 $S(n)$，则有 $S(n)=n!/k!$，由于 $2n!≤S(n)≤3n!$，因此时间复杂度为 $O(f(n)*n!)$。

注：回溯法通常会用剪枝函数来避免无效的搜索，因此其实际执行效率会高于蛮力搜索。

5.2 0-1 背包问题

【问题描述】

背包问题是一个很经典的问题：给定 n 种物品。物品 i 的重量是 W_i（$i=1,…,n$），其价值是 V_i，背包的容量是 C（也就是可以容纳的最大重量）。问如何选择装入背包中的物品，使得装入背包中的物品的总价值最大？

如果取物品 i 时，可以选择该物品的一部分装入，那么这个问题可以用贪心法解决。

0-1 背包问题：如果取物品 i 时，只有装入或不装入两种选择，这就是 0-1 背包问题（0 表示不装入，1 反之）。该问题虽然看上去比前问题简单，实际上却是一个 NP 完备问题。

0-1 背包问题的简单描述：给定 n 种物品，物品 i 的重量是 W_i（$i=1,…,n$），背包的容量是 C。问如何选择装入（装或不装）背包中的物品，使得装入背包中的物品的总重量恰好等于 C？下面的算法均以第一种描述为准。

【例 5-1】物品数 $n=4$，背包容量 $c=7$，物品价值 $p=[9,10,7,4]$，物品重量 $w=[3,5,2,1]$，背包问题举例如表 5-1 所示。

表 5-1 0-1 背包问题举例

物品编号	1	2	3	4
物品价值	9	10	7	4
物品重量	3	5	2	1
单位价值	3	2	3.5	4

注：表中数据仅用于举例，相关量不具有实际意义，故单位省略。

【问题分析】

如果是普通的背包问题，可以将其按照单位价值从大到小排列：4，3.5，3，2，所以先取物品 4，再依次取物品 3 和物品 1，此时总重量为 6，还余 1，所以取 0.2 个物品 2，总价值为 22，这就是最优解。但对于 0-1 背包问题而言，这不是一个可行解，只是可以知道 0-1 背包的解绝对不可能优于这个解。

【算法设计】

下面我们用回溯法来解 0-1 背包问题。根据 5.1 节中的解题步骤，首先定义问题的解空间。

（1）定义问题的解空间。

解空间的定义方式可以有多种。

可能解可以由一个不等长向量组成：

如当物品 $i(1 \le i \le n)$ 装入背包时，解向量中包含分量 i，否则，解向量中不包含分量 i。当 $n=3$ 时，其解空间：{ ( ), (1), (2), (3), (1, 2), (1, 3), (2, 3), (1, 2, 3) }。

也可以由一个等长向量 $\{x_1, x_2, \cdots, x_n\}$ 组成：

$x_i=1(1 \le i \le n)$ 表示物品 i 装入背包，$x_i=0$ 表示物品 i 没有装入背包。当 $n=3$ 时，其解空间为 $\{(0, 0, 0), (0, 0, 1), (0, 1, 0), (1, 0, 0), (0, 1, 1), (1, 0, 1), (1, 1, 0), (1, 1, 1)\}$。

显然等长表示方式更方便用计算机来进行计算和处理。

2．组织解空间

采用等长向量 $\{x_1, x_2, \cdots, x_n\}$ 表示问题的解空间，其中 x_i 取值 0 或 1，显然解空间共包含 2^n 个可能解，即包含 n 个元素的集合的子集数，0-1 背包问题为子集树问题。对于子集树，可以用完全二叉树来组织。$n=3$ 时的子集树在图 5-1 中给出，其中每一层表示对一个物品的选择，如第一层的左子树表示选择第一个物品，即 $x_1=1$，部分解为 $(1, \cdots)$；第二层的左子树的右子树表示选择第一个物品但不选择第二个物品，部分解为 $(1, 0, \cdots)$。

3．搜索解空间

组织好解空间后，按照深度优先搜索方式来搜索解空间。对于 0-1 背包问题，我们需要求解最优解，而不是得到一个解，因此需要搜索整个解空间树。可以通过剪枝函数来加快搜索过程。对于 0-1 背包问题，约束函数显而易见，即不能超过背包的容量，用数学方式表示为 $\sum_{i=1}^{n} w_i x_i \le C$。

对于表 5-1 中的 0-1 背包问题，其搜索空间树如图 5-3 所示。

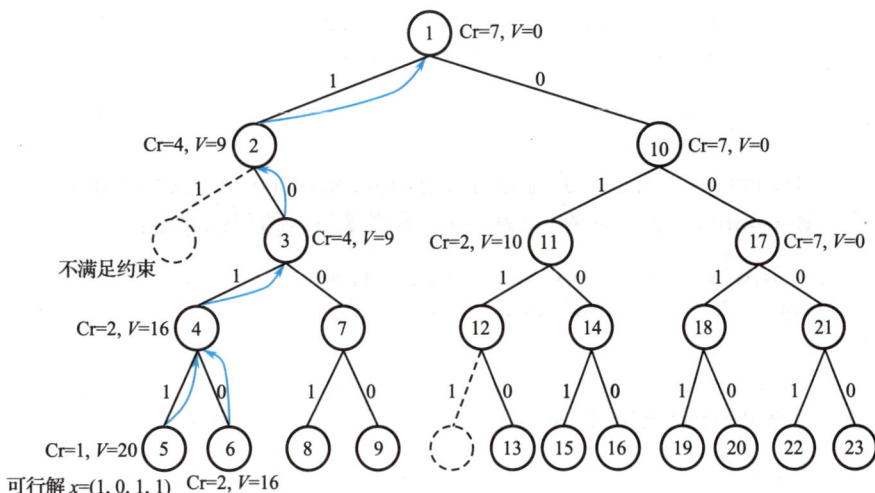

图 5-3　0-1 背包问题回溯法搜索空间示例

在图 5-3 中，虚线圆框表示不满足约束的节点，Cr 表示当前背包中剩余的容量，V 表示当前背包中的价值，图中蓝色的箭头表示根节点左子树回溯过程。根节点扩展左子树后，背包容量为4，价值为9，记录 $x_1=1$ 节点2入栈。继续搜索节点2的左儿子，由于当前背包容量为4，而物品2的重量为5，不满足约束条件，所以节点2的左儿子剪枝；右儿子节点3入栈，记录 $x_2=0$。继续往纵深方向搜索，判断节点3的左儿子：物品3的重量为2，满足约束条件，修改 Cr=2，修改 V=16，同时记录 $x_3=1$，节点4入栈。判断节点4的左儿子：物品4的重量为1，满足约束条件，修改 Cr=1，修改 V=20，记录 $x_4=1$，得到第一个可行解 x=[1,0,1,1]。从节点5回溯到节点4，搜索节点4的右儿子，得到第二个可行解，其价值为16，少于第一个可行解，丢弃该解。从节点6回溯到节点4，节点4的两个儿子都已经被搜索，继续回溯到节点3，搜索节点3的右儿子直至叶子节点。依次搜索完整个搜索空间，得到最优解为 x=[1,0,1,1]，价值为20。

【算法实现】

图5-3给出了回溯法的搜索过程，接下来通过递归回溯和迭代回溯求解0-1背包问题。

1．0-1背包问题递归算法实现

回顾算法5-1，第1行 Try(s)，对于0-1背包问题表示对第 s 个物品做选择；第2、3、4行中对于物品只有两种情况，即选择或不选择；第5行中判断下一个选择是否可接受，是表示对物品做出选择后，满足约束条件；第6行记录，即记录当前解分量的取值、当前背包的余量、背包的价值；第7行判断是否搜索到叶子节点；第9行则是回溯时需要做的一系列操作，算法如下。

算法5-4　0-1背包问题递归算法

```
1. void Try(int s){
2.      for (i = 1; i >=0; i--)          //对于每个物品只有0和1两个选择
3.          if (W+w[s]*i <= C) {         //判断是否满足约束
4.              Record(s, i);
5.              if (s == n) {if (NV > V) TakeNewChoice( );} //搜索到新的可行解
6.              else Try(s+1);            //搜索下一个物品
7.              Move-off(s, i);}          //回溯
8. return }
```

其中 Record()函数表示记录当前的状态，TakeNewChoice( )表示用新解来替换原来的解，Move-off(s, i)表示回溯过程中的一系列操作。伪代码如下：

```
Record(s, i){W=W + w[s]*i;   NV = NV + v[s]*i;   p[s] = i;}
Move-off(s, i){W = W – w[s]*i;   NV = NV – v[s]*i ;   p[s] = 0;}
TakeNewChoice( ) {
     for (i=1; i<=n; i++)
         X[i] = p[i];V = NV;}
```

主程序如下：

```
Bag(n, C, w[n], v[n]) {
   for (i=1; i<=n; i++)
     {p[i]=0; X[i] = 0;}
   NV = 0, W = 0; V = 0;
```

```
    Try(1);
    Output(X); }
```

2. 0-1 背包问题迭代算法实现

用栈来存储每个节点，迭代实现中需要体现层的概念，因此压入一个末尾标记，表示当前层已经搜索完毕。

算法 5-5　0-1 背包问题迭代算法

```
1.void Backtrack(Tree T) {
2.    j = 1;                        //从物品 1 开始，
3.    L.Push(1, 0, -1);            //末尾标记先入栈，依次为物品取值 0 和 1，
4.    while (L≠Φ) {
5.        a = L.Pop( );
6.        if (a = = -1) {j- -; a=N[j];Move-off(j, a);}   //回溯
7.        else if (W+w[j]*a <= C) {Record(j,a);          //满足约束，记录当前状态
8.            if (j = = n )                              //搜索到新的可行解
9.                {if (V < NV) TakeNewChoice( );}        //用新解替换原来的解
10.           else {j++; L.Push(1, 0, -1);}             //继续搜索下一个物品
11.}}}
```

在迭代回溯中，从物品 1 开始，我们入栈了物品 1 的 3 个值（1,0,-1），根据栈的先进后出规则，先出栈的是 1，也就是选择该物品；接下来将跳到算法 5-5 的第 7 行，判断挑选该物品时是否满足约束，满足则进行记录等相关操作，然后跳到第 10 行，继续选择第二个物品。可以注意到，在迭代回溯时，会先判断对当前物品的取值是否都已经完成，如果完成了，则进行回溯（第 6 行）。

0-1 背包问题是从 n 个元素的集合 S 中找出满足某个性质的子集。其搜索树称为子集树，是棵二叉树，通常有 2^n 个叶节点，遍历的时间为 $O(2^n)$。0-1 背包问题的时间复杂性为 $O(2^n)$。

5.3　装载问题

装载问题主要涉及如何将一系列物品（或称为集装箱、货物等）有效地装载到有限的载体（如轮船、飞机货仓等）上，以达到某种优化目标，如最大化装载量、最小化未使用的空间或确保装载的均匀性和稳定性等。在装载问题中，每个物品通常都有一定的重量、体积或其他属性，而载体则有一定的承载限制。问题的目标是在满足这些限制条件的前提下，确定一种合理的装载方案。这通常涉及对物品的选择、排列和组合，以确保载体的空间得到最有效的利用。在实际应用中，装载问题具有广泛的应用场景，如物流、运输、仓储等领域。通过有效地解决装载问题，可以提高运输效率、降低运输成本，并优化资源利用。

装载问题可以采用多种算法进行求解，其中回溯法是一种常用的方法。回溯法通过系统地搜索所有可能的装载方案，并在搜索过程中根据约束条件进行剪枝，以排除不满足要求的方案。这种方法虽然可能需要较长的计算时间，但通常能够找到

较优的解。

【问题描述】

有一批共 n 个集装箱要装上 2 艘载重量分别为 C_1 和 C_2 的轮船，其中集装箱 i 的重量为 w_i，且 $\sum_{i=1}^{n} w_i \leqslant C_1 + C_2$。装载问题要求确定是否有一个合理的装载方案可将这些个集装箱装上这 2 艘轮船。如果有，找出一种装载方案。

【问题分析】

假定该装载问题有解，显然下面的策略可得到最优装载方案。

（1）将第一艘轮船尽可能装满。

（2）将剩余的集装箱装上第二艘轮船。

第（1）步中将第一艘轮船尽可能装满等价于选取全体集装箱的一个子集，使该子集中集装箱重量之和与第一艘轮船的载重最接近。装载问题等价以下特殊的 0-1 背包问题：

$$\max \sum_{i=1}^{n} w_i x_i$$

$$\text{s.t.} \sum_{i=1}^{n} w_i x_i \leqslant C_1, x_i \in \{0,1\}, 1 \leqslant i \leqslant n$$

【算法设计】

因为该装载问题是一个特殊的 0-1 背包问题，因此问题的解空间和解空间的组织方式都与 0-1 背包问题相同，采用等长向量表示问题的解空间，采用二叉树的方式组织问题的解。

对于剪枝函数中的约束条件，显然为 $\sum_{i=1}^{n} w_i x_i \leqslant C_1$。

【算法实现】

根据前面的分析，装载问题是一个特殊的 0-1 背包问题，仿照算法 5-4 中 0-1 背包问题递归算法，可以很容易得出装载问题的递归算法。

算法 5-6　装载问题的递归实现

```
1. void Try(int s){
2.     for (i = 1; i >=0; i--)            //对于每个物品只有 0 和 1 两个选择
3.         if (W+w[s]*i <= C1) {          //判断是否满足约束
4.             Record(s, i);
5.             if (s = = n) {if (NW> W) TakeNewChoice( );}        //搜索到新的可行解
6.             else Try(s+1);             //搜索下一个物品
7.             Move-off(s, i);}           //回溯
8. return }
```

其中的 Record()、TakeNewChoice( )和 Move-off(s, i)的含义同算法 5-4。由于装载问题不需要计算物品的价值，因此对这几个函数做细微调整，将有关价值的代码去除，伪代码如下：

```
Record(s, i){W=W + w[s]*i;    p[s] = i;}
Move-off(s, i){W = W – w[s]*i;    p[s] = 0;}
```

```
TakeNewChoice( ) {
    for (i=1; i<=n; i++)
        X[i] = p[i];W = NW;}
```

对于算法 5-6 中的第二行 for 表示的是对每个物品的取值，对于子集树而言，只有 0 和 1 两个取值，对应于节点的左右子树，因此我们也可以将第二行的 for 循环去除，改成搜索左右子树的形式，代码可以修改如算法 5-7 所示。

算法 5-7　装载问题左右子树递归回溯算法

```
1.void backtrack(int s) {                        //搜索第 s 个物品
2.     if (s>n) {                                //到达叶节点
3.         if(NW> W){
4.             W = NW;
5.             for (int i = 1; i<= n; i++) X[i] = p[i];}   //更新最优解 X[],W
6.     return; }
7.     if (NW+w[s] <= C1) {                      //搜索左子树
8.         NW+=w[s]; p[s]=1;
9.         backtrack(s+1);
10.        NW-=w[s]; }                           //回溯
11.    backtrack(s+1);                           //搜索右子树
12.}
```

与算法 5-6 相比，算法 5-7 没有 Record()、TakeNewChoice( )和 Move-off(s, i)子程序，相应的功能都写在同一个程序当中实现。如 TakeNewChoice( )的功能由第 2 行到第 6 行实现等，以便读者进一步理解用回溯法求解具体的问题。

从算法 5-7 可以看出，右子树总是满足约束条件（第 11 行），也就是说在搜索过程中，右子树并没有进行剪枝。设任意一个节点 y，其所在层为 s，表明算法已经搜索到子集树的第 s 层，也就是说从第 1 个物品到第 $s-1$ 个物品的状态已经确定了。搜索到 y 的右子树时，根据算法，从第 1 个物品到第 s 个物品的状态都已经确定，也已经得到了第一艘轮船中装入的物品的重量 NW。当前，还剩余第 $s+1$ 个到第 n 个物品的状态未确定，假设这些剩余的未选择的物品总重量为 rW，那么 NW+rW 表示的是从根节点经过 y 节点到达叶子节点的可行解的上界。因此，对于 y 节点的右子树，仅当其上界大于当前的最优解时，才进入该子树进行搜索，即 NW+rW≥W 时。

对算法 5-7 进行进一步优化，通过限界函数来约束右子树，减少搜索空间。

算法 5-8　带限界条件的装载问题递归回溯算法

```
1.void backtrack(int s)   {                      //搜索第 s 个物品
2.     if (t>n) {                                //到达叶节点
           //更新最优解 X[]、W，上界函数使搜索到的每个叶子节点都是最优解
3.         for (int j = 1; j<= n; j++) X[j] = p[j];
4.         W=NW;
5.     return; }
6.     rW-=w[s];
7.     if (NW+ w[s]<= C1) {                      //搜索左子树
8.         p[s]=1; NW+=w[s];
9.         backtrack(s+1);
```

```
10.        NW-=w[s]; }
11.    if (NW+rW>W) {                    //搜索右子树
12.        p[s]=0; backtrack(s+1); }
13.    rW+=w[s];
14.}
```

下面，我们通过求解一个装载问题的具体实例来对比有无限界函数搜索空间树的变化。

【例 5-2】装载问题实例：给定 5 个集装箱，其重量分别为 X=[20,10,30,20]，2 艘载重量分别为 C_1=50 和 C_2=30。通过前面的分析，我们知道该问题为从 4 个集装箱中选出一部分集装箱，使其重量和尽量接近 50。我们通过画出该问题有无限界函数的搜索空间树来对比，如图 5-4 和图 5-5 所示。

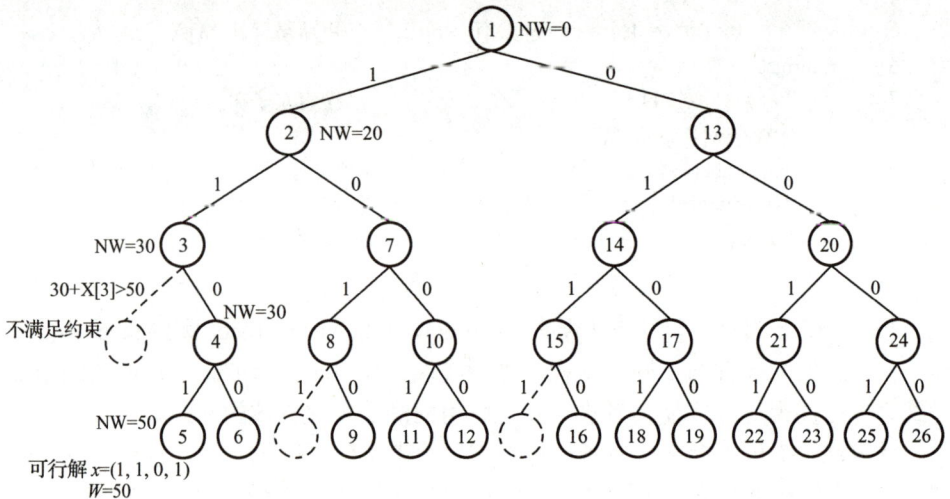

图 5-4　无限界函数的装载问题搜索空间树

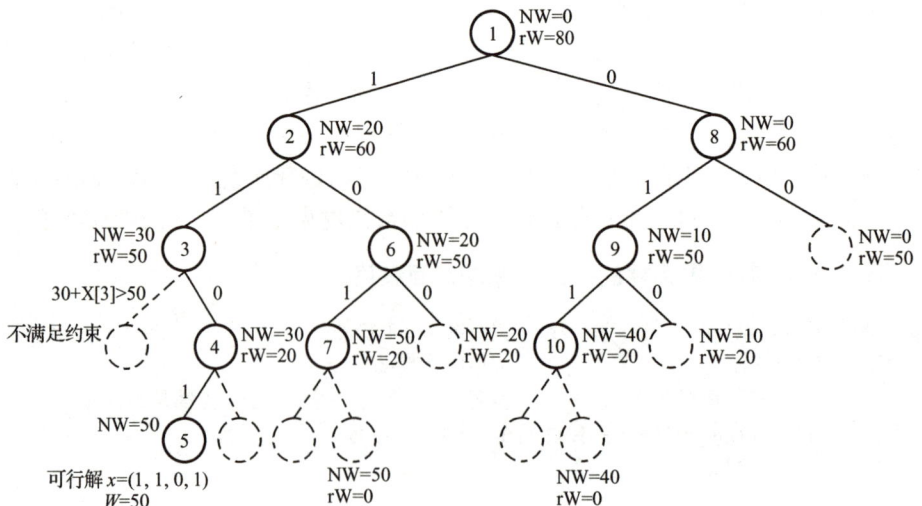

图 5-5　有限界函数的装载问搜索空间树

上述图 5-4 和图 5-5 中，节点的序号为其扩展的顺序。在图 5-4 中，给出了第一个可行解的搜索过程中 NW 的变化过程和用约束条件剪枝的节点（虚线圆圈）。

尽管用约束条件剪枝掉部分节点，但仍构建了 26 个节点，仅比完全二叉树少 5 个节点；而在图 5-5 中，用限界函数剪枝右子树，仅需构建了 10 个节点，极大地提高了搜索效率。例如，在搜索节点 8 的右子树时，计算到 NW=0，rW=50 两者之和等于当前最优解 50，所以节点 8 的整棵右子树都被剪枝，不需要构建。

5.4　子集和数问题

子集和数问题是一个经典的计算机科学和数学问题，它涉及从给定集合中选择元素的不同组合，每个组合（或子集）的元素之和需要与目标整数相匹配。子集和数问题通常描述为：给定一个整数数组（或集合）和一个目标整数，问题的目标是找出数组的所有可能子集，使得这些子集的元素之和等于目标整数。子集和数问题在实际应用中有很多用途，比如在组合优化、资源分配、密码学等领域。

解决子集和数问题的方法有多种，包括递归、动态规划、回溯算法等。每种方法都有其优缺点，适用于不同规模和特性的问题。例如，使用回溯算法，可以从数组的第一个元素开始，尝试将其包含在子集中，然后递归地处理数组的剩余部分。如果当前子集的和已经超过了目标整数，我们可以选择不包含当前元素，或者回溯到之前的步骤并尝试不同的组合。

【问题描述】

给定一个整数集合 $Z=\{z_1, z_2, \cdots, z_n\}$ 和一个正整数 T，要求找出该集合的所有子集且该子集中所有元素的和数为 T。

【问题分析】

该问题为从集合中挑选出满足条件的子集，对于集合中的每一个元素来说，只有选或者不选两个选项，故它是一个子集树问题。从数组的第一个元素开始进行搜索，先判断该元素是否大于 T，小于等于则选择该元素，并记录当前的子集和，然后继续判断下一个元素；如果第一个元素大于 T，则不选择该元素，继续判断下一个元素。

【算法设计】

跟 0-1 背包问题一样，可以采用等长向量来表示问题的解，向量的长度为集合中元素的个数，取值为 0 或 1，即 $X=[x_1, x_2, \cdots, x_n]$，$x_i \in \{0,1\}$。0-1 背包问题是求解最优值，而子集和问题是存在性问题，需要求解所有可能的组合，因此可能存在多个解向量，也可能不存在这样的组合，此时，解向量中元素的值均为 0。子集和问题数学描述如下：

$$\sum_{i=1}^{n} z_i x_i = T, x_i \in \{0,1\}, 1 \leqslant i \leqslant n$$

约束条件显而易见，对于第 k 个元素，需要满足 $\sum_{i=1}^{k} z_i x_i \leqslant T$。注意：当其等于 T 时，在该子树上的搜索结束，小于 T 时，则进入子树继续搜索。对于限界函数，需要确保当前元素和加上剩余所有未选的元素和大于等于 T，即 $\sum_{i=1}^{k} z_i x_i + \sum_{i=K+1}^{n} z_i x_i \geqslant T$。

假设 $n=4$ 个正数的集合，$W=\{11,13,24,7\}$，和 $M=31$。求 W 的所有元素之和为 M 的子集。设当前已选择的子集的和用 S 表示，可行解用二维数组表示，$X[i]=[x_{i1}, \cdots, x_{in}]$，$x_{ij} \in \{0,1\}$，未选择的数字和用 rS 表示，该问题的搜索空间树如图 5-6 所示。

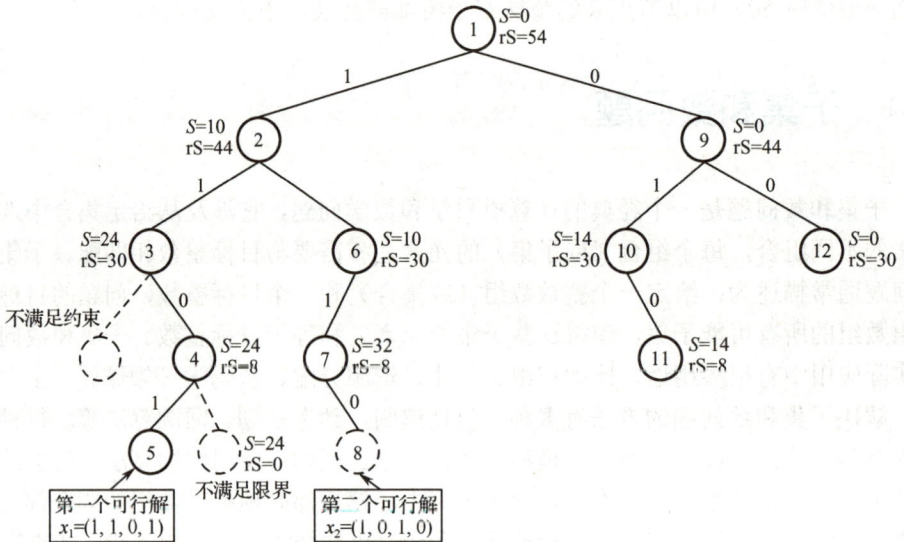

图 5-6　子集和问题搜索空间树

搜索过程和 5.3 节装载问题类似，用约束函数剪枝左子树，用限界函数剪枝右子树。图 5-6 给出了第一个不满足约束的剪枝示意图（节点 3 的左子树）和第一个不满足限界的剪枝示意图（节点 7 的右子树），其余已剪枝的节点不在图中列出。值得注意的是，当搜索到当前节点的和已经满足目标条件时，后续的节点不再扩展，如节点 8 我们用虚线圆圈表示的是搜索到节点 7 时已经达到目标条件，此时将不再扩展。

【算法实现】

用 S 表示已选择元素的和，rS 表示未选择元素的和，count 表示已找到的组合数量，对算法 5-8 进行适当修改，可以得到子集和问题的算法。

算法 5-9　子集和问题递归回溯算法

```
1.void backtrack(int s)  {            //搜索第 s 个数字
2.     if (S>T || s>n)    return;     //到达叶节点或者和大于 T\
3.     if (S==T){                     //找到一组解
4.          count++;
5.          for (int j = 1; j<= s; j++)
6.              X[count][j]=p[j];      //保存当前解
7.     return; }
8.     rS-=w[s];
9.     if (S+ w[s]<= T) {             //搜索左子树
10.         p[s]=1; S+=w[s];
11.         backtrack(s+1);
12.         S-=w[s]; }
13.     if (S+rS>T) {                 //搜索右子树
```

```
14.          p[s]=0; backtrack(s+1); }
15.      rS+=w[s];
16.}
```

跟算法 5-8 相比，算法 5-9 在找到和等于目标时，就记录当前的解，且不再继续搜索，因此二维数组 X[][]和一维数组 p[]初始化为 0。子集和问题的求解的是找到满足目标的所有子集。因此需要搜索所有的可行解，而不是找到一组解就结束。

5.5　皇后问题

皇后问题（N-Queen Problem）是一个著名的计算机算法问题，它涉及在 $N \times N$ 的国际象棋棋盘上放置 N 个皇后，使得没有一个皇后可以攻击到另一个。在棋盘上，皇后能够攻击同一行、列或对角线上的其他棋子。该问题最早出现的形式是 8 皇后问题，意味着在 8×8 的棋盘上放置 8 个皇后。这个问题是否有解，以及有多少种解法，是数学家和计算机科学家研究的课题。皇后问题的目标是找到将 N 个皇后放在 $N \times N$ 棋盘上，且不互相攻击的所有可能摆放方式。解决该问题的方法包括回溯算法、分支限界法、遗传算法等。

回溯法_皇后
好累

【问题描述】

要求在一个 $n \times n$ 的棋盘上放置 n 个皇后，使得任意两个皇后不得在同一行或同一列或同一斜线上。

【问题分析】

以 8 皇后问题为例，先建立一个 8×8 格的棋盘，在棋盘的第一行的任意位置安放第一个皇后；紧接着，在第二行安放第二个皇后，此时要受到一些约束，因为与第一行的皇后在同一列或同一对角线的位置上是不能安放皇后的，接下来是第三行，依此类推。

或许会遇到这种情况：在摆到某一行的时候，无论皇后摆放在什么位置，她都会被其他行的皇后吃掉，这时就必须要回溯，将前面的皇后重新摆放。图 5-7 为 8 皇后问题的一个解。

	第1列	第2列	第3列	第4列	第5列	第6列	第7列	第8列	记录数组 rec
第1行		○							2
第2行							○		7
第3行					○				5
第4行								○	8
第5行	○								1
第6行				○					4
第7行						○			6
第8行			○						3

图 5-7　8 皇后问题的解示例

【算法设计】

设用 $X=[x_1, x_2, \cdots, x_8]$，$x_i \in \{1,2,\cdots,8\}$ 来表示 8 皇后问题的一个解，$x_i = j$ 表示第 i 个皇后放在第 j 列，由于皇后不能在同一列或同一行，显然 8 皇后问题的解是一个 8 个数的排列，因此皇后问题的解空间树为排列树。

皇后问题的约束条件为不在同一行、同一列和同一对角线，解的表示方法已经表明皇后不可能在同一行，不在同一列的约束为：$x_i \neq x_j$；不在同一对角线分为不在同一主对角线上（$x_i - i \neq x_j - j$）和不在同一负对角线上（$x_i + i \neq x_j + j$）。皇后问题不存在限界条件。

【算法实现】

回顾算法 5-1 中递归回溯的一般形式，Try(s) 表示的是对第 s 个皇后选择合适的列；第二行中"做挑选候选者的准备"，就是每个皇后的列号，从 0 开始；第 3 行当列号不到 n 表示当前皇后还可以放置在下一列，即第 4 行中"next"为 j++；第 5 行判断"next 可接受"为当前放置的位置和前面皇后放置的位置不冲突；第 6 行中记录 next 则为记录当前皇后所在的位置；第 7 行中"成功"为所有皇后都选择到了合适的位置；第 8 行为放置下一个皇后；第 9 行为回溯。

算法 5-10　皇后问题递归算法

```
1.    Try(s){
2.        j = 0; q = 0;   //令列标记 j = 0; q 表示当前皇后未成功放置
3.        while (!q && j < n ) {
4.            j++;
5.        if (Safe(s, j)) {
6.            Record(s, j);
7.            if (s == n) {q = 1; output(   );}
8.            else Try(s+1);}
9.        if ((!q) Move-Off(s, j); }
10.   return q;}
```

在介绍算法 5-10 的子程序之前，先介绍几个数组的概念。设用数组 rec[n] 表示棋盘。若 rec[i]=j，$1 \leqslant i, j \leqslant n$，表示棋盘的第 i 行第 j 列上有皇后；数组 C[j]=1 表示第 j 列上无皇后，$1 \leqslant j \leqslant n$；数组 D[$k$]=1 表示第 k 条下行（↘）对角线上无皇后。$k = i - j$，$-n+1 \leqslant k \leqslant n-1$；数组 U[$k$] = 1 表示第 k 条上行（↗）对角线上无皇后，$k = i + j$，$2 \leqslant k \leqslant 2*n$。下行和上行对角线如图 5-8 所示。

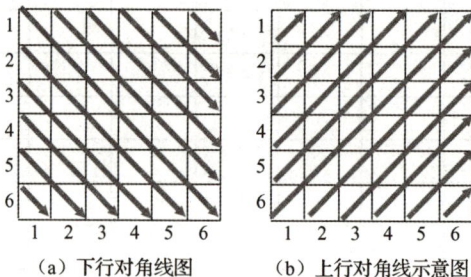

（a）下行对角线图　　　（b）上行对角线示意图

图 5-8　下行和上行对角线示意图

算法 5-10 中的子程序如下

```
Record(s, j) { k = s – j + n;
        rec[s] = j; C[j] = 0; U[s + j – 1] = 0; D[k] = 0; }
Move-Off(s, j) {k = s – j + n;
        rec[s] = 0; C[j] = 1; U[s + j – 1] = 1; D[k] = 1; }
Safe(s, j) {k = s – j + n;
        if (C[j] && D[k] && U[s + j – 1]) return true
        else return false; }
```

其中，Record(s, j)和 Move-Off(s, j)为一对相反操作的函数。

皇后问题的主程序伪代码如下：

```
N-Queens( ) {
int rec[n + 1], C[n + 1], D[2n], U[2n];
for (j = 1, j < n + 1; j++) {        //为数组 rec[n]、C[n]、U[2n]和 D[2n]都赋予初值。
        rec[j] = 0; C[j] = 1;
        U[2j] = 1; U[2j – 1] = 1;
        D[2j] = 1; D[2j – 1] = 1;}
try(1);}        //从第一个皇后开始递归
```

我们也可以通过修改算法 5-5 来实现皇后问题迭代算法。

用栈来存储每个节点，迭代实现中需要体现层的概念，因此压入一个末尾标记，表示当前层已经搜索完毕。

算法 5-11　皇后问题迭代算法

```
1.void Backtrack(n, rec) {
2.      unfinish = true;
3.      s = 1;                        //从第一个皇后开始
3.      L.Push(1, 2, …, n, 0);        //末尾标记为 0 的先入栈，皇后放置的位置可以为 1 到 n
4.      while (unfinish && L≠Φ) {
5.          a = L.Pop( );
6.          if (a == 0) {
7.              s－－;                 //回溯到上一个皇后
8.              a = rec[s];           //找到上一个皇后放置的位置
9.              Move-Off(s, a); }     //删除记录
10.         else if (Safe(s, a)) {Record(s,a);         //满足约束，记录当前状态
8.              if (s == n )          //所有皇后都放置到合适的位置
9.                  {unfinish = false; output( );}     //输出当前解，结束循环
10.             else {s++; L.Push(1, 2, …, n, 0);}     //否则继续放置下一个皇后
11.}}
```

迭代回溯的主程序如下：

```
N-Queens(n) {
int rec[n + 1], C[n + 1], D[2n], U[2n];
for (j = 1, j < n + 1; j++) {
        rec[j] = 0; C[j] = 1;
        U[2j] = 1; U[2j – 1] = 1;
        D[2j] = 1; D[2j – 1] = 1;}
Backtrack(n, rec);
}
```

上述迭代回溯和递归回溯中对于皇后放置位置的可行性是通过判断相应列、上行对角线和下行对角线是否已放置皇后来判断的，这样做的好处是不需要通过循环就可以直接得出位置是否可行，坏处则是需要通过额外的三个数组来记录。

分析对角线皇后问题的约束条件，不在同一行、同一列和同一对角线，解的表示方法已经表明皇后不可能在同一行，不在同一列的约束为：$x_i \neq x_j$；不在同一对角线分为不在同一下行对角线（$x_i - i \neq x_j - j$）和不在同一上行角线上（$x_i + i \neq x_j + j$），这两者可以归纳为：abs(a[i]−a[j])=abs(i−j)，abs 为求绝对值函数。皇后问题不存在限界条件。

采用循环判断位置是否可行的伪代码如下：

```
Safe(rec[], j) {
    int i;
    for(i=1;i<=j-1;i++)
        if (abs(rec[i]-rec[j])=abs(i-j)) or (rec[i]=rec[j])    //abs 为求绝对值函数
        return 0;
    return 1;
}
```

rec[]为皇后放置位置数组。需要判断第 1 个皇后到第 j−1 个皇后放置的位置是否与第 j 个皇后放置的位置有冲突。

要精确估计 N 皇后问题的时间复杂度是一件很困难的事，但至少可以知道：它的约束条件比 N 个数的全排列更为严格，所有搜索的节点数肯定更少，故时间上界为 $O(N!)$。

使用回溯策略求解 4 皇后问题时，其回溯求解搜索空间树如图 5-9 所示。

在图 5-9 中，共计搜索了 9 个节点，不到整个搜索空间树的 15%。

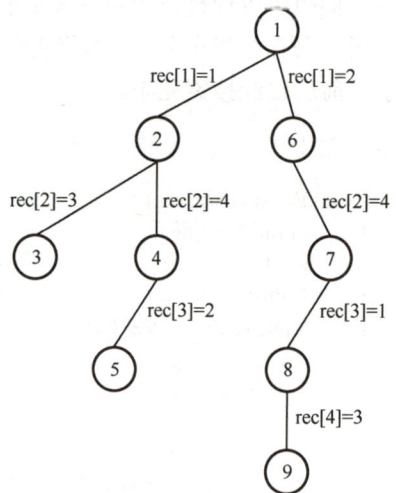

图 5-9 4 皇后问题的回溯求解搜索空间树

5.6 旅行售货员问题

回溯-TSP 问题

旅行售货员问题（Travelling Salesman Problem，TSP）是一类组合最优化问题。它描述了一个售货员从某个城市出发，访问一系列其他城市，每个城市恰好访问一次，并最终返回出发城市，目标是找到一条总距离最短的路径。在这个问题中，任意两个城市之间的距离是已知的。

旅行售货员问题在理论计算机科学和运筹学领域具有重要的研究价值，是组合优化领域中备受关注的问题之一。由于问题的复杂度较高，旅行售货员问题被认为是一个 NP-hard 问题，即没有已知的多项式时间复杂度的算法来解决该问题。因此，通常需要寻求有效的近似算法或启发式算法来逼近最优解。旅行售货员问题具有广泛的应用背景，在物流配送、路线规划、机器维护等领域都有实际的应用价值。

【问题描述】

推销员从某城市出发，遍历 n 个城市最后返回出发城市。设从城市 i 到城市 j 的费用为 $c[i][j]$，如何选择旅行路线使得该推销员此趟旅行的总费用最小？

【问题分析】

设 $G=(V, E)$ 是一个带权图。图中各边的费用（权值）为正。图中一条周游路线是包括 V 中所有顶点的回路。一条周游路线的费用是该路线上所有边的费用之和。所谓旅行售货员问题就是要在图 G 中找出一条最少费用的周游路线。

【算法设计】

对于 n 个节点的旅行售货员问题，n 个节点的任意一个圆排列都是问题的一个可能解。n 个节点的圆排列有 $(n-1)!$ 个，因此问题归结为在 $(n-1)!$ 个回路中选取最小回路。TSP 问题的解空间树是排列树，跟 5.6 节中皇后问题类似。不同的是，皇后问题是求得满足约束的可行解，即判断是否存在可以放置皇后的排列；而 TSP 问题为求最优解，在所有的排列中选择出费用最少的周游路线。

【算法实现】

首先给出求解 TSP 问题的数据结构。

用数组 C[n+1][n+1]存放 n 个城市间的费用值。

用数组 P[n+1]记录已经找到的费用最小的周游路线，C 为其相应的费用，C 初值为 ∞。

用数组 N[n+1]记录目前正在寻找的周游路线，NC 为其相应的费用。

如果节点 next 不是 N 中已有的节点，且 NC+C[N[s]][next]小于 C，则节点 next 是可接受的。

如果 NC+C[N[n]][1]小于 C，则路线 N 更佳，于是 P[]=N[]，C=NC+C[N[n]][1]。

算法 5-12　TSP 问题的递归实现

```
1.Try(s){                              //搜索第 s 个城市
2.    for (i = 2; i <= n; i++){
3.        if (NC+C[N[s]][i]< C &&T[i]){   //第 i 个城市未被选择且 NC+C[N[s]][i]小于 C
4.            Record(s, i);
5.            if (s+1 == n)               //已经访问到最后一个城市
6.                if (NC+C[N[n]][1]< C) TakeNewPath( );      //新周游路线更优
7.            else backtrack(s+1);        //访问到下一个城市
8.            Move-off(s, i); }}          //删除相关记录
9.return;}
```

其中的子程序 Record()为记录最短路径的值（更新 NC 的值）和最短路径（更新 N[]数组），标记当前城市已经被选择，伪代码如下：

```
Record(s, i);
    {NC = NC + C[N[s]][i]; T[i] = 0; N[s+1] = i; }
```

子程序 Move-off( )为回溯函数，与 Record()函数做相反操作，伪代码如下：

```
Move-off(s, i);
    {NC = NC–C[N[s]][i]; T[i] = 1; N[s+1] = 0;}
```

子程序 TakeNewPath( )表明当前选择的路径更优，伪代码如下：

```
TakeNewPath( )
    { for (i=1; i<=n; i++)    P[i] = N[i];
        C = NC + C[N[n]][1];}
```

TSP 问题的迭代实现和皇后问题类似，但由于要搜索所有的周游路线来进行对比，因此不需要 unfinish 标志，其迭代实现留给读者自行完成。

5.7 运动员最佳匹配问题

运动员最佳匹配问题是一个优化问题，其目标是找到一种方式，通过配对运动员或者组队方式，以确保整个团队的整体表现或匹配度达到最优。在数学上经常被形式化为一个图论问题，特别是作为一个赋权二部图的最大权匹配问题来处理。在这个图中，一个集合代表运动员，另一个集合代表比赛项目，边代表特定运动员参加特定项目的表现评分。算法需要找到一种边的配对方式，使得各边权重的总和尽可能大，同时每个运动员只能分配到一个项目，每个项目也只能分配一个运动员。通常可以用回溯法、分支限界法或其他优化算法来求解。

【问题描述】

羽毛球运动员男女各 n 人，给定两个 $n×n$ 矩阵 **P**、**Q**，P$[i][j]$是男 i 和女 j 组成的男运动员优势，Q$[i][j]$是女 i 和男 j 组成的女运动员优势，P$[i][j]$不一定等于 Q$[j][i]$，男 i 和女 j 组成的混合双打优势为 P$[i][j]$*Q$[j][i]$，设计算法计算男女运动员最佳搭配法，使各组男女双方竞赛优势总和达到最大。如表 5-2 和表 5-3 中分别给出了男女运动员各 3 人的男运动优势表和女运动员优势表。男运动员 1 号和女运动员 2 号组成的混合双打优势为 P$[1][2]$×Q$[2][1]$=2×3=6。

表 5-2 男运动员优势表

男＼女	女运动员 1	女运动员 2	女运动员 3
男运动员 1	10	2	3
男运动员 2	2	3	4
男运动员 3	3	4	5

表 5-3 女运动员优势表

女＼男	男运动员 1	男运动员 2	男运动员 3
女运动员 1	2	2	2
女运动员 2	3	5	3
女运动员 3	4	5	1

【问题分析】

该问题输出为男女运动员的搭配问题，由于运动员不能重复选择，即假设选定男运动员 1 号和女运动员 2 号进行搭配，那么女运动员 2 号也只有和男运动员 1 号搭配，其优势为 6，且男运动员 1 号和女运动员 2 号不能再和其他运动员搭配。因此假定用 X[] 数组来表示问题的解，其中 X[i]=j，表示男运动员 i 号和女运动员 j 号搭配，可以看出 X[i] 的取值为 1～n，且 $i \neq j$ 时，X[i]$\neq j$，此问题为一个排列树问题。

【算法设计】

排列树问题可以采用上述章节中介绍的排列树模板来求解。从问题的目标可知，该问题为求解最优问题，与 TSP 问题类似，需要从所有可行解中求得最优值。

【算法实现】

首先给出该问题的相关数据结构。

用数组 P[n+1][n+1]、Q[n+1][n+1] 存放男女运动员优势。

用数组 X[n+1] 记录已经找到的最优搭配，C 为其相应的优势值，C 初值为 0。

用数组 N[n+1] 记录正在寻找的最优搭配，NC 为其相应的优势值。

如果节点 next 不是 N 中已有的节点，且 NC+P[i][N[i]]*Q[N[i]][i] 大于 C，则节点 next 是可接受的。

如果 NC+C[N[n]][1] 大于 C，则当前匹配 N 更佳，于是 P[] = N[]，C = NC+C[N[n]][1]。

算法 5-13　运动员最优匹配递归回溯

```
1.Try(s){                              //为第 s 个男运动员搭配
2.    for (i = 1; i <= n; i++){        //每个女运动员均可和该男运动员搭配
         //第 i 个女运动员为被匹配且 NC+P[s][N[s]]*Q[N[s]][s]大于 C
3.        if (T[i]){                   //T[i]表示女运动员 i 是否被搭配
4.            Record(s, i);
5.            if (s = = n&&NC> C )      //搜索到叶子节点且当前搭配更优
6.                TakeNewMatch( );      //更新最优搭配
7.            else backtrack(s+1);      //访问到下一个城市
8.            Move-off(s, i); }}        //删除相关记录
9.return;}
```

算法 5-13 中，Record(s, i) 和 Move-off(s, i) 子程序的功能同 TSP 问题，TakeNewMatch( ) 实现用新的搭配来替换，子程序伪代码如下：

```
Record(s, i);
    {NC = NC+P[s][i]*Q[i][s]; T[i] = 0; N[s] = i; }
Move-off(s, i);
    {NC = NC–P[s][i]*Q[i][s]; T[i] = 1; N[s] = 0;}
TakeNewMatch( )
    { for (i=1; i<=n; i++)    X[i] = N[i];
      C = NC ;}
```

下面给出表 5-2 和表 5-3 中给出的 3 个男运动员和 3 个女运动员的搜索空间树，如图 5-10 所示。

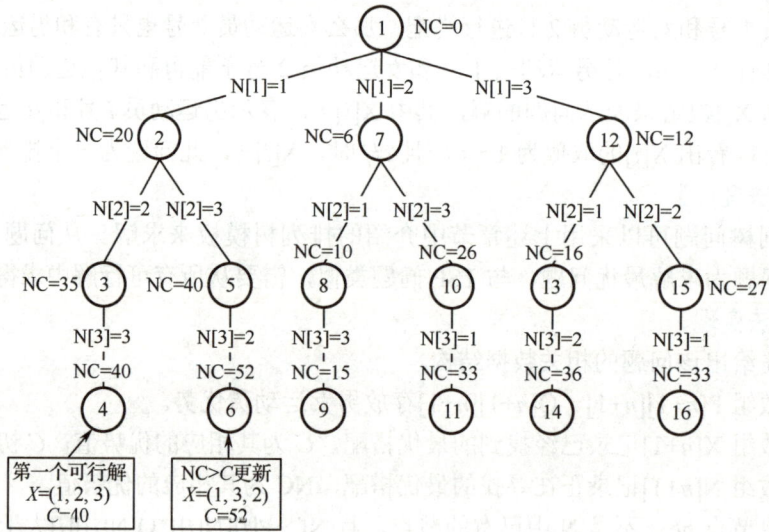

图 5-10　运动员匹配问题搜索空间树

从图 5-10 可以看出，搜索到第一个可行解时，将更新 X[] 数组和优势值 C。在后续每次搜索的叶子节点时，用 NC 和 C 做对比，如果 NC 更大，则继续更新 X[] 数组和优势值 C。此外，我们可以看到，该问题没有任何约束函数和限界函数，因此其搜索空间树为整个解空间树。当运动员数量较多时，由于其复杂度过高，将导致无法求出解，此时可用遗传算法或其他优化算法来求解。

本章小结

回溯法是一种系统地搜索问题解的算法策略，常用于解决组合优化、约束满足等问题。它通过递归方式或迭代方式尝试所有可能的选择，并在发现当前路径无法达到目标时"回溯"到上一步，尝试其他分支。本章介绍了回溯法的基本思想、求解步骤及其在多个经典问题中的应用。其中，0-1 背包问题、装载问题、子集和数问题属于子集树问题；N 皇后问题、旅行商售货员问题和运动员最佳匹配问题属于排列树问题。

0-1 背包问题：通过深度优先的方式枚举物品选与不选的两种情况，在状态空间树中寻找最大价值解。本章给出了 0-1 背包问题的递归求解算法和迭代求解算法。

装载问题：本章的装载问题为将多个集装箱装入具有不同载重的两艘轮船。通过分析该问题为选择合适的集装箱尽可能将第一艘轮船装满，为一个特殊的 0-1 背包问题。本章给出装载问题不带限界条件和带限界条件的求解算法。通过限界函数可进行剪枝，提升搜索效率。

子集和数问题：通过逐步累加元素并判断是否满足条件，需要搜索整个解空间以获得所有可行解，适用于小规模数据。

N 皇后问题：N 皇后问题是经典的排列类问题。采用回溯法逐行放置皇后，并检查每一步是否满足列与对角线无冲突的条件，直到完成所有皇后放置或回溯重试。本章给出了 N 皇后问题的递归求解算法和迭代求解算法。

旅行商售货员问题：使用回溯法生成所有可能的旅行路径，计算最短回路。虽然时间复杂度高，但能保证找到精确解。

运动员最佳匹配问题：通过回溯法尝试所有一对一配对方式，计算总竞赛优势值，找到最优配对方案。

习题

1. 用回溯法解决图的 m 着色问题，并分析它的算法的时间复杂度。（图的 m 着色问题是指：给定连通图 G，问是否存在只需要 m 种不同的颜色给每个顶点着色，使得任意相邻的两个顶点所着的颜色不同）。

2. 在一个 6×6 的棋盘上，共放置 12 颗棋子，每个格子最多只能放一个棋子，要求每一行、每一列及两条主对角线上恰好都是两颗棋子。请用回溯法输出所有可能的布局。在不考虑对称的情况下，共有多少种布局？

3. 老鼠走迷宫也是一个经典的问题，用一个二维数组 A[m][n] 表示迷宫，数组元素为 0 表示通路，为 1 表示墙壁。老鼠在除边角外的任意位置都可以试探 8 个方向。请用回溯法求出从入口 A[0][0] 到出口 A[m-1][n-1] 的通路。

4. 任意给定 4 张牌面值从 1~13 的扑克，只能用＋、—、×、÷及括号进行运算，每张扑克用且只能用一次，要求得到的结果为 24。请用回溯法解决此问题。

5. 有一集合 A，它有 n 个元素，请用回溯法输出它所有的子集，并分析算法的时间复杂度。

6. 请用回溯法解决骑士巡游问题（骑士巡游是指：在 8×8 的国际象棋棋盘上，一匹马从任意位置出发，按照象棋的规则走，要求踏遍整个棋盘，并且每个格子只能经过一次）。

7. 任给 4 张扑克牌，每张的大小在 1 至 13 内，任选加、减、乘、除对其进行计算，要求每张扑克恰好用一次，得到 24。试用回溯法解决。

8. 流水线作业调度问题。有 n 个作业（编号为 1～n）要在由两台机器 M1 和 M2 组成的流水线上完成加工。每个作业加工的顺序都是先在 M1 上加工，然后在 M2 上加工。M1 和 M2 加工作业 i 所需的时间分别为 a_i 和 b_i（$1 \leqslant i \leqslant n$）。请用回溯法求解这 n 个作业的最优加工顺序，使得从第一个作业在机器 M1 上开始加工，到最后一个作业在机器 M2 上加工完成所需的时间最少。

9. 请用回溯法求解两个字符串的最长公共子序列。

10. 幸运袋子问题。一个袋子中有 n 个球，每一个球都有一个号码（允许不同球有相同号码）。现需要从该袋子中挑选出一些球以形成幸运袋子（幸运袋需要满足两个条件：平均值大于等于所有球的平均值；所选中球的平均值是一个整数）。请用回溯法求解满足上述条件的袋子个数。

11. 哈密尔顿回路是指在一个图中，恰好经过每个顶点一次且回到原点的路径。请用回溯法求解无向图中的所有哈密顿回路。

12. 给定 n 个不同的正整数和定值 K，请在 n 个正整数中选出和等于 K 且元素最少的组合。

第6章

分支限界法

分支限界法（Branch and Bound）又称为剪枝限界法或分支定界法，是一种广度优先的选优搜索算法。与回溯法类似，分支限界法也是一种在问题的解空间树 T 上搜索问题解的算法。通过对解空间树系统地搜索和智能地剪枝，分支限界法通常可以在可行的时间内找到问题的最优解或近似最优解，尤其适合于求解那些搜索空间非常大，不可能穷举所有可能解的问题。分支限界法在解决如旅行售货员问题（TSP）、0-1 背包问题等决策问题中表现出较高的效率，本章将详细介绍其中的一部分典型例子。

剪枝+概述

6.1　分支限界法的基本思想

分支限界法常以广度优先或以最小耗费（最大效益）优先的方式搜索问题的解空间树。在搜索问题的解空间树时，分支限界法与回溯法对当前扩展节点所使用的扩展方式不同。在分支限界法中，每一个活节点只有一次机会成为扩展节点。活节点一旦成为扩展节点，就一次性产生其所有儿子节点。在这些儿子节点中，那些导致不可行解或导致非最优解的儿子节点则被舍弃，其余儿子节点被加入活节点表中。此后，从活节点表中取下一节点成为当前扩展节点，并重复上述节点扩展过程一直持续到找到所求的解或活节点表为空时为止。

根据从活节点表选择扩展节点的方式，分支限界法可以分成以下两类。

- 队列式（FIFO）分支限界法：队列式分支限界法将活节点表组织成一个队列，并按队列的先进先出原则选取下一个节点为当前扩展节点。
- 优先队列式分支限界法：优先队列式分支限界法将活节点表组织成一个优先队列，并按优先队列中规定的节点优先级选取优先级最高的下一个节点成为当前扩展节点。

6.1.1　分支限界法的解题步骤

分支限界法也是在解空间树中进行搜索的一种算法，因此，其解题步骤跟回溯法一样，包括定义解空间、组织解空间和搜索解空间。定义解空间和组织解空间跟回溯法类似，在此不再赘述。

对于搜索解空间，分支限界法以广度优先或以最小耗费优先的方式搜索解空间树。分支限界法的搜索策略是：在扩展节点处，先生成其所有的儿子节点（分支）并存入活节点表中，然后再从当前的活节点表中选择下一个扩展节点。为了有效地选择下一扩展节点来加速搜索的进程，在每一活节点处，需要计算一个函数值（限界），并根据这些已计算出的函数值，从当前活节点表中选择一个最有利的节点作为扩展节点，使搜索朝着解空间树上有最优解的分支推进，以便尽快地找出一个最优解。

当采用分支限界法求解问题时，首先需要确定搜索策略，如最广优先搜索（BFS，即队列式分支限界法）、最小消耗（Least-Cost）搜索或最佳优先（Best-First）搜索（即优先队列分式支限界法），然后根据搜索策略从队列中挑选扩展节点进行扩展。搜索解空间的主要步骤如下：

（1）初始化。创建一个空的优先队列。将问题的初始状态作为第一个活节点（节点在优先队列中）。

（2）分支。从队列中（优先队列）取出一个节点，并为该节点生成所有可能的后续状态，这些状态对应于决策树中的子节点。

（3）计算界限。对每个子节点，基于问题的性质计算一个成本或价值的上界或下界，并确定该节点是否可能导致可行解。

（4）剪枝。如果某一子节点的界限比已知的可行解还要差（对于最小化问题，这是一个更大的成本；对于最大化问题，这是一个更小的收益），就不再考虑该节点。

（5）更新最优解。如果在搜索过程中找到了一个更好的解，就更新记录的最优解。

（6）队列更新。如果是队列式分支限界法，则将新扩展的有效子节点（未被剪枝的节点）按照扩展顺序插入队列；如果是优先队列式分支限界法，则将子节点按照优先级插入队列。

（7）判断队列状态。如果优先队列为空，则算法结束；如果优先队列不为空，则继续按照规则从队列中取出相应节点，转到步骤（3）。

（8）重复（2～7）步骤。直到找到最优解或达到某种特定条件（例如，搜索次数、时间限制等）。

分支限界法在搜索解空间树时，对节点的处理是跳跃式的，其回溯也不是单纯地沿着父节点一层一层地向上回溯的，因此如何在搜索到叶子节点时获得相应的解向量是需要考虑的问题。通常采用两种方法：

（1）对每个扩展节点保存从根节点到该节点的路径。每个节点带有一个可能的解向量。这种做法比较浪费空间，但实现起来简单。

（2）在搜索过程中构建搜索经过的树结构：每个节点带有一个双亲节点指针，当找到最优解时，通过双亲指针找到对应的最优解向量。这种做法需保存搜索经过的树结构，每个节点增加一个指向双亲节点的指针。

总结上述步骤，归纳优先队列式分支限界法的一般形式如算法 6-1 所示。

算法 6-1 优先队列式分支限界法的一般形式

```
1.Void BranchAndBound( ){
2.      初始化最优解记录 opt_solution 为无穷大（对于最小化问题）；
3.      创建一个优先队列 Q;
4.      将问题的初始状态节点 root 加入 Q;
5.      while (Q ≠Φ){
6.          从 Q 中取出最优先（成本最低/最有可能）的节点 Node
7.          if (Node 是一个可接受的解决方案){
8.              更新 opt_solution;
9.              if (Node 满足解决方案的全部要求)
10.                 结束搜索并返回 Node 作为最优解; }
11.         for (每一个 Node 的子节点 child){
12.             if (child 在界限范围内){
13.                 计算 child 的成本;
14.                 将 child 加入到优先队列 Q;}}
15.     return opt_solution; }
```

6.1.2 分支限界法的复杂度分析

一般情况下，在问题的解向量 $X=(x_1, x_2, \cdots, x_n)$ 中，分量 $x_i (1 \le i \le n)$ 的取值范围为某个有限集合 $S_i =(s_{i1}, s_{i2}, \cdots, s_{ir})$。问题的解空间由笛卡儿积 $S_1 \times S_2 \times \cdots \times S_n$ 构成。

第 1 层根节点有 $|S_1|$ 棵子树。

第 2 层有 $|S_1|$ 个节点，第 2 层的每个节点有 $|S_2|$ 棵子树，第 3 层有 $|S_1| \times |S_2|$ 个节点。

$\cdots$；

第 $n+1$ 层有 $|S_1| \times |S_2| \times \cdots \times |S_n|$ 个节点，它们都是叶子节点，代表问题的所有可能解。

因此，分支限界法的时间性能在最坏的情况下需要搜索整个解空间，其复杂度是指数型的。如上所述，对于每个活节点，它可能拥有多个孩子节点，而算法需要依次生成并评估这些孩子节点。如果问题的规模较大，则解空间树会迅速增长，导致搜索时间显著增加。

需要注意的是，分支限界法的时间性能不仅取决于问题本身的规模和解空间的大小，还与限界函数的设计、剪枝策略的选择以及算法的实现方式等因素有关。因此，在实际应用中，需要根据具体问题的特点和需求来选择合适的算法参数和策略，以达到最佳的求解效果。

6.1.3 分支限界法与回溯法的区别

分支限界法与回溯法主要有两点不同：①回溯法只通过约束条件剪去非可行解，而分支限界法不仅通过约束条件，而且通过目标函数的限界来减少无效搜索，也就是剪掉了某些不包含最优解的可行解。②在解空间树上的搜索方式也不相同。回溯法以深度优先的方式搜索解空间树，而分支限界法则以广度优先或以最小耗费优先的方式搜索解空间树。回溯法与分支限界法的区别如表 6-1 所示。

表 6-1 回溯法与分支限界法的区别

方法	解空间搜索方式	存储节点的数据结构	节点存储特性	常用应用
回溯法	深度优先	栈	活节点的所有可行子节点被遍历后才从栈中出栈	找出满足条件的所有解
分枝限界法	广度优先	队列，优先队列	每个节点只有一次成为活节点的机会	找出满足条件的一个解或者特定意义的最优解

6.2 0-1 背包问题

【问题描述】

0-1 背包问题的描述在 5.2 章节中详细介绍过，此处略过。

【问题分析】

在用回溯法求解 0-1 背包问题时，我们仅用约束函数来进行剪枝。而约束条件仅能对左子树进行剪枝，仅剪去了非可行解。在本节中，我们通过设计限界函数来剪枝无法获得最优解的子树，从而加快搜索的过程。仍以 5.2 节的 0-1 背包为例，物品数 $n=4$，背包容量 $C=7$，物品价值 $p=[9,10,7,4]$，物品重量 $W=[3,5,2,1]$，如表 6-2 所示（注：表 6-2 与表 5-1 相同这里为了让读者方便阅读）

表 6-2 0-1 背包问题

物品编号	1	2	3	4
物品价值	9	10	7	4
物品重量	3	5	2	1
单位价值	3	2	3.5	4

0-1 背包问题的目标是装入背包中的物品价值和最大，也就是说我们需要构建上限界函数 ub 来判断沿着该节点搜索能否找到最优解，只有当节点的 ub 函数值大于当前可行解时，以该节点为根的子树中才有可能包含最优解。因此，假设节点 n_i 是节点 n_j 的父节点，则有 $ub(n_i) \geqslant ub(n_j)$，也就是说父辈节点的上限界函数值不能小于儿孙辈的上限界函数值。此外，上限界函数应该随着搜索而动态变化，一个确定的上限界函数通常无法达到剪枝的目标。比如说将上限界函数值为所有物品的价值和，显然并不会减少搜索空间。

如何确定问题的上限界函数，需要根据具体问题具体分析。对于 0-1 背包问题，可以定义背包中物品价值的上界为背包容量乘以最高的单位价值，也就是上界为背包中装满单位价值最高的物品。对应于表 6-2 的示例，该问题的上界为 7×4=28。

上限界函数应当随着背包中装入的物品而变化，以便判断该路径上是否包含最优解或选择出最优的节点进行扩展。假设背包中已经装入了某些物品，这些物品的价值为 cv，背包的剩余容量为 $W - cw$，上限界函数可以定义为剩余的容量都用来装还未选择物品中单位价值最大者，用公式表示如下：

$$ub = cv + (W - cw) \times (v_{i+1}/w_{i+1}) \tag{6-1}$$

其中 cw 表示已经装入背包中的物品的重量，i 为已经选择过的物品的编号。由于已经根据物品的单位价值进行了排序，第 $i+1$ 号物品即为未选择过物品中单位价值最大的。

根据上面的描述，对于每个节点需要记录的值包括：背包中已装入物品的重量 cw、背包中已装入物品的价值 cv、节点的上限界函数计算值 ub。接下来构建表 6-2 中 0-1 背包问题的搜索空间树。在构建之前，首先根据单位价值进行排序，方便起见将物品按单位价值进行编号，如表 6-3 所示。

表 6-3　0-1 背包问题按单位价值排序

物品编号	1	2	3	4
物品价值	4	7	9	10
物品重量	1	2	3	5
单位价值	4	3.5	3	2

【算法设计】

按照公式（6-1），根节点的 ub=28，cw=0，cv=0。根节点（节点 1）进入队列并成为扩展节点，一次性生成根节点的两个儿子，按惯例左儿子表示选择物品 1，右儿子表示不选择。对于左儿子，需要判断其是否满足约束条件，即判断 $cw \leqslant W$，满足约束则计算节点 2 的 ub=4+(7-1)×3.5=25、cw=1、cv=4，将节点 2 加入队列；对于右儿子显然是满足约束条件的，计算节点 3 的 ub=7×3.5=24.5、cw=0、dv=0，将节点 3 进入队列。节点 1 的儿子节点扩展后，节点 1 成为死节点，从队列中删除，此时队列 $Q=\{2,3\}$，仅包含节点 2 和 3，如图 6-1 所示。

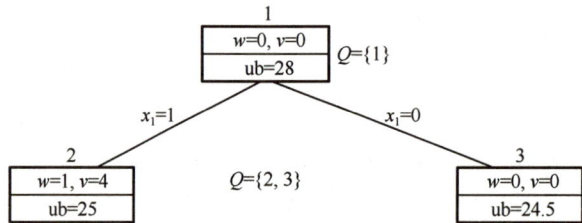

图 6-1　0-1 背包问题根节点扩展后状态

当前队列中节点 2 和节点 3 均为活节点。后续扩展节点的选择跟分支限界法的类型相关。如果是队列式分支限界法，则采用先进先出的规则；如果是优先队列式分支限界法，则需要根据节点的优先级来选择扩展节点。下面首先介绍队列式分支限界法。

1. 0-1 背包问题的队列式分支限界法

扩展节点 2，分别得到其左右儿子节点 4 和 5，节点 4 的上限界值为 ub=11+4×3=23、cw=3、cv=11，节点 5 的上限界值为 ub=4+6×3=22、cw=1、cv=4，将节点 4 和 5 加入队列，此时队列 $Q=\{3,4,5\}$；扩展节点 3，得到其左右儿子节点 6 和 7，并按照上述方法依次计算 ub、cw 和 cv，此时队列 $Q=\{4,5,6,7\}$。图 6-2 展示节点 2 和节点 3 扩展其儿子后的搜索树。

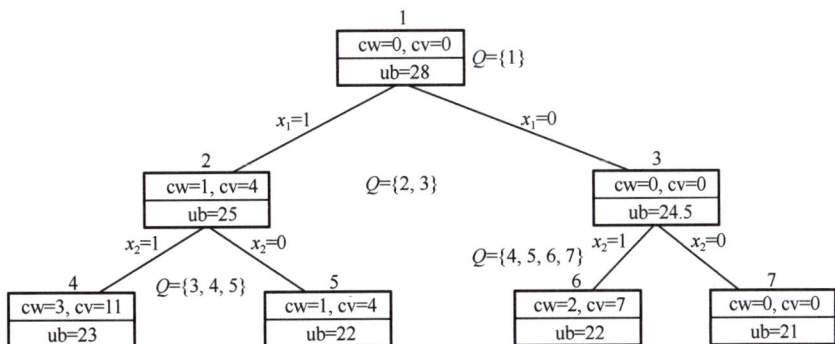

图 6-2   0-1 背包问题队列式节点 2 和 3 扩展后状态

继续根据先进先出的规则来选择扩展节点，得到表 6-2 中 0-1 背包问题的搜索空间树如图 6-3 所示。

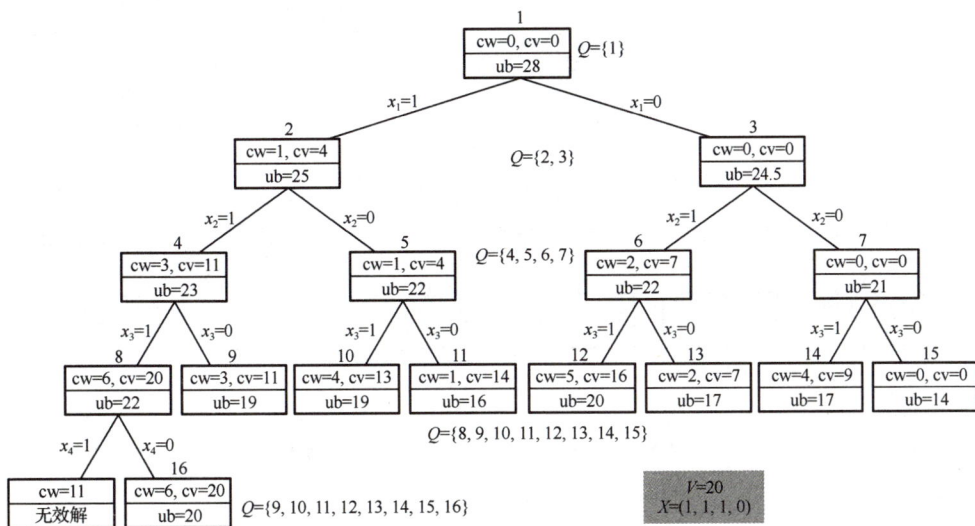

图 6-3   0-1 背包问题队列式分支限界法搜索空间树

图 6-3 给出了每一层节点扩展完后队列中包含的活节点，节点的编号为节点的构建顺序。当构建到 16 号节点时，它已经是叶子节点，得到第一个可行解，可行解的价值 $V=20$，解向量 $X=[1,1,1,0]$，此时可以发现活节点表中所有节点的上限界均不大于该可行解的价值，将这些节点从队列中删除，队列为空，当前可行解为最优解。图 6-3 中共计构建了 16 个节点，与用回溯法解决该问题的图 5-3 相比，少构建了 8 个节点。

2. 0-1 背包问题的优先队列式分支限界法

在 0-1 背包问题中，可以根据节点 ub 的值来确定优先级，ub 值大的节点优先进行扩展。根节点扩展两个儿子的节点跟队列式分支限界法一样，如图 6-1 所示。节点 2 的 ub 值大于节点 3 的 ub 值，先扩展节点 2，得到搜索空间树如图 6-4 所示。

继续根据 ub 的值来选择下一个扩展节点继续进行扩展，直至队列为空。图 6-5 给出了表 6-2 中 0-1 背包问题优先队列式分支限界法的搜索空间树。

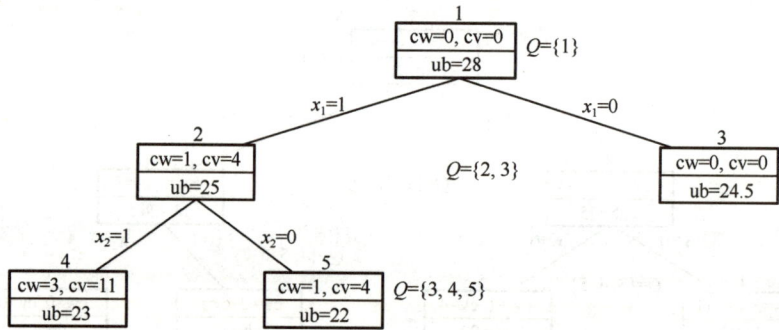

图 6-4   0-1 背包问题优先队列节点 2 扩展后状态

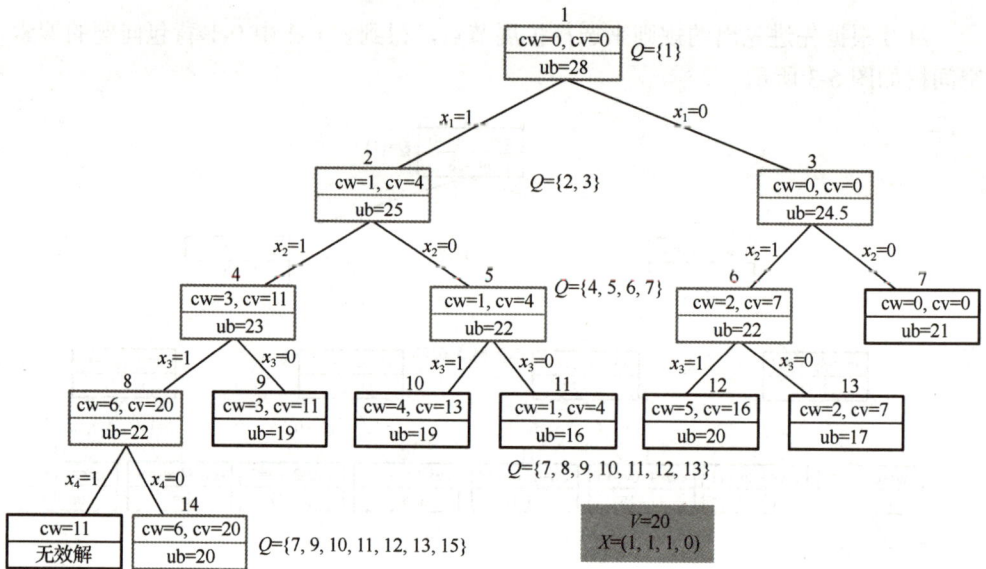

图 6-5   0-1 背包问题优先队列分支限界法的搜索空间树

与图 6-3 所示的队列式分支限界法相比，图 6-5 中少构建 2 个节点。这是因为，节点 8 的 ub 值大于节点 7，优先扩展节点 8。扩展节点 8 后，得到了第一个可行解，当前可行解的价值已经大于队列中节点的 ub 值，从而队列中的所有节点均被删除，队列为空，得到该背包问题的最优解 $V=20$，$X=(1,1,1,0)$。图 6-5 中用框高亮显示了在搜索过程中的扩展节点。从该搜索过程可知，0-1 背包问题的优先队列式分支限界法根据限界函数不断调整了搜索方向，选择最可能得到最优解的子树优先进行搜索，从而更快地找到问题的解。

【算法实现】

首先定义一个节点类 Node、类成员包括物品的所在层次（即第几号物品）、当前节点的重量、价值和上限界值。

```
class Node {
  public:
    int level;        //当前在决策树中的层次，即当前已处理到的物品索引
    int value;        //到当前节点的价值
    int weight;       //到当前节点的总重量
    int bound;        //当前节点的界限值
```

```
        int x[];              //到当前节点的解向量
};
```

算法 6-2　优先队列分支限界法求解 0-1 背包问题

```
void knapsack(int W, vector<int> wt, vector<int> val, int n) {
        priority_queue<Node> Q;                      //创建一个优先队列
        Node u, v1, v2;                              //定义 3 个节点
        u.level = 0;u.profit = u.weight = 0;         //初始化根节点
        for(j=1;j<=n;j++) u.x[j] = 0;
        Q.push(u);                                   //根节点入列
        int maxProfit = 0;
        while (!Q.empty()) {
              u = Q.top(); Q.pop();                  //取出队列中的一个元素
              if (u.weight+w[u.level+1]<=W) {        //剪枝：检查左孩子节点
                    v1.level = u.level + 1;          //探索子节点
                    v1.weight = u.weight + wt[v.level];   //左儿子，选择下一个物品
                    v1.x[] = u.[]; v1.x[level] =1;
                    v1.value = u.value + val[v.level];
                    v1.bound = bound(v, n, W, wt, val);   //获取下一个物品的界限值
                    Q.push(v1);
                    if (v.value > maxProfit)
                          maxProfit = v.value;}
              v2.weight = u.weight;                  //右儿子，不选择下一个物品
              v2.value = u.value;
              V2.x[] = u.[]; v2.x[level] =0;
              v2.bound = bound(v, n, W, wt, val);
              if (v.bound > maxProfit) Q.push(v);
        }}
```

算法 6-2 中的 bound 函数如下：

```
//求界限值的函数，以决定节点是否具有继续探索的价值
int bound(Node u, int n, int W, vector<int> wt, vector<int> val) {
        if (u.weight >= W) return 0;                 //如果超过重量，则返回 0 作为界限
        int profit_bound = u.value;
        int j = u.level + 1;                         //开始包含剩下的物品
        int totweight = u.weight;
        while ((j < n) && (totweight + wt[j] <= W)) { //检查索引有效且总重量不超过 W
              totweight += wt[j];
              profit_bound += val[j];
              j++;}
        //为不完全填满的背包添加下一个物品的一部分
        if (j < n)   profit_bound += (W - totweight) * val[j]/wt[j];
return profit_bound;}
```

上述算法实际上仍然是在整个解空间树中进行搜索的，只不过在一般情形下，搜索的空间比回溯法的空间要小得多。但是在最坏情况下，算法的时间复杂度仍然和回溯法一样，也是 $O(2^n)$，而且有可能所有的节点都要保存在队列中，共有 2^n 个

节点。当然这种情况出现的可能性极小，所以通常分支限界法的效率要好于回溯法。

6.3　最小耗费搜索法

最小耗费搜索法（Least-Cost Search），是一种在分支限界法框架下寻求最优解的搜索策略，也被称作最低成本搜索或最小成本分支限界法。这种方法通常用于寻找最小成本路径或最优解决方案，特别是在决策树或状态空间树很大时。最小耗费搜索法的关键在于，选择下一个要扩展的节点是基于所有叶节点（候选解）中的最小成本估计的。

【问题描述】

设 X 是所有可行解集合 A 中的一个可行解，$D(x)$ 是找到 x 所需要的耗费（比如，当这个耗费与该解在 T 中的深度成正比时，可以定义 $D(x)$ 等于 x 的深度），要求找到一个可行解 x^*，使得 $D(x^*)=\min D(x)$（$x \in A$）。

我们要用一个称为最小耗费搜索的算法来求 x^*。为此要在解空间树上构造一个耗费函数 $C(x)$，即对解解空间树 T 上的任一状态节点 x，定义：

$$C(x)=\begin{cases}\min\limits_{y \in A \cap T_x} D(y) & \text{当} T_x \bigcap A \neq \phi \\ \infty & \text{当} T_x \bigcap A = \phi\end{cases} \quad (6\text{-}2)$$

其中 T_x 是以 x 为根的子树。

很明显，$C(x)$ 具有以下意义的单调性：当 y 是 x 的子孙时有 $C(x) \leqslant C(y)$。因此，在从树 T 的根到最小耗费解 x^* 的路径上的每一个状态节点 x 都有 $C(x)=D(x^*)=\min D(y)$。

【问题分析】

可以设想，只要在从根出发的搜索过程中，每搜索完一个扩展节点的所有子节点，都用该节点的耗费值作为优先级度量，将所有的活节点组织成一个优先队列，并令优先级别最高的节点作为下一个扩展节点继续同样的搜索，很快就可以找到 x^*。因为照这样搜索，所沿的正是从根到 x^* 的路径。

然而，这种设想实际上是行不通的。按照耗费函数 $C(x)$ 的定义，要计算当前扩展节点的耗费值，需要知道其子节点的耗费值，而子节点的耗费值又依赖其子节点。因此，除非该节点是可行解节点，否则 $C(x)$ 是无法即时计算的。

因此只能设计一个可以即时计算的估值函数 $C'(x)$ 来代替 $C(x)$，根据 $C'(x)$ 的值来选择下一个扩展节点，即按照上面设想的最小耗费搜索算法来求解，使求得的解 x'^* 是 x^* 的一个近似解，如果 $C'(x)$ 构造得好的话，则可以使得 $x'^*=x^*$。

下面以 15 谜为例，来说明如何构造一个 $C'(x)$ 求得关于 $C(x)$ 的最小耗费解。

【问题描述】

15 谜问题是在一个 4×4 的方格棋盘上，放着 15 个数字 1，2，…，15，每个数字占一格，空出一格，要求通过尽量少的次数移动格中的数字，将一个给定的初态布成目标状态。移动的规则是：每次只能在空格的上下左右 4 个位置任选一个移入空格。图 6-6（a）和（b）分别是给定的一个初始状态和目标状态。

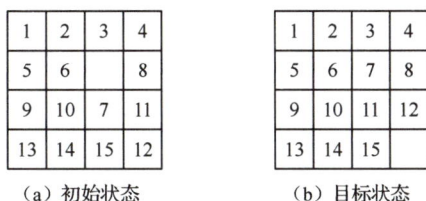

（a）初始状态 　　（b）目标状态

图 6-6　15 谜问题布局

【问题分析】

在 15 谜问题中，任意给定一个初始状态，状态不再现的各种可能的移动，将产生多达 16! 种不同的状态，而且其中只有一个状态是目标状态。

在该问题的解空间树中，每一个节点代表一种棋盘状态。节点 x 的一个儿子节点代表了从状态 x 经过一次合法的移动所到达的状态。为了叙述方便，在状态空间树中，用空格的移动来代表数字的相应的移动。例如，在图 6-6（a）中，数字 3、6、8、7 移入空格，可以分别表示空格向上、左、右、下移动。也就是说将图 6-6 中初始状态作为扩展节点，其子节点有 4 个，如图 6-7 所示。

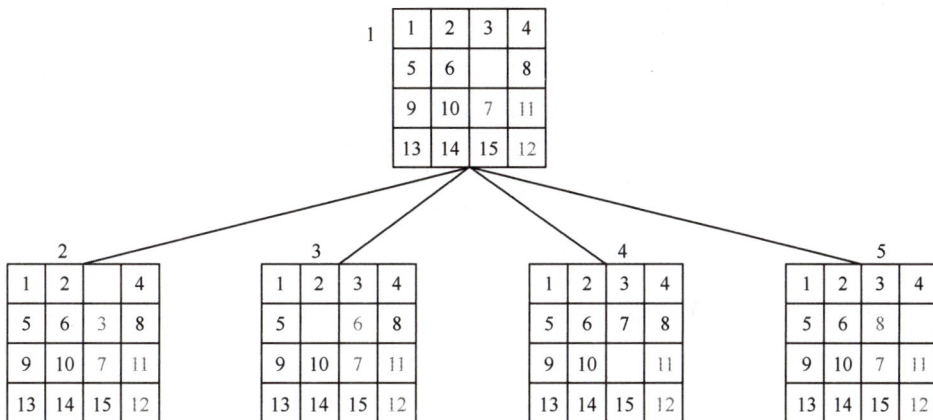

图 6-7　15 谜问题根节点扩展后状态

对于第二层节点，也就是 2、3、4、5 号节点，如果按照先进先出的方式进行扩展，2 号节点将有 2 个儿子节点，3 号节点将有 3 个儿子，4 号节点将有 2 个儿子，5 号儿子将有 3 个儿子，第三层将有 10 个节点，节点数将极速增长。

若用前面定义过的耗费函数 $C(x)$，并令其中从根节点到可行解节点所需的耗费为从根节点到该可行解节点的路径长，那么容易看到，$C(x)$ 具有单调性。但问题是，当我们还没有搜索到可行节点，对于任意节点 x，我们是无法计算它的实际耗费函数的。

【算法设计】

下面通过构造一个估值函数 $C'(x)$ 来求解 15 谜问题。取 $C'(x)=f(x)+g(x)$，其中 $f(x)$ 是从根到节点 x 的路径长，而 $g(x)$ 为 15 个数字中还没有到达相应目标位置的数字的个数。这样一来，当节点 x 加入活节点队列时，我们就能即时计算出 $f(x)$ 和 $g(x)$，从而计算出耗费函数 $C(x)$ 的估值 $C'(x)$。由 $g(x)$ 的定义可知，在节点 x 处，至少要做 $g(x)$ 次移动才能达到目标状态。由此可以看出 $C'(x)$ 是 $C(x)$ 的下界，而且当 x 达到目标状态时有 $C(x)=C'(x)$。

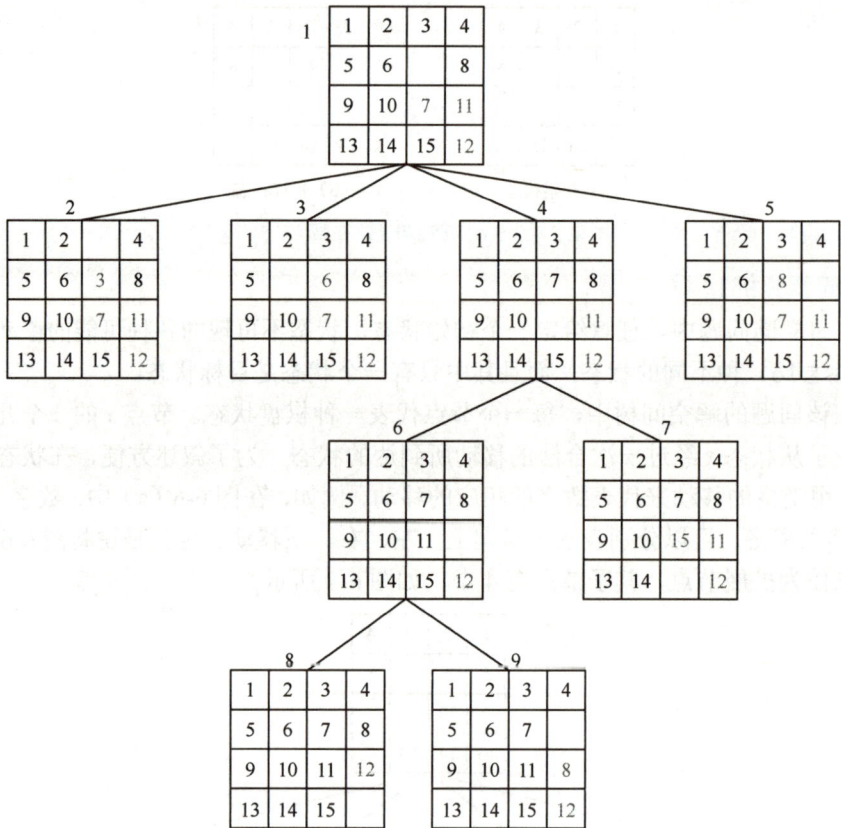

图 6-8　15 谜问题的 LC 搜索空间树

对于图 6-7，用上面构造的估值函数 $C'(x)$，其最小耗费搜索算法的计算过程如下。开始时以节点 1 为扩展节点，在搜索完它的所有儿子节点 2、3、4、5 后，节点 1 成为死节点。下一个扩展节点应取具有最小 $C'(x)$ 值的活节点。在图 6-7 中，标记为浅灰色的是还没有到达相应目标位置的数字，有 $C'(2)=1+4$，$C'(3)=1+4$，$C'(4)=1+2$，$C'(5)=1+4$，所以下一个扩展节点应取节点 4。如图 6-8 所示，对 4 号节点扩展后，得到 6 号和 7 号节点，节点 4 成为死节点。计算 6 号和 7 号节点的估值函数有 $C'(6)=2+1$，$C'(7)=2+3$。现在活节点共有 2、3、5、6、7，其中 6 号节点的估值函数 $C'(x)$ 最小。选择 6 号节点作为扩展节点，得到 8 号和 9 号节点，节点 6 成为死节点。显然节点 8 已经是目标状态，其估值函数 $C'(8)=3$。再回过头来看看节点 8 的实际耗费函数，根据耗费函数的定义：从根节点到该可行解节点的路径长，可以知道节点 8 的耗费函数值 $C(8)=3$，也就是说验证了我们前面的说法，当节点 x 达到目标状态时有 $C(x)=C'(x)$。节点的扩展过程即 15 谜问题的 LC 搜索空间树如图 6-8 所示。

【算法实现】

关于 $C'(x)$ 的最小耗费搜索算法 LC 总是从当前活节点表中取出具有最小 $C'(x)$ 值的节点作为扩展节点。为此，我们将当前活节点表保存于一个优先队列 Q 中，该优先队列中元素 x 的优先级以相应的估值函数 $C'(x)$ 为度量，$C'(x)$ 越小则 x 的优先级就越高。该优先队列的操作 insert(x,Q) 将活节点 x 插入优先队列 Q 中。deletemin(Q) 返回优先队列中具有最小 $C'(x)$ 值的活节点，并将该活节点从 Q 中删去。empty(Q)

在 Q 为空时返回 1，否则返回 0。create(Q)创建优先队列 Q 并初始化。在算法中，x.parent 用于记录节点 x 的父节点，以便在达到一个最优解节点时，找出从根到该节点的逆路径。

算法 6-2　最小消耗搜索算法求解 15 谜问题

```
int LC(T, C')
{ create(Q);
  计算 C'(T);
  insert(T,Q);
  while(!empty(Q))
  { e=deletemin(Q);
    if(e 是可行解)
      { 输出从 T 到 e 的逆路径;
        return 1;
      }
    while(x=e 的下一个孩子节点≠NULL)
    if(x 满足约束条件)
    { 计算 C'(T);
      insert(T,Q);
      x.parent=e;
    }
  }
  return 0;   /*没有满足条件的解*/
}
```

在上面的算法中，只要找到一个可行解节点 e，就马上输出并返回了，那么，这个解到底是不是要求的最优解呢？下面我们来予以证明。按照算法，找到一个可行解节点 e 时，对于当时 Q 中任一活节点 x，有 $C'(e) \leqslant C'(x)$。由于 e 是一个可行解节点，因此按假设有 $C'(e)=C(e)$。另一方面，$C'(x)$ 是 $C(x)$ 的一个下界函数，故有 $C'(x) \leqslant C(x)$。因此 $C(e)=C'(e) \leqslant C'(x)=C(x)$。最后，利用 $C(x)$ 的单调性即知，e 是一个具有最小 $C(x)$ 的可行解。

以上证明了这样一个结论，用关于 $C'(x)$ 的最小耗费搜索能正确地找到关于 $C(x)$ 的最小耗费解的充分条件是：①$C(x)$ 具有单调性；②对于任意的节点 x，有 $C'(x) \leqslant C(x)$；③在可行解节点处有 $C'(x)=C(x)$。

而 15 谜问题用关于 $C'(x)$ 的最小耗费搜索能快捷地找到 $C(x)$ 的最小耗费解，原因就在于 $C(x)$ 和 $C'(x)$ 满足上述的充分条件。对于其他的一些求最优解的问题，如果不能用贪心算法、动态规划法或是分治法，而只能用回溯法来解决时，通常都具有比较高的时间复杂度，在这种情况下，就可以考虑用最小耗费搜索来解决。当然，要构造一个同时满足上述三个条件的 $C'(x)$ 往往需要对问题进行仔细分析，这是一项相当有难度的工作。更为困难的是，由于条件③过于苛刻，对于有些问题，可能根本就找不到同时满足三个条件的 $C'(x)$。

6.4　旅行商售货员问题

在回溯法的章节中已经介绍了旅行商售货员问题，并用回溯法求解了该问题。

剪枝-TSP1

剪枝-TSP2

在本章中，通过设计的估值函数来求解该问题。首先以具有几何性质的旅行商问题为例，来看看如何用分支限界法求出最短的巡回路径，表 6-4 是它的距离矩阵。

表 6-4　具有几何性质的 TSP 问题

	V_1	V_2	V_3	V_4	V_5
V_1	∞	14	1	16	2
V_2		∞	25	2	3
V_3			∞	9	9
V_4				∞	6
V_5					∞

【问题描述】略。

【问题分析】

为了构造此问题的估值函数 $C'(x)$，我们首先将距离按升序排列：

d13　d24　d15　d25　d45　d35　d34　d12　d14　d23。

取前面最小的 5 个并求和，得：

$$d13 + d24 + d15 + d25 + d45 = 1+2+2+3+6=14$$

用①(13　24　15　25　45)(14)来表示。其中①表示该节点的序号；(14)表示该路径的长度；(13　24　15　25　45)统计该路径中每个城市编号出现的次数，可以发现 1 号出现了 2 次，2 号出现了 2 次，3 号出现了 1 次，4 号出现了 2 次，5 号出现了 3 次。而在旅行商问题的解中，任意一个城市都只会恰好出现 2 次，所以这不是一个可行解。下面我们依次用 d45 后面的元素来取代前面出现次数过多元素，逐步构建起可行解。

例如，可以用 d35 来取代 d15 或 d25 或 d45。若用 d35 来代替 d15，则有：

$$d13+d24+d35+d25+d45=1+2+9+3+6=21$$

可以用 ②(13　24　25　45　35)(21)来表示，但 5 号仍有 3 次，需进一步替换。当然也可以用 d35 来代替 d25 或 d45，如图 6-9 所示。

图 6-9 中，~~15~~ 表示要去掉 V_1V_5 这条路径，用后面还没有选择的第一条的路径(这里是 d35)来代替；15 则表示走此路径。其余数字的含义均相同。

【算法设计】

在图 6-9 所表示的搜索过程中，优先队列 Q 中节点的 $C'(x)=$该节点已经选择的路径之和，由于我们已经将距离按照升序排列，所以 $C'(x)$ 显然是单调递增的。限界函数 $u(x)$ 也很简单，令 $u(x)=$当前最好的可行解的路径长度，它的初始值可以为机器无穷大，也可以通过其他方法（如贪心算法）获得一个初始的可行解作为初始值。每个节点在扩展前，先要 $u(x)$ 比较，只有小于 $u(x)$ 才需要扩展。而对于本例，它的搜索过程是：

（1）将初始节点①放入队列。

（2）取出节点①，它是可以扩展的节点。扩展得到它的所有孩子节点②③④，均放入队列中，并按 $C'(x)$ 从小到大排列。

（3）取出耗费最小的节点④，扩展得到节点⑤。它是可行解，且先前没有可行解，故记录下来，并令 $u(x)$=它的长度。

（4）取出节点③，它的长度大于 $u(x)$，抛弃。

（5）取出节点②，它的长度大于 $u(x)$，抛弃。

（6）现在队列已空，记录的可行解⑤就是最优解。

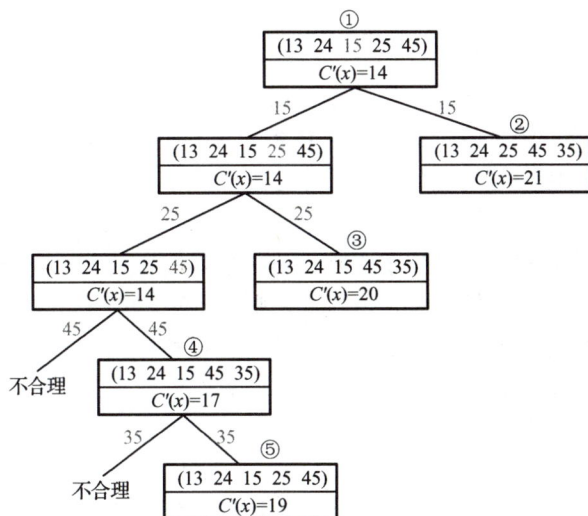

图 6-9　TSP 的分支限界法的搜索过程

【算法实现】

下面算法中用到的函数的作用与算法 6-2 中的一样，具体的节点的数据结构留给读者自行设计解决。

算法 6-5　分支限界法求解 TSP 问题

```
NODE *TSP(T, C')
{将距离矩阵的上三角元素按升序排列，存入一维数组 dist[]中；
 创建一个记录节点 curbest，并初始化，令 u(curbest)=MAX;
 create(Q);
 取 dist 的前 n 个元素，创建一个初始节点 T;
 insert(T,Q);
 while(!empty(Q))
 { e=deletemin(Q);
   if (e 的路径长度<u(curbest) )
     while ((d=e 的下一个孩子节点)≠NULL)
     if (d 是可行解)
       { if (d 的路径长度<curbest 所记录的长度)
           curbest=d; }
       else
       { 计算 C'(d);
         insert(d,Q); }
   }
 return curbest;   /*返回最优解*/
}
```

该算法在最坏情形下的时间复杂度与回溯法相同，也是 $O(n!)$，同时有可能所

有的 $n!$ 个节点都需要保留在队列中。当然，在一般情况下，它的时间效率还是要大大高于回溯法的。

6.5 任务分配问题

任务分配问题，也称作业分配问题（Assignment Problem），其目标是将一系列任务有效地分配给一组代理（如工人、机器等），使得完成这些任务的总成本最小化或者总效益最大化，同时每个任务只能分配给一个代理，每个代理也只能获得一个任务。

问题表述形式通常是一个成本矩阵，其中矩阵的元素表示完成任务的成本或者获得的效益。如果有 n 个任务和 n 个代理，则成本矩阵是 $n×n$ 大小的。分配问题的目标是找到成本矩阵中的一个元素组合，使得每行和每列只选择一个元素，且这些元素值的总和是最小的或最大的。任务分配问题广泛应用于工程、经济、管理等领域，用于提升资源配置的效率和效益。

【问题描述】

有 n（$n≥1$）个任务需要分配给 n 个人执行，每个任务只能分配给一个人，每个人只能执行一个任务。第 i 个人执行第 j 个任务的成本是 $c[i][j]$（$1≤i$, $j≤n$）。求出总成本最小的分配方案。表 6-4 给出了 4 个人执行 4 个任务所需的成本。

表 6-4 任务分配问题示例（4 个人执行 4 个任务所需的成本）

人员	任务 1	任务 2	任务 3	任务 4
1	5	12	6	7
2	9	4	6	8
3	6	10	7	8
4	7	6	9	4

【问题分析】

我们通过设计限界函数进行剪枝，来减少不必要的搜索。问题的目标是求出总成本最小，因此需要设计下限界函数，该下限界函数要随着搜索节点的增加动态变化，朝着最优解的方向进行搜索。

要确保每个人分配一个任务，每个任务仅分配一个人，可以用数组 x[] 来表示问题的解，其中 x[i]=j，表示第 j 个任务分配给第 i 人，即 x[]=[3,4,1,2]时，任务 3 分配给第 1 人，任务 4 分配给第 2 人，任务 1 分配给第 3 人，任务 2 分配给第 4 人，即求解一个排列 x[]使得 $\sum C[i][x[i]]$ 最小。我们可以设置下界为每一行中的最小值的和，也就是 $\sum_{1≤i≤n}\min x[i]$，对应到表 6-4，则有 x[]=[1,2,1,4]，下界为 5+4+6+4=19，显然有一个任务分配给了多个人，需要进行进一步调整，但这得到了问题的一个下界，也就是说不会有比 19 更小的成本。设剩余未分配任务的最小成本为未分配任务的人员中未分配任务的最小值，则构造下限界函数=已分配任务的成本+剩余未分配任务的最小成本。举例来说，假设任务 1 已经被分配给人员 1，则 lb_1=5+(4+7+4)=20。

根据下限界函数来选择扩展节点，表6-4的搜索空间树如图6-10所示。

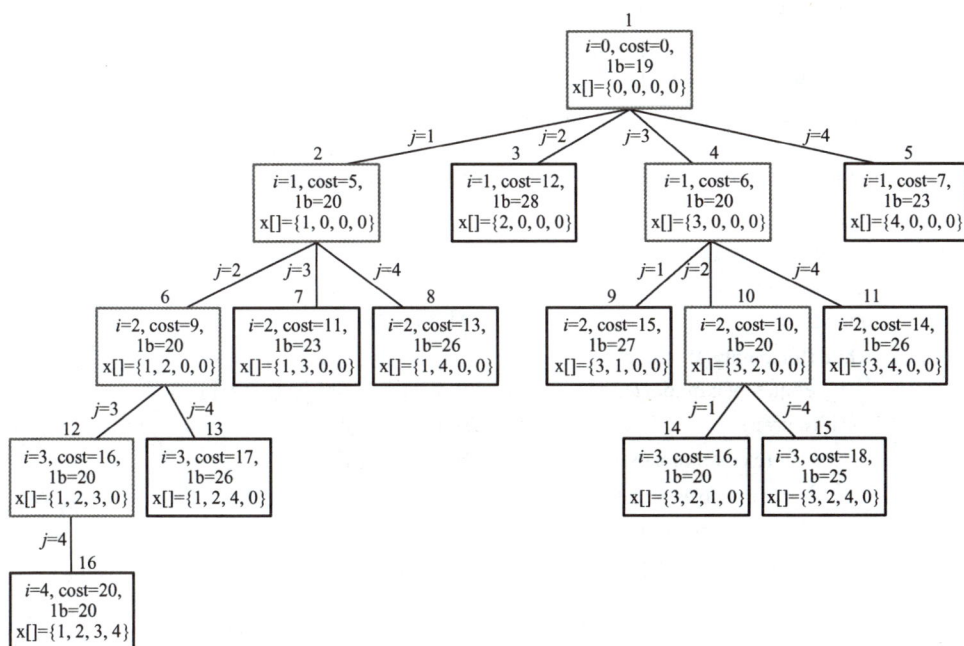

图 6-10 任务分配问题的搜索空间树

【算法设计】

在图 6-10 中，i 表示人员编号，j 表示任务编号，**红色高亮**的节点是根据下限界函数 lb 选择出来的扩展节点。从图中可以看出，在第二层时得到节点 2 和节点 4，其下限界函数是相同的，此时可以根据先进先出的规则，先扩展节点 2，得到节点 6、7、8，再扩展节点 4。当我们搜索到叶子节点，得到第一个可行解时，可以将 lb 值大于可行解成本值的节点从队列中删除。对应到图 6-10 中，将 lb 值大于等于 20 的节点从队列中删除，从而队列为空，得到的可行解是最优解。

【算法实现】

算法节点的数据结构如下

```
struct NodeType                          //队列节点类型
{   int no;                              //节点编号
    int i;                               //人员编号
    int x[MAXN];                         //x[i]为人员 i 分配的任务编号
    bool worker[MAXN];                   //worker[i]=true 表示任务 i 已经分配
    int cost;                            //已经分配任务所需要的成本
    int lb;                              //下界
    bool operator<(const NodeType &s) const   //重载<关系函数
    {
        return lb>s.lb;
    }
};
```

算法 6-4 分支限界法求解任务分配问题

```
void bfs()                    //求解任务分配
```

```
{    int j;
     NodeType e,e1;                        //求解任务分配
     priority_queue<NodeType> qu;          //
     memset(e.x,0,sizeof(e.x));            //初始化根节点的 x
     memset(e.worker,0,sizeof(e.worker));
                                           //初始化根节点的 worker
     e.i=0;                                //根节点，指定人员为 0
     e.cost=0;
     bound(e);                             //求根节点的 lb
     e.no=total++;
     qu.push(e);                           //根节点进队列
     while (!qu.empty())
       {  e=qu.top(); qu.pop();            //出队节点 e，当前考虑人员 e.i
        if (e.i==n)                        //达到叶子节点
          {    if (e.cost<mincost)         //比较求最优解
             {    mincost=e.cost;
              for (j=1;j<=n;j++)
                 bestx[j]=e.x[j];
             }
          }
       }
     while (!qu.empty())
     {  e=qu.top(); qu.pop();              //出队节点 e，当前考虑人员 e.i
        if (e.i==n)                        //达到叶子节点
          {    if (e.cost<mincost)         //比较求最优解
             {    mincost=e.cost;
              for (j=1;j<=n;j++)
                 bestx[j]=e.x[j];
             }
          }
     }
```

其中的 bound 函数用来求解节点的下限界值，代码如下：

```
void bound(NodeType &e)                    //求节点 e 的限界值
{    int minsum=0;
     for (int i1=e.i+1;i1<=n;i1++ )        //求 c[e.i+1...n]行中最小元素和
     {    int minc=INF;
        for (int j1=1;j1<=n;j1++)          //各列中仅仅考虑没有分配的任务
           if (e.worker[j1]==false &&    && c[i1][j1]<minc)
               minc=c[i1][j1];
           minsum+=minc;
     }
     e.lb=e.cost+minsum;
}
```

本章小结

分支限界法是一种高效的、求解组合优化问题的算法策略，常用于在解空间树

剪枝-总结

中寻找最优解。与回溯法通过递归或迭代尝试所有选择并"回溯"不同，分支限界法采用广度优先或最小耗费优先的方式搜索解空间树。本章详细阐述了分支限界法的基本思想，包括其"分支"与"限界"的核心操作：通过划分问题的子空间（分支），并利用限界条件动态评估解的优劣，提前终止无意义的搜索。在求解步骤上，该方法通常需构建解空间树、定义限界函数、维护活结点表（优先队列或队列），并按照特定策略扩展活节点，直至找到最优解或剪去所有无效分支。

在经典问题应用方面，分支限界法与回溯法在问题类型上存在相似性。例如，0-1 背包问题可基于分支限界法构建子集树模型，通过计算剩余物品的最大价值或重量限界，剪去不可能产生最优解的子集分支；任务分配问题则可通过排列树结构求解，利用路径代价或匹配代价的下界判断是否继续搜索。本章还给出了最小耗费搜索法中耗费函数的定义，以及在具体的实例当中如何构建估值函数，使其能够渐近耗费函数。

习题

1. 试分析分支限界法和回溯法的异同，二者各有何优、缺点？
2. 在分支限界法中，"分支"和"限界"的含义分别是什么？
3. 设计一个分支限界法来求老鼠走迷宫的问题（参见第 5 章的习题）。
4. 设计一个分支限界法来解决骑士巡游问题（参见第 5 章的习题）。
5. 设计一个优先队列式分支限界法来求解 5.3 节中的装载问题。
6. 无向图的最大割问题。给定一个无向图 $G=(V,E)$，设 $U \subseteq V$ 是 G 的顶点集。对任意 $(u,v) \in E$，若 $u \in U$，则 $v \in V-U$，则称 (u,v) 为顶点集 U 的一条割边。顶点集 U 的所有割边构成图 G 的一个割，其中边数最多的割称为最大割。试设计一个优先队列式分支限界法来计算无向图 G 的最大割。
7. 设计一个优先队列式分支限界法来求解 5.7 节中的运动员最佳匹配问题。
8. 试用回溯法求解 6.5 节中的任务分配问题，并分析 6.5 节中设计的剪枝函数能否用于该回溯中来减少不必要的搜索。
9. 最小重量机器设计问题。设某一机器有 n 个部件组成，每个部件都可以从 m 个不同的供应商处求购。设 w_{ij} 表示从供应商 j 处求购的部件 i 的重量，c_{ij} 为相应的价格。设计一个优先队列式分支限界法，求解总价格不超过 d 的最小重量机器。
10. 无优先级运算问题。给定 n 个整数和 4 种运算符+, −, *, /，按照从左到右的顺序进行无优先级运算，如 4+6/2=5。对于一个给定的整数 m，设计一个优先队列式分支限界法，用上述给定的 n 个整数和 4 种运算来产生 m。要求，运算次数最少，且 n 中的每个整数最多只能用一次，但运算符可以重复使用。

第 7 章

NP 完全问题

前面各章针对许多不同类型的问题，介绍了各种算法设计方法和许多具体算法，并对这些算法的时空复杂性进行了分析讨论。我们从中可以发现，有些问题人们已经找到多项式时间复杂性的算法，例如，分类（又称排序）问题，等等。但也有一些问题，人们已经设计出实现它的时间复杂性为指数阶的算法，并且已证明该问题不存在多项式时间复杂性的算法（例如 Hanoi 问题），等等。

不可能设计出多项式时间复杂性算法的一个更加简单的例子是，输出图 G 中代价不超过某个数 B 的所有周游路线。对于这个问题，我们显然可以找到一个实例，它有关于图的阶的指数多个长度不超过 B 的周游路线，而任何关于图的阶的多项式时间算法不可能将这些路线全部列举出来。

上面列出的问题虽然难解，但是它的难解性很容易判断，因为解的总长度不可能以问题规模的多项式函数为界。但是还有许多问题，问题及其解的表示都以问题规模的多项式函数为界，虽然人们通过多方面的努力与探讨，却至今尚未找到求解它们的多项式时间算法。例如，将前面在动态规划、贪心法、回溯法、分支限界法等章节中讨论过的那些困难问题改成只求一个解，或者是判定有没有解，得到的问题都属于这一类。正因为有大量的问题至今没有找到多项式时间算法，所以人们有理由怀疑，很可能不存在求解这些问题的多项式时间算法。这类问题被认为是难解的问题。然而，求解这些问题的难度有多大，哪些是真正难解的呢？本章就要初步探讨与回答这些提问。

7.1 确定型图灵机

认识图灵机

从 20 世纪 30 年代开始，就不断地有人设计各种计算模型，其中有代表性的模型约有 30 多种。图灵机（Turing Machine）是英国数理逻辑学家图灵（A. M. Turing）于 1936 年提出的一种计算模型。它具有结构简单和计算能力强等许多优点，在理论研究中占有重要地位。

一台 K 带图灵机是由一个有限状态控制器和 k 条带（$k \geqslant 1$）组成的。这些带的右端是无限的。每一条带都从左到右划分成方格（或称单元），每个方格都可以存放一个带符号。每条带都有一个与有限状态控制器相连的带头，它可以对这条带进行读写操作，既可以读出带头下当前扫描着的那个方格中的符号，也可以将某个带符号写入带头当前扫描着的方格中。图 7-1 为一台 K 带图灵机的示意图。

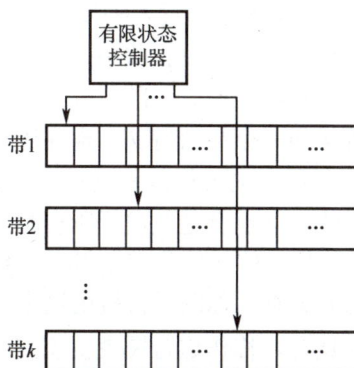

图 7-1　K 带图灵机

根据有限状态控制器的当前状态，以及各个带头扫描的当前符号，图灵机的一个计算步可以完成以下三个操作之一，或者全部。

- 转换状态：根据定义的映射关系，把当前状态改变为新的状态。
- 印刷符号：根据定义的映射关系，或者清除各带头下的当前方格中原有的带符号并写上新的带符号，或者保留原有的带符号。
- 移动带头：每一条带的带头，根据定义的映射关系，或者向左移动一格（L），或者向右移动一格（R），或者停在当前方格不动（S）。

可以形式地将一台 K 带图灵机描述为一个七元组：

$$TM=(Q, T, I, b, \delta, q_0, q_f)$$

其中，

Q 是一个有穷状态的集合。

$q_0 \in Q$ 称为初始状态。

$q_f \in Q$ 称为终止状态或接受状态。

T 是一个有穷符号集合。

I 是输入字符集，且 $I \subset T$。

b 是 T 中的唯一空符，有 $b \in T-I$。

δ 称作图灵机的**下移函数**或有限状态控制函数，是从 $Q \times T^k$ 的某一个子集到 $Q \times (T \times \{L, R, S\})^k$ 的映射函数。即对于由一个当前状态和 k 条带上扫描到的当前符号所构成的一个 $k+1$ 元组，它唯一地给出一个新的状态和 k 个序偶，而每一个序偶由一个新的带符号和带头移动方向组成。

假定某台图灵机的下移函数表中有一个定义式为

$\delta(q, a_1, a_2, ..., a_k) = (q', (a_1', d_1), (a_2', d_2), ..., (a_k', d_k))$，当图灵机处于状态 q 且对一切 $1 \le i \le k$，第 i 条带的带头扫描着的当前方格中的符号正好是 a_i 时，图灵机就按这个下移函数定义式所规定的内容进行如下工作：

- 把第 i 条带头下当前方格中的符号 a_i 清除并写上新的带符号 a_i'，$1 \le i \le k$。
- 按 d_i 指出的方向移动各带的带头。这里，d_i=L 表示带头往左移一格，d_i=R 表示带头往右移一格，d_i=S 表示带头不动。

● 将图灵机的当前状态 q 改为 q'。

这样，图灵机就完成了一步计算。一台图灵机的全部工作是从初始状态 q_0 开始，按下移函数一步一步进行计算的。如果通过若干步计算后，机器状态变成终止状态，图灵机就自动停止工作；如果没有出现终止状态，它就不会停机。

一台图灵机可以用来识别一种语言。这样一台图灵机的带符号集 T 应当包括这个语言的字母表中的全体符号和一个空白符 b，也许还有其他符号。开始，第一条带上放有一个输入符号串（从最左的方格起每格放一个输入字符），这条带的其余方格都是空白。其他各带上的方格也全是空白。所有的带头都处在各带左端的第一个方格上。当且仅当图灵机从指定的初始状态 q_0 出发，经过一系列计算步后，最终进入终止状态（或接受状态）q_f 时，称图灵机接受这个输入符号串。被这台图灵机所接受的所有输入符号串的集合，称作这台图灵机识别的一种语言。

例 7.1　图 7-2 是一台能识别字母表 $\Sigma=\{0, 1\}$ 上所有正反读相同的字的两带图灵机识别输入符号串 10101 的示意图。它的工作过程如下：

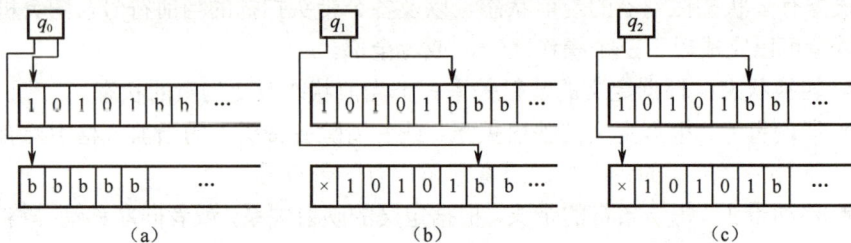

图 7-2　一台两带图灵机处理符号串 10101 的前几步

（1）当带 1 上有输入字符串 10101，带 2 上全是空白符，两个带头都扫描着各带左边的第一方格时，机器状态为初始状态 q_0（见图 7-2（a））。

（2）在带 2 的第一方格中写入特殊符号 ×，且把带 1 上的这个符号串写到带 2 上，控制状态改为 q_1（见图 7-2（b））。

（3）把带 2 的带头移到左边第一方格上，控制状态改为 q_2（见图 7-2（c））。

（4）当带头 2 扫描着的当前符号不是空白符 b 时，带头 2 向右移动一格，带头 1 向左移动一格，转入状态 q_3；否则，进入接收状态 q_5，停机。

（5）判断两个带头下扫描着的符号是否相同。如果相同，重复步骤（4）；否则，进入不接受状态且停机。

图灵机的第（4）步和第（5）步的工作过程，也就是控制状态 q_3 开始以后的转换过程没有画出来。但表 7-1 给出了这台图灵机的全部下移函数。从表 7-1 可以看出，这台图灵机对于字母表 $\{0, 1\}$ 上的任何长度的正反读相同的字符串，它都会进入接受状态 q_5，而对任何正反读不同的字符串，图灵机不可能进入接受状态，因而一概不接受。

用类似表 7-1 的形式给出图灵机的全部下移函数的好处是直观、清晰，但是当图灵机很复杂时，表格非常庞大。

表 7-1 识别字母表{0,1}上正反读相同的串的双带图灵机下移函数

当前状态	带头扫描着的符号		新的带符号和带头移动方向		新的状态	说　　明
	带 1	带 2	带 1	带 2		
q_0	0	b	0, S	×, R	q_1	若输入非空，则在带 2 上印×，带头 2 右移一格，进入状态 q_1；否则进入状态 q_5
	1	b	1, S	×, R	q_1	
	b	b	b, S	b, S	q_5	
q_1	0	b	0, R	0, R	q_1	将带 1 的符号依次往带 2 上抄写，状态 q_1 不变。直到带 1 遇到 b，才进入状态 q_2
	1	b	1, R	1, R	q_1	
	b	b	b, S	b, L	q_2	
q_2	b	0	b, S	0, L	q_2	带头 1 不动，将带头 2 逐次向左移动，直到遇到×才脱离状态 q_2，进入状态 q_3。
	b	1	b, S	1, L	q_2	
	b	×	b, L	×, R	q_3	
q_3	0	0	0, S	0, R	q_4	当两个带头下读到的符号相同时，带头 2 向右移一格，进入状态 q_4
	1	1	1, S	1, R	q_4	
q_4	0	0	0, L	0, S	q_3	如果带头 2 读到符号 b，则进入状态 q_5；否则，带头 1 左移一格，返回状态 q_3，继续往下比较。交替使用 q_3、q_4 是防止带头 1 从左端掉下
	0	1	0, L	1, S	q_3	
	1	0	1, L	0, S	q_3	
	1	1	1, L	1, S	q_3	
	0	b	0, S	b, S	q_5	
	1	b	1, S	b, S	q_5	
q_5						接受

就像写程序一样，我们也可以直接给出 δ 函数。δ 函数的任何部分集构成一段图灵机程序。为了描述的简单，我们甚至可以用自然语言给出一段图灵机程序要完成的事情。例如，后面 Cook 定理的证明就是这样的。写图灵机程序和写文章一样，需要考虑整体布局，需要段落清晰。结构程序设计的思想是值得借鉴的。

例如，对于表 7-1 定义的图灵机，我们给出 δ 函数如下。

若输入不为空，则在带 2 上印刷×，带头 2 右移一格，进入状态 q_1，否则，进入 q_5：

$$\delta(q_0, 0, b) = (q_1, (0, S), (×, R))$$
$$\delta(q_0, 1, b) = (q_1, (1, S), (×, R))$$
$$\delta(q_0, b, b) = (q_5, (b, S), (b, S))$$

将带 1 的符号依次往带 2 上复制，状态 q_1 不变。直到带 1 遇到 b，进入 q_2 状态：

$$\delta(q_1, 0, b) = (q_1, (0, R), (0, R))$$
$$\delta(q_1, 1, b) = (q_1, (1, R), (1, R))$$
$$\delta(q_1, b, b) = (q_2, (b, S), (b, L))$$

带头 1 不动，将带头 2 逐次向左移动，并保持状态不变。直到遇到 ×，进入状态 q_3：

$$\delta(q_2, b, 1) = (q_2, (b, S), (1, L))$$
$$\delta(q_2, b, 0) = (q_2, (b, S), (0, L))$$
$$\delta(q_2, b, ×) = (q_3, (b, L), (×, R))$$

当两个带头指示的符号相同，带头 2 右移一格，进入状态 q_4（注意，此时带头 1 不能贸然左移，因为带头可能已经达到边界，需要进一步判断带头 2 指示的符号，才能决定带头 1 的动作）：

$$\delta(q_3, 1, 1) = (q_4, (1, S), (1, R))$$
$$\delta(q_3, 0, 0) = (q_4, (0, S), (0, R))$$

如果按照带头 2 的指示，读到符号 b，就进入 q_5，否则，带头 1 左移一格，返回状态 q_3：

$$\delta(q_4, 1, 1) = (q_3, (1, L), (1, S))$$
$$\delta(q_4, 1, 0) = (q_3, (1, L), (0, S))$$
$$\delta(q_4, 0, 1) = (q_3, (0, L), (1, S))$$
$$\delta(q_4, 0, 0) = (q_3, (0, L), (0, S))$$
$$\delta(q_4, 0, b) = (q_5, (0, S), (b, S))$$
$$\delta(q_4, 1, b) = (q_5, (1, S), (b, S))$$

图灵机的工作过程可以用格局序列描述。一台图灵机 M 的某一格局是一个 k 元组 $(a_1, a_2, \cdots, a_k)$，其中 a_i 是一个形如 xqy 的字符串，这里 q 是 M 的当前状态，xy 是在当前状态 q 下第 i 条带上的符号串（不计右端空白符），第 i 个带头指向 y 的第一个符号，当 y 为空串时，第 i 个带头指向空白符。如果图灵机计算一步后，它的格局由 D_1 变成了 D_2，就记作 $D_1 |\dfrac{}{M} D_2$ "进入"），对于 $n \geq 2$，如果有

$$D_1 |\frac{}{M} D_2 |\frac{}{M} D_3 |\frac{}{M} \cdots |\frac{}{M} D_n$$

就记作

$$D_1 |\frac{+}{M} D_n$$

对 $D = D'$ 或 $D |\dfrac{+}{M} D'$ 可以记作 $D |\dfrac{*}{M} D'$。

如果对于某一 k 元组 $(a_1, a_2, \cdots, a_k)$ 和某一输入串 $c_1 c_2 \cdots c_n$，$c_i \in I$，$i = 1, 2, \cdots, k$，有

$$(q_0 c_1 c_2 \cdots c_n, \ q_0, \ \cdots, \ q_0 |\frac{*}{M})(, \ a_2, \ \cdots, \ a_k)$$

并且 q_f 在 $(a_1, a_2, \cdots, a_k)$ 中间，则称图灵机 M 接受输入串 $c_1 c_2 \cdots c_n$。

例 7.2　对于表 7-1 定义的图灵机，假定输入带 1 的符号串为 0110，图灵机初始状态为 q_0。它识别这个符号串的格局序列记录在图 7-3 中。因为 q_5 是接受状态，所以该图灵机接受符号串 0110。

与 RAM 模型一样，除了将图灵机理解为语言接受器之外，还可以将其理解为函数计算装置。一个函数 f 的多个自变量可以当作一个符号串 X 编码到一条输入带上，并用一特殊符号来隔开这些不同的自变量。如果一台图灵机在读入这个输入串并经过有限步计算后，在一条指定的带上输出一个整数 y 并停机，则可以说图灵机计算出了 $f(X) = y$。

$$(q_00110, \ q_0) \ |—(q_10110, \ \times q_1)$$
$$|—(0q_1110, \ \times 0q_1)$$
$$|—(01q_110, \ \times 01q_1)$$
$$|—(011q_10, \ \times 011q_1)$$
$$|—(0110q_1, \ \times 0110q_1)$$
$$|—(0110q_2, \ \times 011q_20)$$
$$|—(0110q_2, \ \times 01q_210)$$
$$|—(0110q_2, \ \times 0q_2110)$$
$$|—(0110q_2, \ \times q_20110)$$
$$|—(0110q_2, \ q_2\times 0110)$$
$$|—(011q_30, \ \times q_30110)$$
$$|—(011q_40, \ \times 0q_4110)$$
$$|—(01q_310, \ \times 0q_3110)$$
$$|—(01q_410, \ \times 01q_410)$$
$$|—(0q_3110, \ \times 01q_310)$$
$$|—(0q_4110, \ \times 011q_40)$$
$$|—(q_30110, \ \times 011q_30)$$
$$|—(q_40110, \ \times 0110q_4)$$
$$|—(q_50110, \ \times 0110q_5)$$

图 7-3　图灵机识别字符串 0110 的格局序列

例 7.3　表 7-2 给出了计算函数 $f(x)=3x+1$ 的一台图灵机的下移函数。不妨设所有的带上最左一格中有一个特殊符号×，防止带头从左端失落。如果某输入带上最左一格没有×，而且最左一格的符号为空白符，我们可以在该带上印刷×并让带头右移。如果某输入带上最左一格没有×，而且最左一格的符号不是空白符，则要在该带的左端印刷×并且不破坏带上的信息有些麻烦。一种方案是，设需要在左端印刷×的带为 A，另外找一根输入带 B，先将 B 的带头移动到右端空白符处并印刷×，然后将 A 的内容搬移到 B，这个搬移直到 A 带上读到右端空白符为止。A 到 B 的搬移完成以后，再将 B 的从×往右的内容搬移到 A，搬移的内容必须包括×。在搬移过程中，要清除 B 上新增加内容。这样一个过程完成以后，A 的左端就有了×。

表 7-2　计算函数 $f(x)=3x+1$ 的图灵机下移函数

当前 状态	带上符号		新符号与带头移动		新状态	说　　明
	带 1	带 2	带 1	带 2		
q_0	×	×	×, R	×, R	q_0	带 2 上先写一个 0，准备做进位用
	0	b	0, S	0, R	q_1	
	1	b	1, S	0, R	q_1	
q_1	0	b	0, R	0, R	q_1	把带 1 上的数复写到带 2 上，并在带 2 末位加一个 0，得 $2x$ 的值
	1	b	1, R	1, R	q_1	
	b	b	b, L	0, S	q_2	
q_2	0	0	0, L	1, L	q_3	带 1、带 2 的个位相加，再加 1，无进位时进入到状态 q_3，否则进入进入 q_4
	1	0	1, L	0, L	q_4	

当前状态	带上符号		新符号与带头移动		新状态	说　明
	带1	带2	带1	带2		
q_3	0	0	0, L	0, L	q_3	带1、带2的数字做前次进位为0的加法，进位为0则状态不变，进位为1则进入状态q_4
	0	1	0, L	1, L	q_3	
	1	0	1, L	0, L	q_3	
	1	1	1, L	0, L	q_4	
	×	0	×, S	0, L	q_3	
	×	1	×, S	1, L	q_3	
	×	×	×, S	×, S	q_5	
q_4	0	0	0, L	1, L	q_3	带1、带2的数字做前次进位为1的加法，本次进位为1时状态不变，本次进位为0时进入状态q_3
	0	1	0, L	0, L	q_3	
	1	0	1, L	0, L	q_3	
	1	1	1, L	1, L	q_4	
	×	0	×, S	1, L	q_3	
	×	1	×, S	0, L	q_4	
q_5						接受状态

图 7-4 给出了这台图灵机计算 $f(0)$、$f(2)$、$f(5)$时的各格局序列。自变量的初值在带 1 上输入，函数值产生在带 2 上（都以二进制形式表示）。结果的最高位有效数字前面最多可能有一个零（如果初始输入不是 0 且最高位为 1）。当然，也可以在进入接受状态前做点工作，把有效数字前面的零去掉。

$(q_0×0,\ q_0×)$	$(q_0×10,\ q_0×)$	$(q_0×101,\ q_0×)$
$\mid —(×q_00,\ ×q_0)$	$\mid —(×q_010,\ ×q_0)$	$\mid —(×q_0101,\ ×q_0)$
$\mid —(×q_10,\ ×0q_1)$	$\mid —(×q_110,\ ×0q_1)$	$\mid —(×q_1101,\ ×0q_1)$
$\mid —(×0q_1,\ 00q_1)$	$\mid —(×1q_10,\ ×01q_1)$	$\mid —(×1q_101,\ ×01q_1)$
$\mid —(×q_20,\ 00q_20)$	$\mid —(×10q_1,\ ×010q_1)$	$\mid —(×10q_11,\ ×010q_1)$
$\mid —(q_3×0,\ ×0q_301)$	$\mid —(×1q_20,\ ×010q_20)$	$\mid —(×101q_1,\ ×0101q_1)$
$\mid —(q_3×0,\ ×q_3001)$	$\mid —(×q_310,\ ×01q_301)$	$\mid —(×10q_21,\ ×0101q_20)$
$\mid —(q_3×0,\ \quad q_3×001)$	$\mid —(×q_310,\ ×0q_3111)$	$\mid —(×1q_401,\ ×010q_410)$
$\mid —(q_5×0,\ ×q_5001)$	$\mid —(q_3×10,\ ×q_30111)$	$\mid —(×q_4101,\ ×01q_4000)$
$x = 0$	$\mid —(q_3×10,\ \quad q_3×0111)$	$\mid —(q_4×101,\ ×0q_41000)$
$f(0) = 1$	$\mid —(q_5×10,\ ×q_50111)$	$\mid —(q_4×101,\ ×q_400000)$
	$x = 2$	$\mid —(q_3×101,\ q_3×10000)$
	$f(2) = 7$	$\mid —(q_5×101,\ q_5×10000)$
		$x = 5$
		$f(5) = 16$

图 7-4　计算 $f(0)$、$f(2)$、$f(5)$的格局序列

图灵机的时间复杂性 $T(n)$,是它处理所有长度为 n 的输入所需的最大计算步数。当然，这是最坏情况下的时间复杂性。如果对于某个长为 n 的输入，图灵机不停机，则 $T(n)$对这个 n 无定义。图灵机的空间复杂性 $S(n)$是处理所有长度为 n 的输入时，在 k 条带上所使用过的方格的总和。如果某个带头无限地向右移动而不停机，$S(n)$也无定义。可以用 $O_{\text{TM}}(f(n))$来表示在图灵机模型下计算复杂性的量级。

例7.4　表 7-1 定义的图灵机的时间复杂性 $T(n) = 4n+3$；空间复杂性 $S(n) = 2n+3$；

它们都是 $O_{TM}(n)$。这里 n 是输入字符串的长度。表 7-2 定义的图灵机的时间复杂性 $T(n) = 2n+6$；空间复杂性 $S(n) = 2n+5$。这里，n 是指初始输入的二进制位数，而不是自变量的值大小。

7.2　图灵机模型和 RAM 模型的关系

由于图灵机模型比 RAM 模型难以构造，所以人们通常愿意使用 RAM 这一模型来分析算法。然而同一个问题在不同模型下的求解复杂性是不同的。图灵机模型与 RAM 模型的关系是指同一个问题在两个模型下复杂性之间的关系。

定义 7.1　对于函数 $f_1(n)$ 和 $f_2(n)$，如果存在两个多项式 $p_1(x)$ 和 $p_2(x)$，使得除去有限个 n 值外，有不等式

$$f_1(n) \leqslant p_1(f_2(n)) \quad \text{和} \quad f_2(n) \leqslant p_2(f_1(n))$$

成立，则说函数 $f_1(n)$ 和 $f_2(n)$ 是**多项式相关的**。

例如，$f_1(n) = 2n^2$ 和 $f_2(n) = n^5$ 是多项式相关的。只要令 $p_1(x) = 2x$，$p_2(x) = x^3$，则对于一切 $n \geqslant 0$ 都有

$$2n^2 \leqslant 2n^5 \quad \text{和} \quad n^5 \leqslant (2n^2)^3$$

函数 $f_1(n) = n\log_2 n$ 和 $f_2(n) = 3n^3$ 也是多项式相关的。只要令 $p_1(x) = x$，$p_2(x) = 3x^3 + 3$，对于一切 $n \geqslant 1$，有不等式

$$n\log_2 n \leqslant 3n^3 \quad \text{和} \quad 3n^3 \leqslant 3(n\log_2 n)^3 + 3$$

但是，函数 n^2 和 2^n 就不是多项式相关的。因为不存在这样的多项式 $p(x)$，使得除去有限个 n，不等式 $2^n \leqslant p(n^2)$ 成立。

定理 7.1　设 TM 是求解某一问题 P 的图灵机。对问题 P 的任何长度为 n 的输入，TM 处理它的时间复杂性是 $T(n)$，那么，存在一个求解问题 P 的 RAM 程序，它的时间复杂性不超过 $O(T^2(n))$。

证明：显然只要证明存在一个求解问题 P 的 RAM 程序，对问题 P 的任何长度为 n 的输入，其时间复杂性为 $O(T^2(n))$ 就可以了。所以，我们通过构造一个 RAM 程序模拟求解问题 P 的 K 带图灵机 TM 的工作来证明本定理。

首先，我们将 TM 的第 j 条带上第 i 个单元与 RAM 的第 $k(i-1)+j+c$ 单元对应起来，这就建立了带方格与 RAM 内存单元的一一对应关系。这里 c 是一个常数，它给 RAM 内存留下了 c 个工作单元。这些工作单元中有 k 个用于存放 TM 的 k 个带头的当前位置。于是，RAM 程序可以借助于这 k 个工作单元，用间接寻址读出任何带头下的当前符号或改写任何带头下的符号。于是图灵机的带头移动在 RAM 程序中变成对记录带头的当前位置的那个工作单元的内容进行适当修改。

在均匀耗费下，对于图灵机 TM 的任何计算步（设时间耗费为 1），RAM 程序模拟它的时间耗费不超过 ck，所以一个 RAM 程序能在 $O(T(n))$ 的时间内完成对 TM 的模拟。

在对数耗费下，RAM 处理一个大小为 n 的整数需要的时间不超过 $O(\log_{2^n})$，所以 RAM 模拟 TM 的时间耗费不超过 $c_1T(n)\log_{2^n}$，这里 c_1 是一个常数。因为 $n \leqslant T(n)$（对于图灵机，这是必然的），所以 RAM 模拟 TM 所需要的时间不超过

$O(T(n)\log_2 T(n))$。对一切自然数 n，函数 $T(n)\log_2 T(n)$ 囿于 $T^2(n)$，定理得证。

这个定理的逆命题不成立。对于任意给定的充分大的整数 n，存在一个 n 条指令的 RAM 程序，不需要输入，能在均匀耗费标准下的 $O(n)$ 时间内产生 2^{2^n} 样大的数。若用图灵机来模拟这个 RAM 程序，仅仅为了存取这个数，就需要至少 2^n 个方格和计算步。因此，在均匀耗费标准下，本定理的逆命题不成立。

在对数耗费标准下，关于 RAM 模型和 TM 模型的时间复杂性的关系，有以下定理。

定理 7.2 设 L 是一个 RAM 程序所接受的一个语言。在对数耗费下，这个 RAM 程序的时间复杂性是 $T(n)$。存在一台接受同一个语言 L 的多带图灵机 TM，其时间复杂性为 $O(T^2(n))$。

证明： 构造 5 带图灵机 TM 模拟 RAM 程序的工作。

除了用作累加器的 0 号单元外，对于 RAM 的所有单元号以及该单元中的内容，我们用图灵机的第一条带依次存放它们，如图 7-5 所示。这条带上的内容是由一系列 (i_j, C_j) 所组成的，其中每个 i_j 是二进制形式的 RAM 的单元号码。每个 C_j 是单元 i_j 中的二进制形式的内容。i_j 和 C_j 之间，用特殊符号"#"分开。

RAM 累加器中的内容，以二进制形式存放于 TM 的第二条带最左端的一些方格内。

TM 的第三条带作为暂存工作带。

TM 的第四条带作为 RAM 的输入带。

TM 的第五条带当作 RAM 的输出带。

用 TM 的某个有限状态控制集模拟 RAM 程序的每一条指令。

#	#	i_1	#	C_1	#	#	i_2	#	C_2	#	#	⋯	i_k	#	C_k	#	#	b	⋯

图 7-5　将 RAM 寄存器号及其单元中的内容表示在一条带上

下面以 ADD *20 和 STORE 30 为例，讨论模拟过程。

模拟 ADD *20 的过程如下：

（1）在带 1 上寻找 RAM 寄存器号为 20 的存储单元，即在带 1 上寻找符号串 ##10100#。如果找到了这个单元号，就把它随后的那个整数，即 20 单元中的内容 C_{20} 复制到带 3 上。如果找不到这个单元，就停机。

（2）在带 1 上寻找其单元号码等于带 3 上的数值的那个 RAM 的单元号数。如果找到，则把这个单元的内容复制到带 3 上。如果找不到，就停机。

（3）将带 2 和带 3 上的数相加，并将结果写在带 2 上。

模拟 STORE 30 的过程如下：

（1）在带 1 上寻找 RAM 的 30 号单元，即寻找符号串 ##11110#。

（2）如果找到了符号串 ##11110#，就把 C_{30} 之外到尾端空白之前的全部内容复制到带 3 上去，否则跳转步骤（4）。

（3）将带 2 上的内容（即累加器中的数）复制到带 1 的符号串 ##11110# 的右边，紧接着将带 3 上的串复制到带 1 的右边（即 C_{30} 的后面），完成模拟。

（4）从带 1 的尾部第一个空白符处开始写入符号串 11110#，接着将带 2 的内容复制到带 1 的右边，再写入两个符号 ##，完成模拟。

对于 RAM 的输入指令的模拟可以这样进行。设 RAM 程序的各个输入量是按输入的顺序事先置在 TM 的第四条带上，并且彼此之间有一特殊符号分隔开。当 TM 模拟 RAM 指令 READ i 时，先在带 1 上寻找单元号 i（即寻找符号串 ##i#），然后把带 4 上的当前输入串复制到这个单元中去。写的方法可以依照模拟指令 "STORE i" 的某些步骤进行。不过前者是写带 2 上的内容到带 1 上，后者却是写带 4 上的一个输入串到带 1 上而已。

对于输出指令，TM 依次将 RAM 的输出写在第五条带上，并且不同输出量用一个特殊符号分隔开即可。

显然，这样一台图灵机将忠实地模拟一个 RAM 程序的工作。下面只要证明，如果一个 RAM 程序的对数耗费为 m 时，这台图灵机的计算步骤至多为 $O(m^2)$。

在对数耗费下，一个 RAM 程序的时间复杂性为 m 的实际意义是：其步数与数据的最大长度均不超过 m。在 TM 模型下，把 C_j 存入 i_j 的耗费是 $l(C_j) + l(i_j)$（$l(C_j)$ 表示 C_j 的长度，$l(i_j)$ 表示 i_j 的长度），这个耗费与串 ##i_j#C_j# 的长度成正比，两者仅差一个常数。对给定的输入 n，RAM 涉及的各内存单元所使用的长度总和，按假设不超过 $O(m)$。故带 1 上非空部分的长度为 $O(m)$。除开乘、除法指令外，TM 模拟其他任何一条 RAM 指令的时间耗费，显然与带 1 上非空符号的长度有相同的量级，因为最大的耗费是搜索带上的全部非空符号。由 RAM 程序的指令被执行的次数（可能某些指令被多次执行）不超过 m 可得，一台图灵机模拟一个 RAM 程序的时间耗费不超过 $O(m^2)$。

一个 RAM 程序中如果有乘法和除法指令，可以编出用加法和减法来实现乘、除运算的 TM 子程序，且不难证明这两个子程序的对数耗费，不大于它们所模拟的指令的对数耗费的平方。

由定理 7.1 和定理 7.2 得出以下定理。

定理 7.3　在对数耗费下，对于同一个算法，采用 RAM 模型和图灵机模型的时间耗费是多项式相关的。

证明：根据定理 7.1 和定理 7.2 以及对乘、除法指令的分析，可得本定理的结论。

建立 RAM 和 TM 两个计算模型之间多项式相关的几个定理是十分必要的。因为图灵机模型比较原始，故要构造一台图灵机来描述一个算法是十分困难的工作。在大多数情况下，我们采用 RAM 模型描述算法。在 RAM 模型下，如果一个算法的复杂性囿于多项式（按对数耗费），这个算法在图灵机模型下也必囿于多项式。除非有特殊需要，我们总是避免直接使用图灵机模型。

7.3　非确定型图灵机

为讨论 NP 问题，这里再引进一种计算模型，即非确定型图灵机。

定义 7.2　一台非确定型 K 带图灵机（简称 NDTM）M 由一个七元组

$$M = (Q, T, I, \delta, b, q_0, q_f)$$

构成。其中，$Q, T, I, \delta, b, q_0, q_f$ 的定义与 7.1 中的定义相同，δ 是从 $Q \times T^k$ 到 $Q \times (T \times \{L, R, S\})^k$ 的一个映射，而且其中至少有一个映射是一对多的映射。

非确定图灵机与确定图灵机的根本不同在于下移函数 δ。注意，一个一对多的映射意味着，从当前状态 q 和当前扫描的 k 个带符号 x_1, x_2, $\cdots$, x_k，可以选择新状态、新的带符号和带头移动的多种组合，即可定义

$$\delta(q, x_1, x_2, \cdots x_k) = \begin{cases} (q_1, (a_{11}, d_{11}), (a_{12}, d_{12}), \cdots (a_{1k}, d_{1k})) \\ (q_2, (a_{21}, d_{21}), (a_{22}, d_{22}), \cdots (a_{2k}, d_{2k})) \\ \qquad\qquad\qquad\quad \vdots \\ (q_r, (a_{r1}, d_{r1}), (a_{r2}, d_{r2}), \cdots (a_{rk}, d_{rk})) \end{cases}$$

式中，$r \geq 2$。图灵机执行时，每次可以选择（猜测）这 r 种新状态、新带符号与带头移动的某一固定的组合。

例如，如果 $(q', (a_1', d_1), (a_2', d_2), \cdots, (a_k', d_k)) \in \delta(q, a_1, a_2, \cdots, a_k)$，非确定型图灵机 M 正处在状态 q，且第 i 个带（$1 \leq i \leq k$）正扫描着第 i 条带上符号 a_i，则机器的下一动作可以进入状态 q'，并把 a_i 变为 a_i'，而各带头的动作由 d_i' 指定。

同确定型图灵机一样，非确定型图灵机也有格局的概念。与确定型图灵机不同，对于非确定型图灵机 M，从当前格局 D 可导致多于一个的下一格局（但仅有穷多个），若 D′ 是其中之一，则记为 $D\vert\underset{M}{\rule{2em}{0.4pt}}D'$ $D \vdash D'$，若不引起混淆），称为 D 进入 D′。

若对某个 $k > 1$，有 $D_1\vert\underset{M}{\rule{1.5em}{0.4pt}}D_2\vert\underset{M}{\rule{1.5em}{0.4pt}}\cdots\vert\underset{M}{\rule{1.5em}{0.4pt}}D_k$，或者 $D_1 = D_k$ 则可记作 $D_1\vert\underset{M}{\overset{*}{\rule{1.5em}{0.4pt}}}D_k$。

非确定型图灵机 M 可以用作一种语言 L 的识别器。对于语言 L，我们可以构造一台非确定型图灵机 M，让机器的带符包括该语言的字母表（输入字母表）以及空白符 b 和其他一些特定符号（辅助符号）。机器处于开始状态时，将输入 w 打印在第一条带的最左边部分上，此外全为空白，而其他的带此时全为空白；把各条带的带头放在该带最左边的方格上。称输入 w 被这台机器接受，仅当：

$$\langle q_0 w, q_0, q_0, \cdots, q_0\vert\overset{*}{\underset{M}{\rule{1.5em}{0.4pt}}}\rangle\langle a_1, a_2, \cdots, a_k\rangle$$

其中 a_1（因此一切 $a_2, \cdots, a_k$）中有停机状态 q_f。

例 7.5 试设计一台 NDTM，它接受形如

$$1\ 0_1^i\ 1\ 0_2^i\ 1\ \cdots\ 1\ 0_k^i$$

的字，其中 i_1, i_2, $\cdots$, i_k 为非负整数满足下述要求：有 $I \subseteq \{1, 2, \cdots, k\}$ 使得

$$\sum_{j \in I} i_j = \sum_{j \notin I} i_j$$

换言之，字 w 被接受当且仅当用字 w 所表现的数列 i_1, i_2, $\cdots$, i_k，可以被分割为两个子序列，两个子序列的各数之和相等。这个问题就是所谓等分划问题。

下面设计一台三带 NDTM 来接受所描述的语言。这台 NDTM 的工作情况是：对输入带 1 从左到右进行扫描，每次从带 1 上读入连续的 i_j 个 0，并且不确定地在第 2 或第 3 带上增补进 i_j 个 0；当扫描到输入末端时，机器便核对第 2 条带与第 3 条带上 0 的个数，若相等则接受（注意，可能有许多情况导致不相等，但我们关心的是：有一种选择导致相等）。设 NDTM = $\langle\{q_0, q_1, \cdots, q_5\}, \{0, 1, b, \$\}, \{0, 1\}, \delta, b,$

$q_0, q_5>$，等分划问题非确定图灵机 M 的下移函数如表 7-3 所示。

表 7-3　等分划问题非确定图灵机 M 的下移函数

当前状态	当前带符			新带符及带头移动			新状态	说　　明
	带 1	带 2	带 3	带 1	带 2	带 3		
q_0	1	b	b	1, S	\$, R	\$, R	q_1	第 1 带不变，2、3 带的左端打印\$，进入状态 q_1
q_1	1	b	b	1, R	b, S	b, S	q_2	开始选择：是把下一段 0 记在带 2（q_2）上，还是记在带（q_3）上？
	1	b	b	1, R	b, S	b, S	q_3	
q_2	0	b	b	0, R	0, R	b, S	q_2	把所扫描的一段 0 复制到 2 上。当带 1 已扫描到 1 时便回到 q_1；若在带 1 上扫描到 b，则去进行 2、3 带上 0 的个数的比较（q_4）
	1	b	b	1, S	b, S	b, S	q_1	
	b	b	b	b, S	b, L	b, L	q_4	
q_3	0	b	b	0, R	b, S	0, R	q_3	与 q_2 中在带 2 上的动作相似，但这次是在带 3 上进行的
	1	b	b	1, S	b, S	b, S	q_1	
	b	b	b	b, S	b, L	b, L	q_4	
q_4	b	0	0	b, S	0, L	0, L	q_4	比较带 2 与带 3 上 0 的个数
	b	\$	\$	b, S	\$, S	\$, S	q_5	
q_5								接受

下面给该机器输入 1010010，我们从许多可能选择的计算中，列出两个可能的计算，其中的第一个计算导致对该输入是接受的，而第二个计算则不接受该输入。因此，按我们的定义，该机器接受 1010010。关于 NDTM M 的两个移动序列如图 7-6 所示。

$(q_0 1010010,\ q_0,\ q_0)$	$(q_0 1010010,\ q_0,\ q_0)$
$\vdash(q_1 1010010,\ \$q_1,\ \$q_1)$	$\vdash(q_1 1010010,\ \$q_1,\ \$q_1)$
$\vdash(1q_2 010010,\ \$q_2,\ \$q_2)$	$\vdash(1q_3 010010,\ \$q_3,\ \$q_3)$
$\vdash(10q_2 10010,\ \$0q_2,\ \$q_2)$	$\vdash(10q_3 10010,\ \$q_3,\ \$0q_3)$
$\vdash(10q_1 10010,\ \$0q_1,\ \$q_1)$	$\vdash(10q_1 10010,\ \$q_1,\ \$0q_1)$
$\vdash(101q_3 0010,\ \$0q_3,\ \$q_3)$	$\vdash(101q_3 0010,\ \$q_3,\ \$0q_3)$
$\vdash(1010q_3 010,\ \$0q_3,\ \$0q_3)$	$\vdash(1010q_3 010,\ \$q_3,\ \$00q_3)$
$\vdash(10100q_3 10,\ \$0q_3,\ \$00q_3)$	$\vdash(10100q_3 10,\ \$q_3,\ \$000q_3)$
$\vdash(10100q_1 10,\ \$0q_1,\ \$00q_1)$	$\vdash(10100q_1 10,\ \$q_1,\ \$000q_1)$
$\vdash(101001q_2 0,\ \$0q_2,\ \$00q_2)$	$\vdash(101001q_3 0,\ \$q_3,\ \$000q_3)$
$\vdash(1010010q_2,\ \$00q_2,\ \$00q_2)$	$\vdash(1010010q_3,\ \$q_3,\ \$0000q_3)$
$\vdash(1010010q_4,\ \$0q_4 0,\ \$0q_4 0)$	$\vdash(1010010q_4,\ \$q_4,\ \$000q_4 0)$
$\vdash(1010010q_4,\ q_4 \$00,\ q_4 \$00)$	停止，因无下一格局。
$\vdash(1010010q_5,\ q_5 \$00,\ q_5 \$00)$	
接受。	

图 7-6　关于 NDTM M 的两个移动序列

下面定义 NDTM 的时间复杂性与空间复杂性。

定义 7.3　称一台 NDTM 的时间复杂性是 $T(n)$，假若对于任何长为 n 的可接受的输入 w，都存在着一条导致接受状态的计算序列，该序列至多有 $T(n)$ 步。带头移动过程中任何一条带上被扫描到的不同方格数的总和不超过 $S(n)$，则 $S(n)$ 定义为该台 NDTM 的空间复杂性。

例 7.6 对于例 7.5 所设计的机器 M，其时间复杂性为 2n+2。因为当对输入扫描结束（共用 $n+1$ 步）后，回头要对 2、3 带的内容进行比较（不超过 $n+1$ 步）。

原则上，对于每一台 NDTM 机，都可以设计一台 DTM 机来模拟它，使得两者都接受同一种语言。然而 DTM 的时间耗费要大得多，可以证明，这种模拟的时间耗费下界是指数型的。确切地说，有以下定理。

定理 7.4 设 L(M) 是一台非确定型图灵机 M 所接受的语言，M 的时间复杂性是 $T(n)$。那么，必存在一台确定型图灵机 M′，它所接受的语言 L(M′) = L(M) 且时间复杂性是 $O(C^{T(n)})$，其中 C 是某个正常数。

可以通过构造一台确定型机器 M′来模拟 M 的工作，从而证明本定理，这里略去。

像定义非确定型图灵机一样，也可以定义其他的非确定型计算模型（比如非确定型的 RAM 模型等）。这些非确定型模型原则上只要在原有的确定型模型基础上，增加一条特殊指令

$$CHOICE(L_1, L_2, \cdots, L_k)$$

即可。这条指令的功能是，每当执行到它时，或许以不确定的方式选择转向这 k 个标号语句之一，或许不确定地从 k 个数中任取一个（与寻址方式有关）。除此之外，还可以考虑增加两个表示不同停机状态的语句：

  1. success (成功)；
  2. failure (失败)。

success 表示接受后停机；failure 表示不接受停机。

一台非确定型机器对应着一个非确定型算法。一个非确定型算法中可能有多个 CHOICE 语句。给定一个输入 I，在这些语句的各种不同选择的一切组合中，只要有某个可能的组合使算法达到 success，就说接受输入 I。这里输出（也可能没有）就可以认为是该算法对输入 I 的计算结果。由于使用 NDTM 定义非确定型算法很麻烦，我们往往采用类似于非确定型 RAM 模型，来描述各种非确定型算法。例如，下面的过程 CHOICESORT 描述了一个非确定型排序算法。

```
//非确定型排序算法//
procedure CHOICESORT
  begin
1.    for i = 1 to n do s[i] ← 0;
2.    for i = 1 to n do
      begin1
3.        j ← CHOICE (1: n);          // 从 1,2,…,n 中任取一数//
4.        if S[j]=0 then S[j] ← A[i];
5.        else failure
      end1
6.    for i = 1 to n-1 do
7.      受  S[i]>S[i + 1] then failure;
8.    print(S[1], S[2], … , S[n]);
9.    success;
    end.
```

例 7.7　非确定型排序算法。

输入　n 个实数 $a_1, a_2, \cdots, a_n$，将它们放在数组 A[1: n] 中。

输出　将 $a_1, a_2, \cdots, a_n$，按非递减顺序排列置于数组 S[1: n] 中，并输出 S。

方法　可参见过程 CHOICESORT。因为在语句 3 中，总存在一种选择序列使得 S[1]≤S[2]≤$\cdots$≤S[n]，所以这个过程是对 n 个元素排序的非确定型算法。例如，设 $(a_1, a_2, a_3, a_4, a_5)=(8,7,3,9,1)$。如果在执行语句 3 时，选取的整数序列正好是 5，3，2，1，4，就能产生正确的输出序列 1，3，7，8，9，并达到语句 success。

对于各种不同的非确定型计算模型，同样可以证明它们之间的多项式的相关性。这里就不详述了。

下面我们再讲述一个关于多带与单带的 NDTM 机的时间复杂性的一个定理，也不加证明。这个定理使我们在讨论与非确定型图灵机有关的问题时，可以只对单带机而言，从而使讨论简单一些。

定理　设语言 L 可以为时间复杂性为 $T(n)$ 的 k 带 NDTM 机所接受，则 L 也可以被一台时间复杂性为 $O(T^2(n))$ 的单带 NDTM 机所接受。

7.4　P 和 NP 问题类

现在我们将讨论局限于判定问题的求解。这种问题只有两个可能的解，或者回答"是"，或者回答"否"。抽象地说，判定问题 Π 由实例集合 D_Π 和回答为"是"的实例子集 $Y_\Pi \subseteq D_\Pi$ 组成。

我们感兴趣的多数判定问题具有附加结构，在描述判定问题时，要强调这些附加结构。因此，一般规定问题的标准格式由两部分组成。第一部分用各种分量，如集合、图、函数、数字等规定该问题的一般实例。第二部分陈述根据这个一般实例提出的是-否问题。于是，一个实例属于 D_Π 当且仅当它可以通过用规定类型的具体对象替换一般实例中的所有分量得到，而这个实例属于 Y_Π 当且仅当具体到这个实例时，对所陈述的问题的回答为"是"。

例如，货郎担问题，其对应的判定问题如下。

实例：一个有穷个"城市"的集合 $C = \{c_1, c_2, \cdots, c_m\}$，对于每一对城市 $c_i, c_j \in C$ 有"距离"$d(c_i, c_j) \in Z^+$，以及界限 $B \in Z^+$（这里 Z^+ 表示正整数集合）。

问：是否有经过 $C = \{c_1, c_2, \cdots, c_m\}$ 中所有城市的"旅行路线"其全长不超过 B，即是否有 $C = \{c_1, c_2, \cdots, c_m\}$ 的一个排列次序 $<c_{\pi(1)}, c_{\pi(2)}, \cdots, c_{\pi(m)}>$ 使得

$$\sum_{i=1}^{m-1} d(c_{\pi(i)}, c_{\pi(i+1)}) + d(c_{\pi(m)}, c_{\pi(1)}) \leq B$$

我们只考虑判定问题的原因是因为它们有一个非常自然的、适合在计算理论中研究的形式对应物。这个对应物叫作"语言"，其定义如下：

对于任意有穷符号集合 Σ，我们用 Σ^* 表示所有 Σ 的有穷符号串（包括空串）组成的集合。如果 L 是 Σ^* 的一个子集，称 L 是字母表 Σ 上的语言。

例如，设 $\Sigma = \{0,1\}$，那么，Σ^* 由空字符串"ε"，字符串 0、1、00、01、10、11、000、001 以及所有其他由 0 和 1 构成的有穷字符串组成。于是 {01, 001, 111,

0010101}是{0,1}上的一个语言，由所有完全平方数的二进制表示组成的集合是{0,1}上的一个语言，甚至，{0,1}*本身是{0,1}上的一个语言。

将判定问题的每一个实例编码成一个符号串。这样，一个判定问题就变成一个语言识别问题，这个语言由对应的判定问题中回答为"是"的一切实例编码的串组成。

当然选择编码方法时，必须慎重，因为一个问题的复杂性可能与编码的方法有关。由于问题的难度在本质上不依赖于用来决定时间复杂性的具体编码方法和计算机模型，因此一个"合理的"编码方法产生的串长度与标准的编码方法产生的串长度是与多项式相关的。虽然不可能把我们在这里用的"合理的"这个词表示的含义形式化，但是任何"合理的"编码应该满足下面两个条件，这两个条件"抓住"了这个概念的主要内容：

（1）实例的编码必须是简洁的，不能"填塞"不必要的信息或符号。

（2）实例中出现的数字必须用十进制（或二进制、八进制，以及以任何不等于1的数为基的进制）表示。

如果我们规定只使用满足这些条件的编码方法，那么具体使用什么编码方法将不会影响关于一个给定问题的难度的判断。

作为描述问题的共同标准，可以对编码做如下一些规定：

（1）一切整数都采用二进制数表示。

（2）一个图的 n 个顶点总是使用整数 1，2，$\cdots$，n 来表示（当然这些数是二进制形式的），而一条边(i, j)则使用两个二进制数表示。

（3）可以使用少数简洁的特殊符号。

（4）常用的字母和符号也采用二进制编码，等等。

当把整数及其他符号都采用二进制编码后，一个问题的判定过程就可以形式化地描述如下：

已知 $L \subseteq \{0,1\}^*$，对于 $x \in \{0,1\}^*$，若 $x \in L$，则回答"是"；若 $x \notin L$，则回答"非"。这里，{0,1}*是指由有限个 0 和 1 组成的串的集合。

因为"问题"和"语言"的这种关系，我们常常对"语言"和"问题"不加区别。在许多情况下，只要讨论"语言"就行了。

容易理解，一般来说，一个问题的"解的存在性判定"比"问题求解"要容易，至少不会更难。进一步分析可以发现，一个问题的求解与同它相对应的判定问题在多项式意义下有相同的求解难度。例如，给定问题如下：给定一个图，如果其中存在哈密顿回路，我们要从中找到一条哈密顿回路。这个求解问题同判定一个给定的图是否哈密顿图具有相同的求解难度。

事实上，如果存在多项式时间算法求解一条哈密顿回路，那么，利用这个算法可以构造算法判定给定的图是否哈密顿图，这只要在求解算法找到解的情况下，回答"是"；在求解算法找不到解的情况下，回答"非"即可。

反过来，如果存在多项式时间算法判定一个给定的图是否哈密顿图，那么，设判定算法为 A，给定的 n 阶图为 G，利用算法 A，可以构造多项式时间求解算法如下：

（1）调用 A 判定 G 是否哈密顿图。若 G 不是哈密顿图，算法终止，否则继续语句（2）。

（2）任取 G 的边 e，调用 A 判定 $G-\{e\}$ 是否哈密顿图，如果是，则执行 $G\leftarrow G-\{e\}$。

（3）如果 G 中多于 n 条边，则转至语句（2）继续去边，否则 G 中剩余的 n 条边就是 G 的哈密顿回路。

设 A 的时间复杂性为 $p(n)$，它是关于 n 的一个多项式函数，则求解算法的时间复杂性不超过 $n^2 p(n)$。因为语句（2）和语句（3）组成的去边过程最多执行 $\dfrac{n(n-1)}{2}-n$ 次。

不同判定问题的难度是不同的。例如，对于图的顶点着色问题，一个图是否二色可染的判定问题是多项式可解的。但是一般的着色问题，判定非常困难。又如，对给定的货郎担问题，问是否有一条代价小于 B（B 已给定）的周游路线，这个判定问题就没有判定一个数是不是某数的真因子那么容易。如果 B 给得特别大，大到比代价矩阵中 n 个最大元素的和还大，而且给定的图是完全图，那么能很快回答"有"；或者 B 给得特别小，小到比代价矩阵中最小的元素还小，也能很快地回答"没有"。除了这样一些个别的极端情况，至今还没有人能给出一个算法，对任意的代价矩阵和 B，都能在多项式时间内给出"有"或"否"的回答。

我们希望按问题的计算难度把各方面的问题分成不同的类，以便开展讨论。

定义 7.4　由确定型图灵机在多项式时间内可识别的一切语言的集合称为 P 类语言。广义地，由确定型图灵机在多项式时间内可解的一切判定问题的集合称为 P 类问题。

定义 7.5　由非确定型图灵机在多项式时间内可识别的一切语言类称为 NP 类语言。由非确定型图灵机在多项式时间内可计算的判定问题类称为 NP 类问题。

习惯上，人们均简称 P 类问题和 NP 类问题为 P 问题和 NP 问题。

显然，如果一个问题 $Q\in P$，就有 $Q\in NP$。因为任何确定型图灵机不过是非确定型图灵机的一个特例。因此有 $P\subseteq NP$。然而，NP 问题类所包含的问题真的比 P 问题类更广泛吗？是否有某些问题 Q，$Q\in NP$，但 $Q\notin P$ 呢？这是当今计算机科学中具有代表性的难题之一。至今，人们既没有证明 $P\neq NP$，也没有证明 $P=NP$。

因为有了定理 7.4，有人猜想 $P\neq NP$。但是，迄今为止，它仍然没有被证明。因此，关于 P 和 NP 的关系，人们暂时假定如图 7-7 所示，图中，P 是 NP 的一个子集。但是，阴影部分是否非空，即 NP$-P$ 是否非空，目前还不能确定。

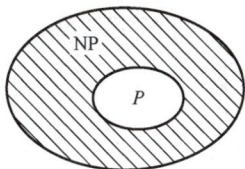

图 7-7　P 和 NP 的关系（假设）

7.5　NP 完全性和 COOK 定理

定义 7.6　设 $L_1\subseteq \Sigma_1^*$ 和 $L_2\subseteq \Sigma_2^*$，如果存在一个函数 f，满足

NP 完全问题
介绍

（1）存在一个确定型算法，它在多项式时间内计算函数 f；

（2）对一切 $x \in \Sigma_1^*$，$x \in L_1$ 当且仅当 $f(x) \in L_2$，

则说 f 是从 L_1 到 L_2 的一个多项式变换，简记为 $L_1 \propto L_2$，读作"L_1 多项式变换到 L_2"。

更一般地，有

定义 7.7 对于问题 Q_1 和 Q_2，如果

（1）对 Q_1 的任何具体问题 I，存在一个多项式时间的确定型算法，它可计算出 $f(I)$，且 $f(I) \in Q_2$；

（2）对于 $f(I) \in Q_2$ 的解，存在一个多项式时间的确定型算法，得到 $I \in Q_1$ 的解，则说 Q_1 多项式归结为 Q_2，记作 $Q_1 \propto Q_2$。

多项式归结显然有如下性质：

性质 1：如果 $Q_1 \in P$ 且 $Q_2 \propto Q_1$，则 $Q_2 \in P$。

性质 2：如果 $Q_1 \propto Q_2$，$Q_2 \propto Q_3$，则 $Q_1 \propto Q_3$。

定义 7.8 对于问题 Q 及任意判定问题 $Q_1 \in NP$，都有 $Q_1 \propto Q$，则称 Q 是 NP 困难的（NP-Hard）。

所谓问题 Q 是 NP 困难的，是指问题 Q 不比 NP 中的任何问题容易，至少是同样难或者更难。例如，货郎担问题的求解或货郎担"判定问题"都是 NP 困难的。

定义 7.9 对于问题 Q，若满足：

（1）$Q \in NP$；

（2）Q 是 NP 困难的；

则称 Q 为 NP 完全的（NP-Complete）。所有 NP 完全问题构成的集合记作 NPC。

直观地说，所谓 NP 完全问题是 NP 问题类中最困难的问题，它们彼此之间都可以用多项式归结。

因此有

定理 7.5 设 $Q \in NPC$，$P=NP$ 成立当且仅当 $Q \in P$。

证明：由 NP 完全性的定义，显然成立。

具有 NP 完全性质的问题，现在至少已经发现了几千个甚至更多，它们分别属于很多领域。迄今为止还没有发现其中任何一个是属于 P 的。这一事实，增强了人们相信 $P \neq NP$ 的猜测。如果事实果真如此，P、NP 和 NPC 三者之间的关系或许如图 7-8 所示。若 $P = NP$ 的假设成立，则局面就另当别论了。

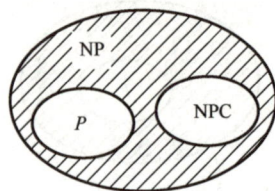

图 7-8　P、NP 和 NPC 的关系（假设）

S. A. COOK 对于 NP 完全问题进行了许多研究，并于 1971 年证明了一个划时代的结果。这就是以下定理。

定理 7.6 （COOK）布尔表达式的可满足性问题是 NP 完全的。

证明：可满足性问题 SAT$\in$NP 是明显的。因为对于任何给定的布尔表达式，

不妨设它有且仅有 K 个变量。我们可设计一个非确定型机器，先猜测这 K 个变量的真值赋值，并代入布尔表达式检验。如果布尔表达式取真值"真"，就是可满足的。只要一个布尔表达式至少存在一组真值赋值使它取真，一台 NDTM 机器总可以猜中这一组真值（这是由 NDTM 机器的定义决定的），并在多项式时间内完成检验。所以这一问题是属于 NP 的。

现在，只要证明对任何语言 $L \in NP$，都能多项式归结为这一问题，整个证明就告完成。

设 M 是一台能在多项式时间内识别 L 的非确定型图灵机，而 w 是对 M 的一个输入。由 M 和 w 我们能构造一个布尔表达式 w_0，使得 w_0 是可满足的当且仅当 M 接受 w。

不妨假定 M 是一台单带机，设 M 有 s 个状态 $q_1, q_2, \cdots, q_s$，它的带符号是 X_1, $X_2, \cdots, X_m$。$P(n)$ 是 M 的时间复杂性（对于 M 不是单带 NDTM 的情形，我们不难证明，属于 NP 的任何语言都能由一台单带的 NDTM 识别，也就是可以证明任何 k 带的 NDTM 可以用一台单带的 NTDM 模拟，留给读者练习）。

设 w 是给 M 的一个长度为 n 的输入。如果 M 接受 w，只需要进行 $P(n)$ 次移动，也就是说至少存在一个 M 的格局序列 $Q_0, Q_1, \cdots, Q_q$，它使 M 从初态 q_0 达到接受状态 q_f。q_f 是格局 Q_q 中的状态，q_0 是格局 Q_0 中的状态，$q \leq P(n)$ 且没有任何格局会使用多于 $P(n)$ 个带方格。$q_0, q_f \in \{q_0, q_1, q_2, \cdots, q_s\}$。

我们构造一个布尔式 w_0，用它"模拟" M 中所能进入的格局序列，即 w_0 的变元的每个真（1）假（0）指派至多对应 M 的一条计算路（也可能不是 M 的合法的计算路），w_0 取值 1 当且仅当指派对应了导致接受格局的计算路 $Q_0, Q_1, \cdots, Q_q$。换言之，w_0 可满足当且仅当 M 接受 w。我们先介绍构造 w_0 需要用到的各个变量。

（1）$C<i, j, t> = 1$ 当且仅当在时刻 t，M 的输入中第 i 个带符号为 X_j，这里 $1 \leq i \leq P(n)$，$1 \leq j \leq m$，$0 \leq t \leq P(n)$。

（2）$S<K, t> = 1$ 当且仅当在时刻 t，M 的状态为 q_k。这里 $1 \leq K \leq s$ 和 $0 \leq t \leq P(n)$。

（3）$H<i, t> = 1$ 当且仅当在时刻 t 带头扫描这带上的第 i 个方格。这里 $1 \leq i \leq P(n)$，$0 \leq t \leq P(n)$。

上述变量共有 $m \cdot P(n)^2 + s \cdot P(n) + P^2(n)$ 个，故阶为 $O(P^2(n))$。如果要用二进制数来编码表示这些命题变元，则至多用到 $c \log_2 n$ 位的二进制数即可，c 为与 $P(n)$ 有关的常数。为了方便起见，对上述的每个变量，我们可以用一个简单符号来代替长为 $c \log_2 n$ 的符号，这样丢掉一个因子 $c \log_2 n$ 并不影响对问题的讨论，因为我们只需要以多项式时间为界的函数。

现在定义谓词函数 $U(x_1, x_2, \cdots, x_r)$ 如下：$U(x_1, x_2, \cdots, x_r)$ 取值 1 当且仅当变量 x_1, $x_2, \cdots, x_r$ 中只有一个取值 1。因此，$U(x_1, x_2, \cdots, x_r)$ 的布尔表达式可以写成如下形式：

$$U(x_1, x_2, \cdots, x_r) = (x_1 + x_2 + \cdots + x_r)\left(\prod_{\substack{i,j \\ i \neq j}}(-x_i + -x_j)\right)$$

上式的第一个因子断言 $x_1, x_2, \cdots, x_r$ 中至少有一个 x_i 取 1，而后面的 $r(r-1)/2$ 个因子断言没有两个 x_i 取 1。从 $(x_1 + x_2 + \cdots + x_r) = \left(\prod_{\substack{i=j \\ i \neq j}}(-x_i + -x_j)\right)$ 还可以看出，$U(x_1,$

x_2, $\cdots$, x_r)的长度最多为 $O(r^3)$。

如果 M 接受 w，那么在 M 处理 w 时存在一个导致接受的格局序列 Q_0, Q_1, $\cdots$, Q_q。为了使讨论简单而又不失普遍性，我们假定所有格局序列的长度都是 $P(n)$。对于长度小于 $P(n)$ 的情形，可以修改 M，使得无论 M 在何处达到接受状态，它都执行带头不移动的动作或执行状态不变的一些动作，直到它的格局序列的长达到 $P(n)$ 为止。

于是断言一个格局序列 Q_0, Q_1, $\cdots$, Q_q 是一个接受序列，相当于断言 7 条事实：

（1）在每一个格局中，带头实际上只能扫描一个方格。

（2）在每一个格局中，每个方格的带符号是唯一确定的。

（3）在每一个格局中，机器只有一个当前状态。

（4）从一个格局到下一个格局，每次最多有一个方格（被带头扫描着的那个方格）的符号被修改。

（5）两个连续格局之间的状态的改变、带头位置的改变和带上符号的改变都是 M 的下移函数所允许的。

（6）第一个格局是初始状态下的格局。

（7）最后一个格局中的状态为终结状态。

现在，我们构造出如下的 7 个布尔表达式 A、B、C、D、E、F、G，它们分别和以上 7 个句子一一对应。

（1）A 断言：在 M 的每一个时间单位内，带头正好只扫描着一个方格。设 A_t 是断言时间 t 实际上被扫描的带方格，则

$$A=A_0A_1\cdots A_{P(n)}$$

其中，

$$\neg A_t=U(H<1, t>, H<2, t>,\cdots, H<P(n), t>)。$$

A_t 的含义是说：在时刻 t，M 的磁头恰好扫描着某一磁带方格。注意，如果把 U 展开，表达式 A 的长度最多是 $O(P^4(n))$，并且在这个时间内可以写完。

（2）B 断言：在每一个单位时间内，每一个方格中只有一个带符号。设 B_{it} 断言在时刻 t，第 i 个方格中只含有一个带符号，则

$$B = \prod_{i,t} B_{it}$$

其中，

$$B_{it}=U(C<i, 1, t>, C<i, 2, t>,\cdots, C<i, m, t>)。$$

式中，B_{it} 的长度与 n 无关，而 m 是带符号集的长度，它只与 M 有关而与 n 无关。因此 B 的长度是 $O(P^2(n))$。

（3）C 断言：在每个时刻 t，M 只有一个确定的状态：

$$C = \prod_{0\leqslant t\leqslant P(n)} U(S(1,t),S(2,t),\cdots S(s,t))$$

因为 S 是 M 的状态数，它是一个常数，所以 C 的长度为 $O(P(n))$。

（4）D 断言：在时刻 t 最多只有一个方格的内容被修改：

$$D = \prod_{i,j,t}[(C(i,j,t) \equiv C(i,j,t+1) + H(i,t)]$$

其中，表达式 $(C<i,j,t>) \equiv C<i,j,t+1>)+H(i,t)$ 断言以下二者之一：

- 在时刻 t 带头扫描着第 i 格。
- 在时刻 $t+1$，方格 i 中是符号 X_j，当且仅当在时刻 t，方格 i 中是符号 X_j。

因为 A 和 B 断言在时刻 t 带头只能扫描着一个带方格和方格 i 上仅有一个符号，所以，在时刻 t，或者带头扫描着方格 i（这里的符号可能被修改），或者方格 i 的符号不变。

注意，由于 $1 \leqslant i \leqslant P(n)$，$1 \leqslant j \leqslant m$ 且 $1 \leqslant t \leqslant P(n)$，$m$ 为常量，故 D 的长为 $O(p^2(n))$。

（5）E 断言：根据 M 的下移函数 δ，从一个格局一定可以成功地转向下一个格局。设 E_{ijkt} 断言下列四种情形之一：

- 在时刻 t，第 i 格的符号不是 X_j。
- 在时刻 t，带头没有扫描着方格 i。
- 在时刻 t，M 的状态不是 q_k。
- 按 M 的下移函数 δ，从前一格局能获得下一个格局；

即

$$E_{ijkt} = -C(i,j,t) + -H(i,t) + S(k,t) + \sum_l (C(i,f_l,t+1)S(k_l,t+1)H(i_l,t+1))$$

于是，

$$E = \prod_{i,j,k,t} E_{ijkt}$$

Σ_l 中的 l 遍历当机器 M 扫描着 x_j 且处于状态 q_k 时所有可能的下一动作，即对每一 $<q,x,d> \in \delta(q_k, x_j)$，有一 l 值使 $x_j=x$，$q_k=q$，且根据 d 为 L，S，或 R，i_l 分别为 $i-1$，i，$i+1$。δ 为机器 M 的下移函数。

因为 M 是不确定的，故可能有 $l>1$，但在任何情况下却一定有某个常数 c，使得 $l<c$。故 E_{ijkt} 的长度以常数为界而与 n 无关。注意到 i，j，k，t 的变化区域，可知 E 的长度是 $O(P^2(n))$。

（6）F 断言 M 满足初始条件：

$$F = S<1,0>H<1,0> \prod_{1 \leqslant i \leqslant n} C<i,j_i,0> \prod_{n \leqslant i \leqslant P(n)} C<i,1,0>$$

其中 $S<1,0>$ 断言在时刻 $t = 0$，M 处于状态 q_1 下，我们总可以取这个状态为初始状态；$H<1,0>$ 断言在时刻 $t = 0$，M 的带头扫描着最左边的带方格；$\prod_{1 \leqslant i \leqslant n} C<i,j_i,0>$ 断言在时刻 $t = 0$，带上最前面的 n 个方格中放有串 w 的 n 个符号；而 $\prod_{n \leqslant i \leqslant P(n)} C<i,1,0>$ 断言带上的其余各方格中开始都是空白符。这里不妨假定 X_1 就是空白符。显然，F 的长度是 $O(P(n))$。

（7）G 断言 M 最终将进入终止状态。因为已经对 M 进行过修改，一旦 M 在某个时刻 t 进入终止状态（$1 \leqslant t \leqslant P(n)$），它将始终停在这个状态。所以我们有 $G = S(s, P(n))$。不妨认为 q_s 是 M 的终结状态。

现在定义 $w_0=ABCDEFG$。它就是我们所要构造的布尔表达式。w_0 可满足的充分必要条件是 w 被 M 所接受。

因为 w_0 的每一个因子最多需要 $O(P^4(n))$ 个符号，它一共只有 7 个因子，从而 w_0 的符号长度不过是 $O(P^4(n))$。即使用长度为 $O(\log_2 n)$ 的符号串来取代描述各个变量的简单符号，w_0 的长度也不过是 $O(P^4(n)\log_2 n)$。或者说，存在一个常数 c，w_0 的长度不超过 $cnP^4(n)$。因此可以肯定的是，对给定的 w 和 $p(n)$，w_0 的长度是 w 的长度的多项式函数。

这里并没有对语言 L 加任何限制，也就是说，对属于 NP 的任何语言，都能在多项式时间内，将其转换为布尔表达式的可满足性问题。所以我们可以断定布尔表达式的可满足性问题是 NP 完全的。

COOK 定理的重要性是明显的，它实际上给出了第一个 NP 完全问题。对于任何问题 Q，只要能证明①$Q \in$ NP；②SAT$\propto Q$，则 $Q \in$ NPC。于是，COOK 定理之后，证明一个问题 Q 的 NP 完全性由下述三步组成：

（1）证明问题 Q 属于 NP。

（2）选择一个已知的 NP 完全问题 Q'。

（3）构造从 Q' 到 Q 的多项式变换函数 f。

就是根据这样的思路，在 COOK 证明了这一结果后，人们很快地证明了其他许多问题的 NP 完全性。

7.6　若干 NP 完全问题及证明

本节讨论 NP 完全性证明。所采用的思路是 7.5 节末尾介绍的思路：对任意问题 Q，

（1）证明问题 Q 属于 NP。

（2）选择一个已知的 NP 完全问题 Q'。

（3）构造从 Q' 到 Q 的多项式变换函数 f。

下面是几个已知的 NP 完全问题。

1. 合取范式的可满足性问题

实例：有穷的变量集合 U 上的子句集 $C=\{c_1, c_2, \cdots, c_m\}$，$1 \leqslant i \leqslant m$（变量集合 U 上的子句是 U 中部分变量构成的文字的析取。文字的定义是，设 x 是 U 中的变量，x 和 $\neg x$ 都是文字）。

问：对于 U 是否存在满足 C 中所有子句的真值赋值？

证明要点：由布尔表达式可满足性问题直接证明。

2. 三元可满足性

实例：有穷的变量集合 U 上的子句集 $C=\{c_1, c_2, \cdots, c_m\}$，其中 $|c_i|=3$（c_i 仅含 3 个文字），$1 \leqslant i \leqslant m$。

问：对于 U 是否存在满足 C 中所有子句的真值赋值？

证明要点：由合取范式可满足性问题变换而来。

3. 三维匹配

实例：集合 $M \subseteq W \times X \times Y$，这里 W，X 和 Y 是三个不相交的集合，且有相同的元素个数 q。

问：M 是否包含一个匹配，即是否有子集 $M' \subseteq M$ 使得 $|M'| = q$ 且 M' 中任何两个元素的任何坐标都不相同？

证明要点：由三元可满足性问题变换而来。

4. 顶点覆盖

实例：图 $G = (V, E)$ 和正整数 $k \leqslant |V|$。

问：G 是否有大小不超过 k 的节点覆盖，即是否有子集 V' 使得 $|V'| \leqslant k$ 并且对每一条边 $(u, v) \in E$，u 和 v 中至少有一个属于 V'？

证明要点：由三元可满足性问题变换而来。

5. 团

实例：图 $G = (V, E)$ 和正整数 $J \leqslant |V|$。

问：G 是否包含不小于 J 的团，即是否有子集 $V' \subseteq V$，使得 $|V'| \geqslant J$ 并且 V' 中每两个节点都由 E 中的一条边连接着。

证明要点：由顶点覆盖变换而来。

6. 哈密顿回路

实例：图 $G = (V, E)$。

问：G 是否包含一条哈密顿回路，即是否有 G 的节点排列次序 $<v_1, v_2, \cdots, v_n>$ 使得 $(v_n, v_1) \in E$ 和 $(v_i, v_{i+1}) \in E$，$1 \leqslant i \leqslant n-1$？这里 $n = |V|$。

证明要点：由顶点覆盖变换而来。

7. 划分

实例：有穷集合 A 以及每一个 $a \in A$ 的"大小" $S(a) \in Z^+$。

问：是否有子集 $A' \subseteq A$ 使得 $\sum_{a \in A'} S(a) = \sum_{a \in A - A'} S(a)$？

证明要点：可由三维匹配变换而来。

8. 背包问题

实例：有限集合 U，每个 $u \in U$ 的大小为 $S(u) \in Z^+$ 且值为 $v(u) \in Z^+$，B、$K \in Z^+$。

问：是否有子集 $U' \subseteq U$ 使得 $\sum_{u \in U'} S(u) \leqslant B$ 和 $\sum_{u \in U'} v(u) \geqslant K$？

证明要点：可由划分变换而来。

9. 流水作业车间调度

实例：处理机数目 $m \in Z^+$，任务集 J，每个任务 j 可由 m 个子任务 $t_1[j]$, $t_2[j]$, $\cdots$, $t_m[j]$ 组成（$t_i[j]$ 表示由处理机 i 执行），每个任务 t 的长度 $l[t] \in Z^+$，总的截止时间 $D \in Z^+$。

问：是否有 J 的流水作业车间时间表适合总的截止时间，这里所要求的时间表就是开放式车间时间表加上附加限制：对于每个 $j \in J$ 和 $1 \leqslant i \leqslant m$，有 $\sigma_{i+1}(j) \geqslant \sigma_i(j) + l(t_i[j])$？

证明要点：可由划分变换而来。

10. 子集的和

实例：有限集 A，每个 $a \in A$ 的 "大小" $S(a) \in Z^+$，以及正整数 $B \in Z^+$。

问：是否有子集 $A' \subseteq A$，使得 A' 中元素的大小之和恰好为 B，即使得 $\sum_{a \in A'} S(a) = B$？

证明要点：可由划分变换而来。

NP 完全问题还有很多，不胜枚举。我们下面给出前两个问题的证明。关于其余的问题的证明，有兴趣的读者可以查阅计算复杂性理论或者 NP 完全理论的相关书籍。

如果一个布尔表达式是一些文字的和之积，则称该布尔表达式为合取范式，简称 CNF。这里的文字或者是变量 x，或者是 $\neg x$。例如，$(x_1+x_2)(x_2+x_3)(x_3+\neg x_2+\neg x_1)$ 就是一个合取范式，$x_1x_2+x_3$ 不是合取范式。

定理 7.7 合取范式的可满足性问题是 NP 完全的。

证明 如果在 COOK 定理中定义的 7 个布尔表达式 A、B、C、D、E、F、G 或者本身已经是合取范式，或者有的虽然不是合取范式，但可以应用布尔代数中的定律将它们化成合取范式，而且合取范式的长度与原表达式的长度只差一个常数因子，证明即告完成。

因为 $U(x_1, x_2, \cdots, x_r) = (x_1 + x_2 + \cdots + x_r)\left(\prod_{i \neq j}(-x_i + -x_j)\right)$ 它已经是一个合取范式，所以 A、B、C 都是合取范式。按照 F 和 G 的定义，它们都是文字的积，所以，它们都是合取范式。

D 是形如 $(x \equiv y) + z$ 的表达式的积，如果我们以 $xy + \neg x \neg y$ 替换 $x \equiv y$，就得到

$$(x \equiv y) + z = xy + \neg x \neg y + z = (x + \neg y + z)(\neg x + y + z)$$

以 $(x + \neg y + z)(\neg x + y + z)$ 替换 D 中的一切形如 $(x \equiv y) + z$ 的项，得到的布尔表达式同原式等价，但替换后的布尔表达式是一个合取范式，而且表达式的长度最多是原式长度的两倍。

最后，由于表达式 E 是 E_{ijkl} 的积，每个 E_{ijkl} 的长度与 n 无关且能展开成一个合取范式（其长度也与 n 无关）。因此将 E 变换成合取范式后 E 的长度与原式长最多只差一个常数因子。

这样，我们就证明了 COOK 定理中定义的布尔表达式 w_0 变换成一个等价的合取范式后，其长度只相差一个常数因子。常数时间内可以实现的转换，当然是多项式变换。∎

上面已经证明了合取范式的可满足性问题是 NP 完全的。甚至对问题加以更多的限制后，我们还能证明布尔表达式的可满足性仍然是 NP 完全的。如果一个布尔表达式的合取范式的每一个乘积项最多是 k 个文字的析取式，就称为 k 元合取范式（k-CNF）。一个 kSAT 问题是确定一个 k-CNF 中的表达式是否可满足。对于 $k = 1$ 或 $k = 2$，人们已经找到了确定型的多项式时间算法。对 $k = 3$，有如下定理。

定理 7.8 3SAT（三元可满足性问题）是 NP 完全的。

证明 因为非确定型算法只需要猜想一个对变量的真值赋值，并且在多项式时间内检查这个真值赋值是否满足所有给定的三文字子句，所以容易看到 3SAT $\in$ NP。

我们证明合取范式的可满足性问题可以将多项式变换为 3SAT，即可把 SAT 变换到 3SAT。

给定一个合取范式，其中每一个合取项具有形式

$$(x_1+x_2+\cdots+x_k),\quad k\geqslant 4$$

添加 $k-3$ 个新变元 $y_1, y_2, \cdots, y_{k-3}$。做一个三变元合取范式

$$(x_1+x_2+y_1)\,(x_3+\neg y_1+y_2)\,(x_4+\neg y_2+y_3)\,\cdots\,(x_{k-2}+\neg y_{k-4}+y_{k-3})\,(x_{k-1}+x_k+\neg y_{k-3})\quad(7\text{-}1)$$

例如，当 $k=4$ 时，上式的形式是

$$(x_1+x_2+y_1)\,(x_3+x_4+\neg y_1)\quad\quad\quad\quad(7\text{-}2)$$

可以证明式（7-1）与 $(x_1+x_2+\cdots+x_k)$ 的真值相同。事实上，如果有指派满足 $(x_1+x_2+\cdots+x_k)$，则这个指派可以延拓成满足式（7-1）的指派。例如，设 $x_i=1$，那么对 $j\leqslant i-2$ 置 y_j 为 1；对于 $j>i-2$ 置 y_j 为 0。这时，式（7-1）取值 1。反之，如果有指派满足式（7-1），则该指派必然满足 $(x_1+x_2+\cdots+x_k)$。理由如下：如果满足式（7-1）的指派给某个 x_i 指派为 1，则该指派当然满足 $(x_1+x_2+\cdots+x_k)$。如果满足式（7-1）的指派给所有 x_i 指派为 0，必然给 y_1 指派 1。于是 y_2 指派 1，$\cdots$，y_{k-3} 指派 1，$\neg y_{k-3}$ 指派 1，这是不可能的。

对于每一个形如 $(x_1+x_2+\cdots+x_k)$，$k\geqslant 4$ 的项，我们总可以用一个式（7-1）这样的式子替换它，而且替换式的长度与原式长度只差一个常数因子。实际上，给定任何一个合取范式 E，都能把它变成一个 3 元合取范式 E'，使得 E' 是可满足的当且仅当 E 是可满足的，而且计算两者的时间只差一个常数因子。　　　　　■

现在已经证明的 NP 完全问题至少有几千个，不可能一一列举。图 7-9 中给出了一部分 NP 完全问题及它们之间的可能的归结关系。这些问题涉及的面很广，它包括图论、网络设计、集合与划分、存储与检索、排序与调度、数学规划、代数与数论、游戏与智力测验、逻辑学、自动机与形式语言理论、程序的优化及其他许多问题。这些问题既有实用价值，又有理论意义，因此吸引着大批计算机科学家和数学家进行深入的研究。

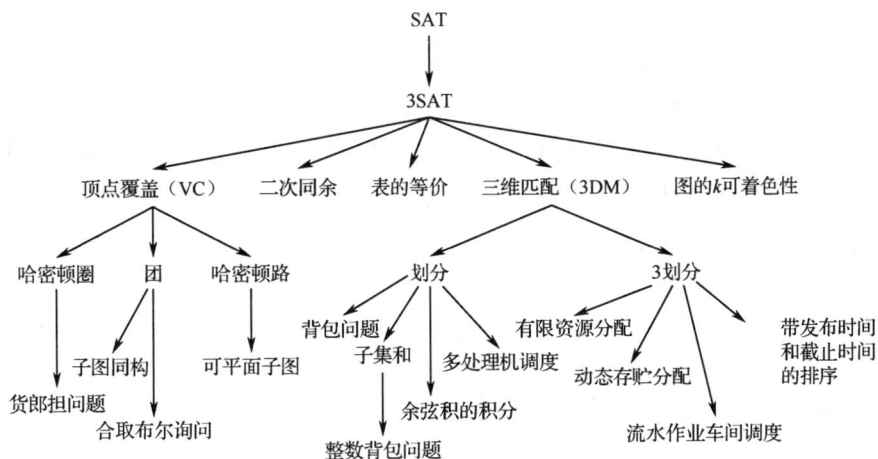

图 7-9　某些 NP 完全问题及归结顺序

7.7　Co-NP 类问题

定义 7.10　对任一判定问题 $\Pi = (D_\Pi, Y_\Pi)$，其中，D_Π 为所有实例的集合，Y_Π 为所有回答为"是"的实例集合，定义 $\overline{\Pi} = D_\Pi$ 为 $\Pi = (D_\Pi, Y_\Pi)$ 的补或余，其中 $Y_\Pi = D_\Pi$。

例如，对于哈密顿回路问题，它的补可如下定义。

实例：图 $G = (V, E)$。

问：G 是否不存在哈密顿回路。

记哈密顿回路问题为 HC，它的补记为 $\overline{HC}$。

为了证明 G 不存在哈密顿回路，需要给出 G 中节点所有可能的排列，并且验证这些排列都不是 G 的哈密顿回路。这和验证 G 存在哈密顿回路是不同的，验证没有排列是 G 的哈密顿回路必须检查所有的排列，而验证 G 存在哈密顿回路只需检查一个排列就可以了。检查 G 的所有排列是不可能在多项式时间内完成的。事实上，至今仍然不知道 $\overline{HC}$ 是否在 NP 中。

定义 7.11　定义

$$Co - NP = \{\overline{\Pi} \mid \Pi \in NP\};$$
$$Co - P = \{\overline{\Pi} \mid \Pi \in P\}。$$

关于 P 与 Co-P 的关系有以下定理。

定理 7.9　如果 Π 是 P 类问题，那么 Π 的补也是 P 类问题。

证明：因为 Π 是 P 类问题，因此存在多项式时间算法求解 Π。利用求解 Π 的多项式时间算法，可以构造求解 $\overline{\Pi}$ 的多项式时间算法，这只要将求解 Π 的多项式时间算法中回答"是"的时候，改成回答"否"，回答"否"的时候改成回答"是"即可。

因此，若判定问题 $\Pi \in P$，则有 $\Pi \in NP \cap Co - NP$ 即 $P \subseteq NP \cap Co - NP$。

定理 7.10　如果一个 NP 完全问题的补是 NP 的，那么 NP=Co-。

证明：假设有一个 NP 完全问题 Π_0，它的补 $\overline{\Pi_0}$ 是 NP 的，我们证明，任何 NP 问题 Π 的补 $\overline{\Pi}$ 也是 NP 的。

因为 Π_0 是 NP 完全问题，故 Π 可多项式变换到 Π_0，而这个变换也构成从 $\overline{\Pi}$ 到 $\overline{\Pi_0}$ 的多项式变换。于是能给出 $\overline{\Pi}$ 的任意回答为"是"的实例的简单检验，即可在多项式时间内完成两件事情：生成 $\overline{\Pi_0}$ 的回答为"是"的实例的多项式变换的运算过程和 $\overline{\Pi_0}$ 的该实例的证明过程。因为 $\overline{\Pi_0}$ 是 NP 的，这样的多项式时间内可检验的论证存在，且因变换是多项式时间的，故整个证明就是多项式时间的，所以 $\overline{\Pi}$ 是 NP 的。因 Π 是任意的 NP 问题，故推出 NP=Co-NP。

NP 和 Co-NP 的关系，也是一个没有解决的难题。即使 $\Pi \in NP$，也不一定有 $\overline{\Pi} \in Co - NP$ 人们一般猜想 NP≠Co-NP。

类似地可以证明：若 $NP \cap Co - NP \neq \phi$，则亦有 NP=Co-NP。

于是，NP 完全问题是那样一些问题，它们的补很可能不是 NP 的。反之，如果一个 NP 问题的补也是 NP 的，就表明该问题不是 NP 完全的。

综合以上各节的讨论，我们可以用图 7-10 来表示各类问题之间的关系。

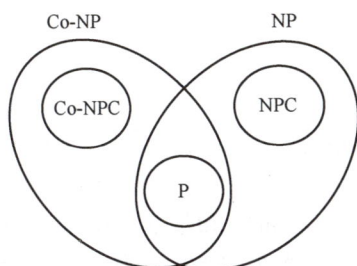

图 7-10　一些问题类之间的一种可能的关系（假设）

无论是 NP 类还是 Co-NP 类，都是多项式空间可解的。即 NP⊆P-SPACE，Co-NP⊆P-SPACE。在 P-SPACE 之外，还有更复杂的问题类。人们现在猜想的各类问题的计算难度大体如图 7-11 所示。现实世界中还存在大量的比 NP 类、Co-NP 类更加难解的问题！

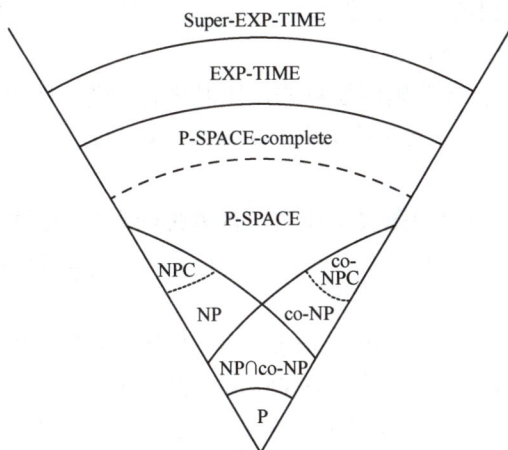

图 7-11　复杂性的分级结构

本章小结

本章定义了确定型图灵机和非确定型图灵机，讨论了图灵机模型与 RAM 模型的关系。在此基础上定义了 P 和 NP 两个问题类，讨论了 NP 完全性，证明了 COOK 定理，讨论了 Co-NP 类问题及其性质。

COOK 定理的重要性是巨大的，它实际上给出了第一个 NP 完全问题。对于任何问题 Q，只要能证明① $Q \in NP$；② $SAT \propto Q$，则 $Q \in NPC$。于是，COOK 定理之后，证明一个问题 Q 的 NP 完全性由下述三步组成：

（1）证明问题 Q 属于 NP。

（2）选择一个已知的 NP 完全问题 Q'。

（3）构造从 Q' 到 Q 的多项式变换函数 f。

就是根据这样的思路，人们很快地证明了其他许多问题的 NP 完全性。

习题

1. 对于表 7-1 定义的图灵机，给出输入串是：（a）0010，（b）01010 时的格局序列。

2. 设计一台三带图灵机，在带 1 和带 2 上输入两个二进制正整数，在带 3 上输出这两个整数的和。假定各带的左端有一个特殊符号 "τ" 做标记。

3. 设计一台多带图灵机，给它输入两个二进制正整数时，它计算出这两个数的积。

4. 设计做下述工作的图灵机：

（1）当带 1 上输入 0^n 时，在带 2 上输出 0^{n^2}；

（2）接受一切形如 $0^n 10^{n^2}$ 的输入串。

5. 对于例 7.5 给出的非确定型图灵机 M，输入符号串 10101，给出一切合法的格局序列。M 能接受这个输入吗？

6. 用类高级语言设计非确定型算法，使得它们接受一切形如 $10^{i_1}10^{i_2}\cdots10^{i_k}$ 的串，串满足的条件是：只要对某个 $r, s, 1 \leqslant r < s \leqslant k$，有 $i_r = i_s$。

7. 证明定理 7.4。

8. 证明一台多带确定型图灵机能由一台单带确定型图灵机模拟，而且二者之间的时间复杂性是多项式相关的。[提示：可以只考虑由单带机来模拟双带机的工作。]

9. 写一个 RAM 程序，它能在 $O(n)$ 的时间内求一个布尔合取范式的值。

10. 给出一个 RAM 程序，它能在 $O(n)$ 的时间内求出一个布尔表达式的值。

11. 证明团（Clique）问题是 NP 完全的。[提示：把 CNF 可满足性问题多项式归结为团问题。]

12. 证明顶点覆盖（VC）问题是 NP 完全的。[提示：由 SAT∝VC 或 Clique∝VC。]

13. 证明哈密顿回路问题是 NP 完全的。

14. 设 $P_1(x)$ 和 $P_2(x)$ 都是多项式。证明存在一个多项式，使得对任意 x，它的值超过 $P_1(P_2(x))$。

15. 给出一个解 2 满足性问题的多项式时间算法。

第 8 章

随机化算法

目前为止，我们所学习的算法都是确定性算法，这类确定性算法在给定特定输入的情况下，底层机器总是通过相同的状态序列产生相同的输出。例如，我们利用回溯算法来解决排课问题，该算法通过尝试所有可能的课程组合，并回溯到上一个决策点来避免冲突，最终找到满足所有约束条件的课程表。确定性算法在处理问题时具有一致性和可预测性，它们在需要精确和可靠结果的场合非常重要，比如科学计算、数据处理等应用。

然而，在某些问题中，确定性算法可能会遇到最坏情况，导致性能急剧下降，远低于平均性能。例如，在基于分治策略的算法中，如果每次分割都产生非常不平衡的子问题（一个子问题很小，另一个子问题很大），这可能导致递归树的深度增加，从而增加算法的总体运行时间。为简化问题的复杂性，提升算法在一些 NP 难问题上的优化效率，研究人员为算法引入随机性，从而产生了与之相对的不确定性算法（Uncertain Algorithms）。

不确定性算法通常指的是那些在执行过程中可能产生不同结果的算法，即使输入数据保持不变。这种算法的输出依赖于随机因素，如随机数生成器的种子或者算法中故意引入的随机性。不确定性算法在很多场景下十分有效，尤其是面对难以解决的 NP 难问题，需要探索大量可能性或者在问题本身具有内在随机性时。然而，由于它们的随机性，不确定性算法可能需要多次运行以获得最佳或平均性能，或者需要额外的验证步骤来确保解的正确性。不确定性算法根据算法的设计思想大致可以分为两类：随机化算法和智能算法。我们将在本章和第 9 章节对这两类算法进行详细介绍。

8.1 随机化算法的基本思想

8.1.1 什么是随机化算法

随机化算法

随机化算法的基本思想是将随机性或概率方法引入算法设计中指导算法的决策过程，以提高算法的效率，简化问题的解决过程或避免某些不利情况的发生。因

此在设计随机化算法时需要考虑以下三个重要因素。

- **输入实例**：这是原问题的输入部分，即算法需要处理的数据或条件。
- **随机源**：随机化算法的一个重要组成部分是随机源，它提供了算法在执行过程中所需的随机数或随机选择。这些随机数或随机选择会直接影响算法的执行流程或执行结果。
- **停止准则**：随机算法需要有明确的停止准则，以确定算法何时停止执行。停止准则可以是达到某个特定条件或达到一定的迭代次数等。

我们以"石头-剪刀-布"游戏为例来说明这些要素，在该游戏中，输入实例是两个玩家之间游戏的一轮初始状态。具体来说，这可能包括两个玩家之前的得分（如果有的话）、当前轮次的编号等。然而，在简化情况下，我们可以认为每一轮游戏都是独立的，因此输入实例可能仅仅是一个表示开始新一轮次的信号。而随机源用于决定玩家在每一轮中出拳（石头-剪刀-布）的选择。这通常通过一种随机生成器可以实现。在"石头-剪刀-布"游戏中，停止准则可能基于多个因素，如达到指定的轮数，游戏可以设定一个固定的轮数，当完成这些轮数后游戏结束；一方得分达到阈值，如果游戏有计分系统，当某一方得分达到某个阈值时，游戏结束；或者玩家选择退出，玩家可以随时选择退出游戏。

可以发现在"石头-剪刀-布"游戏中引入了随机源，将导致每次玩家决策的结果都是不可预测的。例如，我们以同等概率选择石头、剪刀和布。在这种情况下，即使玩家知道对手的策略，也无法知道对手会采取哪种行为，因此也就无法普遍地反击该行为。事实上，无论对手使用什么策略，玩家赢得单个回合的概率都是三分之一。

因此，概率在随机化算法中扮演重要角色，它决定了算法在面临选择时采用某种决策的可能性。然而，由于随机化算法的执行过程和结果具有随机性，因此其性能通常也需要利用概率来评估。例如，我们可能关心算法在平均情况下的运行时间，或者在最坏情况下的运行时间，这些时间通常是基于概率分布的期望值或方差来计算的。此外，我们还可能关心算法的正确率，即算法能够正确解决问题的概率。

8.1.2　概率论公理

从数学背景来分析随机化算法。任何一个概率命题中都会涉及基本概率空间。具体而言，一个基本概率空间通常包含三个要素。

定义 8.1　概率空间的三要素：

- **样本空间 Ω**：表示所有可能结果的集合。样本空间中的每一个元素称为一个样本点。
- **事件**：表示样本空间 Ω 的一个子集，它包含了一个或多个样本点。一个事件对应于一个或多个可能的结果。
- **概率函数 $P(A)$**：表示一个从事件集合到实数区间的映射。它满足概率的公理：
  - 对于任意事件 A，有 $P(A) \geq 0$（非负性）。
  - 对于整个样本空间 Ω，有 $P(\Omega) = 1$（完全性）。
  - 对于任意两两不相交的事件 $(A_1, A_2, \cdots, A_n)$，即对所有 $i \neq j$，有 $A_i \bigcup A_j = \varnothing$，且 $P(A_1 \bigcup A_2 \bigcup \cdots \bigcup A_n) = P(A_1) + P(A_2) + \cdots + P(A_n)$（可加性）。

随机化算法中经常需要定义随机事件，并计算这些事件发生的概率。为此，必须要明确样本空间，即所有可能结果的集合。然后，可以定义随机事件作为样本空间的子集，并使用概率函数来计算这些事件的概率。

在"石头-剪刀-布"游戏中，样本空间为所有可能的结果的集合，因此可以定义为：

$$\Omega = \{ 石头,\ 剪刀,\ 布 \}$$

而随机事件是样本空间的一个子集。由于玩家可以从样本空间挑选不同的行为，我们可以定义多种随机事件，比如：

➤ 玩家 A 出石头：

$$A_{石头} = \{ 石头 \}$$

➤ 玩家 A 出剪刀：

$$A_{剪刀} = \{ 剪刀 \}$$

➤ 玩家 A 和玩家 B 出相同的手势：

$$A_{相同} = \{ (石头,\ 石头),(剪刀,\ 剪刀),(布,\ 布) \}$$

注意，在定义"玩家 A 和 B 出相同的手势"这个事件时，我们实际上是在考虑两个玩家的联合样本空间，即：

$$\Omega_{联合} = \{ (石头,\ 石头),(石头,\ 剪刀),(石头,\ 布),(剪刀,\ 石头),(剪刀,\ 剪刀),(剪刀,\ 布),(布,\ 石头),(布,\ 剪刀),(布,\ 布) \}$$

为了计算概率，我们需要知道每个事件包含的样本点数量以及样本空间的总大小。在"石头-剪刀-布"游戏中，每个玩家独立地随机选择石头、剪刀或布，因此每个结果的概率都是相等的。

➤ 玩家 A 出石头的概率：

$$P(A_{石头}) = \frac{1}{3}$$

➤ 玩家 A 出石头的概率：

$$P(A_{剪刀}) = \frac{1}{3}$$

➤ 玩家 A 和玩家 B 出相同手势的概率：

$$P(A_{相同}) = \frac{3}{9} = \frac{1}{3}$$

注意，在计算"玩家 A 和玩家 B 出相同手势"的概率时，我们是在联合样本空间上进行的。联合空间样本有 9 个样本点（每个玩家都有 3 种选择），其中 3 个样本点满足"相同手势"的条件。

由于事件可以用集合表示，则 $A_1 \bigcap A_2$ 表示事件 A_1 和 A_2 同时发生，$A_1 \bigcup A_2$ 表示事件 A_1 或 A_2（或两者）发生。例如，在投掷骰子游戏中，A_1 表示第一粒骰子点数为 1 事件，A_2 表示第二粒骰子点数为 1 事件，则 $A_1 \bigcap A_2$ 表示两粒骰子点数都为 1 事件，而 $A_1 \bigcup A_2$ 表示至少有一粒骰子点数为 1 事件。类似地，$A_1 - A_2$ 表示事件 A_1 发生，而事件 A_2 没有发生。在投掷骰子游戏中，$A_1 - A_2$ 表示第一粒骰子点数为 1，而第二粒点数不为 1 事件。$\overline{A}$ 表示 $\Omega - A$，例如，如果 A 代表投掷骰子得到偶数点事件，那么 $\overline{A}$ 表示得到奇数点事件。

根据概率的定义 8.1，我们能够得出如下引理。

引理 8.1 对于任意两个事件 A_1 和 A_2，

$$P(A_1 \bigcup A_2) = P(A_1) + P(A_2) - P(A_1 \bigcap A_2)$$

证明 由概率的公理，

$$P(A_1) = P(A_1 - (A_1 \bigcap A_2)) + P(A_1 \bigcap A_2)$$

$$P(A_2) = P(A_2 - (A_1 \bigcap A_2)) + P(A_1 \bigcap A_2)$$

$$P(A_1 \bigcup A_2) = P(A_1 - (A_1 \bigcap A_2)) + P(A_2 - (A_1 \bigcap A_2)) + P(A_1 \bigcap A_2)$$

因此引理得证。

概率的公理的一个推论称为并的界。它虽然十分简单，但是极其有用。

引理 8.2 对任意有限或可数无穷的事件序列 $A_1, A_2, \cdots$，总有：

$$P(\bigcup_{i \geqslant 1} A_i) \leqslant \sum_{i \geqslant 1} P(A_i)$$

注意引理 8.2 与公理中的第三个条件的区别，公理中是等式，并且要求事件两两互不相交。

推广引理 8.1 可以得到如下等式，通常称为容斥原理。

引理 8.3 设 $A_1, A_2, \cdots, A_n$ 为任意 n 个事件，则

$$P(\bigcup_{i=1}^{n} A_i) = \sum_{i=1}^{n} P(A_i) - \sum_{i<j} P(A_i \bigcap A_j) + \sum_{i<j<k} P(A_i \bigcap A_j \bigcap A_k) - \cdots$$

$$+ (-1)^{\ell+1} \sum_{i_1 < i_2 < \cdots < i_k} P(\bigcap_{i=1}^{\ell} A_{i_r}) + \cdots$$

当事件之间是相互独立的时，即一个事件的发生不会影响另一个事件的发生概率，则称事件 A_1 和事件 A_2 是独立的。独立概率的定义如下。

定义 8.2： 两个事件 A_1, A_2 是独立的，当且仅当：

$$P(A_1 \bigcap A_2) = P(A_1) \cdot P(A_2)$$

更一般地，事件 $A_1, A_2, \cdots, A_n$ 两两独立，当前仅当对任意的子集 $I \subseteq [1, n]$，

$$P(\bigcap_{i \in I} A_i) = \prod_{i \in I} P(A_i)$$

如果当前的事件 A_2 是受到以前迭代事件 A_1 的影响，即已知某个事件已经发生的条件下，另一个事件发生的概率称为条件概率。条件概率的定义如下。

定义 8.3： 在已知事件 A_1 发生的条件下，事件 A_2 也发生的条件概率为：

$$P(A_2 | A_1) = \frac{P(A_2 \bigcap A_1)}{P(A_1)}$$

仅当 $P(A_1) > 0$ 时，条件概率才有定义。

在实际问题中，需要根据具体情况选择使用独立概率还是条件概率，并灵活应用概率论知识解决问题。例如，在决策分析中，我们可能需要计算在某个特定条件下某个事件发生的概率，这就需要使用条件概率。而在分析两个事件是否相互独立时，则需要使用独立概率进行判断。

8.1.3 随机化算法的分类

根据定义 8.1，随机化算法是一种在算法中使用了随机函数的算法，其分类主要基于算法的性质和特征。一般来说，随机化算法大致可以分为以下四类。

1. 数值随机化算法（Numerical Randomized Algorithm）

这类算法通常用于数值问题的求解，得到的往往是近似解。在许多情况下，计算出问题的精确解可能是不可能或没必要的，因此数值随机化算法能提供相当满意的解。数值随机化算法的一个显著优势是，随着计算时间的增加，近似解的精度也会不断提高。这意味着，通过增加计算资源和时间，可以获得更准确的近似解。此外，由于使用了随机性，数值随机化算法通常具有较低的算法复杂度，使得它们在处理大规模或者复杂问题时更为高效。

在 MATLAB 等计算环境中，数值随机化算法被广泛应用于各种积分、微分和数值计算中。通过模拟随机过程，这类算法能够处理那些难以用确定性方法求解的问题，并提供满意的近似解。值得注意的是，数值随机化算法中的随机数通常是伪随机数，即在计算机上生成的、具有一定随机性质的数。这些伪随机数在算法中扮演着重要的角色，帮助实现随机性并影响算法的执行流程和结果。

2. 舍伍德算法（Sherwood Algorithm）

这类算法在比较线性表的顺序存储与链式存储的特点之后，提出了一种较优的数据结构——用数组模拟链表。该算法的设计思想在于，当确定性算法在最坏情况下的计算复杂性与其在平均情况下的计算复杂性有较大差异时，可以在这个确定算法中引入随机性来将其改造成一个舍伍德算法，从而消除或减少问题的好坏实例间的这种差别。

舍伍德算法的运行时间完全取决于所做的随机选择，它通过引进随机性来避免或者减少最坏情况发生的概率，从而提高算法的计算效率。但有时也会降低最好情形的概率。因此，舍伍德算法可以用来改进最坏情况发生得比较多，而最好情况发生比较少的算法。舍伍德算法本身并不直接解决外部问题，它是用来构建和维护跳跃表的内部机制。跳跃表作为一个数据结构，可以用于解决各种问题，如快速搜索、插入和删除等。舍伍德算法在构建跳跃表时，确保了每个节点的层级是随机决定的，这有助于保持跳跃表的平衡性，从而保证了搜索、插入和删除操作的平均时间复杂度为 $O(\log n)$。这并不意味着舍伍德算法总能求得问题的一个解，而是它保证了跳跃表的效率。舍伍德算法的精髓不在于避免算法的最坏情况行为，而是设法消除这种最坏行为与特定实例之间的关联性。

在实际应用中，舍伍德算法可以用于各种需要优化算法效率的场景，例如，快速排序算法的场景等。通过引入随机性，舍伍德算法能够使得算法的性能更加稳定，减少最坏情况对算法效率的影响。

3. 拉斯维加斯算法（Las Vegas Algorithm）

这类算法求得的解总是正确的，或者返回"无解"（即永不给出错误答案）。与蒙特卡罗算法不同，拉斯维加斯算法在找不到解时会继续运行，直到找到一个解或确定无解为止。

拉斯维加斯算法的名称来源于美国内华达州的拉斯维加斯，其城市以赌博闻名，而拉斯维加斯算法也像是在"赌"算法运行的时间，但不同的是它总是能"赢"（即得到正确答案），只是会花费较多时间。

拉斯维加斯算法的基本思想是在求解过程中引入随机性，以期望在平均情况下获得更好的性能。例如，在解决某些搜索问题时，拉斯维加斯算法可能会随机选择搜索的方向或策略，然后尝试找到一个解。如果找到了解，则算法结束；否则，算法可能会尝试其他随机选择的方向或策略，直到找到一个解或确定无解为止。

拉斯维加斯算法的应用范围很广，包括计算几何、图论、机器学习等领域。在计算几何中，拉斯维加斯算法可以用于解决一些难以直接求解的问题，如计算多边形的面积、判断点是否在多边形内部等。在图论中，拉斯维加斯算法可以用于解决图着色、旅行商问题等。在机器学习中，拉斯维加斯算法可以用于特征选择、模型选择等任务。

需要注意的是，虽然拉斯维加斯算法总是能给出正确的答案，但它的时间复杂度可能是不确定的。因此，在使用拉斯维加斯算法时，需要权衡算法的正确性和时间复杂度之间的关系，并根据具体问题选择合适的算法。

4. 蒙特卡罗算法（Monte Carlo Algorithm）

这类算法通过大量随机抽样来估计复杂问题的解，通常用于求解一些难以直接计算或者没有确定解析解的问题。

蒙特卡罗算法的基本思想是利用随机数来模拟实际问题的过程，通过大量随机样本的统计分析，得到问题的近似解。由于随机数的引入，蒙特卡罗算法的计算结果往往具有一定的随机性和误差，但随着样本数量的增加，结果的精度也会逐渐提高。

蒙特卡罗算法在多个领域都有广泛的应用，包括金融、物理、工程、计算机科学等。在金融领域，蒙特卡罗算法可以用于风险分析、期权定价等；在物理领域，它可以用于模拟粒子运动、计算物理系统的性质等；在工程领域，蒙特卡罗算法可以用于可靠性分析、优化设计等；在计算机科学领域，它可以用于机器学习、图形渲染、密码学等。蒙特卡罗算法的一个典型应用是蒙特卡罗积分法，它通过随机抽样来估计函数的积分值。在蒙特卡罗积分法中，算法会生成大量的随机点，并计算这些点在被积函数下的值，然后通过对这些值的平均来近似估计函数的积分值。

与拉斯维加斯算法相比，蒙特卡罗算法并不保证每次都能给出正确的答案，但可以通过增加样本数量来降低误差。因此，蒙特卡罗算法通常用于求解那些可以接受一定误差范围的问题，或者用于求解那些没有确定解析解的问题。总的来说，蒙特卡罗算法是一种强大而灵活的随机化算法，它利用随机数来模拟和估计复杂问题的解，为求解一些难以直接计算或没有确定解析解的问题提供了一种有效的手段。

8.2 随机数

在随机化算法中，随机数起到至关重要的作用。它们为算法提供了不确定性和不可预测性，使得算法能够在不同的情况下产生不同的结果。随机化算法通常使用随机数来做出决策，例如，选择搜索方向、确定元素的位置或者决定算法的终止条件等。

在计算科学中，生成随机数的方法主要有两种。

1. 伪随机数生成器（PRNGs，Pseudo-Random Number Generators）

伪随机数生成器是一种算法，它接收一个初始值（称为种子或种子值）并生成一个数字序列。这些数字在统计上看起来是随机的，但实际上是由确定性算法产生的。

常见的伪随机数生成器包括线性同余生成器（Linear Congruential Generators，LCGs）、梅森旋转算法（Mersenne Twister）和 XOR 移位寄存器（XORshift）。

伪随机数生成器的优点是速度快，但缺点是如果种子相同，则生成的随机数序列也将相同。因此，在需要高度安全性的应用中（如密码学），伪随机数生成器可能不够安全。

2. 物理随机数生成器（TRNGs，True Random Number Generators）

物理随机数生成器利用物理过程（如放射性衰变、量子噪声或热噪声），来生成真正的随机数。这些过程本质上是随机的，因此生成的数字也是真正的随机数。

物理随机数生成器通常比伪随机数生成器慢很多，但在需要高度安全性的应用中（如密码学、随机数抽奖等）是必需的。

在随机化算法中，通常使用伪随机数生成器来生成随机数。这是因为伪随机数生成器速度快且易于实现，而且在大多数情况下，它们的统计性质足以满足算法的需求。然而，在需要高度安全性的应用中，应该使用物理随机数生成器来确保生成的随机数是真正的随机数。在本书中，我们重点关注伪随机数生成方法。

注意： 在使用随机化算法时，需要仔细考虑随机数对算法性能的影响。有时，不适当的随机数生成或使用可能导致算法的效率降低或结果不准确。因此，在选择随机数生成方法和参数时，应该根据具体的应用场景和需求进行仔细评估和测试。

8.2.1　线性同余生成器（LCGs）

线性同余生成器的工作原理是基于一个线性同余方程，通过递归执行这个方程来生成一个近似真随机的数字序列。

线性同余算法的基本公式如下：

$$x_{n+1} = (ax_n + c)(\mathrm{mod}\, m) \tag{8-1}$$

其中 x 是随机数序列，n 是序列中的位置，a 是乘法因子，c 是加法常数，m 是模数，且 a、c 和 m 均为整数常数，mod 表示求余运算。

这个算法从一个初始种子值开始，通过不断应用上述公式，生成一个随机数序列。可以发现，线性同余生成器生成的并不是真正意义上的随机序列，因为它们是根据一定的参数和算法计算出来的，所以称为计算确定的。

线性同余生成器的一个主要优点是它相对简单且易于实现，因此在许多编程语言中都有现成的库函数使用这种方法来生成随机数。例如 C 语言的 rand() 函数和 Java 的 java.util.Random 类都采用了线性同余生成器算法。

下面我们通过一个具体例子来介绍线性同余生成器的工作原理。

假设我们选择了以下的参数：

> 初始种子值：$x_0 = 1$
> 乘法因子：$a = 1103515245$
> 加法常数：$c = 12345$
> 模数：$m = 2\hat{\ }31$

这些参数在一些编程语言的标准库（如 C 语言的 rand()函数）中被使用，这里只是作为一个示例。根据公式（8-1），从初始种子值 $x_0 = 1$ 开始，我们可以按照上述公式计算后续的随机数。

第一步：计算 x_1：

$$x_1 = (1103515245 \times x_0 + 12345) \bmod 2^{31}$$

第二步：计算 x_2：

$$x_2 = (1103515245 \times x_1 + 12345) \bmod 2^{31}$$

以此类推，可以计算出 $x_3, x_4, \cdots$，形成一个伪随机数序列。

这个序列看起来是随机的，但实际上它是由确定性算法生成的。因此，如果知道了初始种子值和算法参数，就可以重新生成整个随机数序列。这也是伪随机数生成器的一个特性。

具体的实现过程如算法 8-1 所示。

【算法 8-1】 LCG 算法

```
1    //LCG 参数
2    #define a 1103515245
3    #define c 12345
4    #define m (1 << 31) //2^31，使用位运算来表示模数
5
6    unsigned long x; //LCG 的状态
7
8    //初始化 LCG
9    void lcg_init(unsigned long seed) { x = seed; }
10   //使用 LCG 生成下一个随机数
11   unsigned long lcg_next() {
12       x = (a * x + c) % m; //这里使用模运算，但在某些系统上可以直接用位运算代替
13       //如果 m 是 2 的幂，则可以使用位运算代替模运算以提高效率
14       //x = (a * x + c) & (m - 1);
15       return x;}
16
17   int main() {
18       //使用当前时间作为种子初始化 LCG
19       lcg_init(time(NULL));
20
21       //生成并打印一些随机数
22       for (int i = 0; i < 10; i++) {
23           printf("%lu\n", lcg_next()); }
24       return 0;
25   }
```

虽然线性同余生成器是一种广泛使用的伪随机数生成方法，但它也存在一些局

限性，比如周期过短和随机数质量不高等问题。为了解决这些问题，人们提出了一些改进的算法，如梅森旋转算法和 XOR 移位寄存器等，旨在解决原始线性同余生成器周期过短和随机数质量不高的问题。这些改进算法通过引入更复杂的线性变换、使用更大的模数或结合多个线性同余生成器以及通过将寄存器的值进行异或运算和位移操作等方法，生成具有更长周期和更好随机性质的随机数序列，以满足对高质量随机数需求的应用场景。

8.3　随机化算法

8.3.1　数值随机化算法

1. 用随机投点法计算 π 值

设有一半径为 r 的圆及其外切四边形，如图 8-1（a）所示。向该正方形随机地投掷 n 个点。设落入圆内的点数为 k。由于所投入的点在正方形上均匀分布，因而所投入的点落入圆内的概率为 $\dfrac{\pi r^2}{4r^2}=\dfrac{\pi}{4}$。所以当 n 足够大时，k 与 n 之比就逼近这一概率，即 $\dfrac{\pi}{4}$。从而 $\pi \approx \dfrac{4k}{n}$。由此可得用随机投点法计算 π 值的数值概率算法如算法 8-2 所示，在具体实现时，只要在第一象限计算，如图 8-1（b）所示。

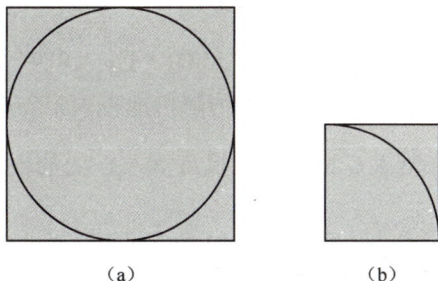

（a）　　　　　　（b）

图 8-1　计算 π 值的随机投点法

【算法 8-2】用随机投点法计算值

```
1    #define TOTAL_POINTS 1000000    //投点的总数
2
3    int main() {
4        int insideCircle = 0;   //落在圆内的点数
5        double x, y;
6        srand(time(NULL));   //用当前时间作为随机数生成器的种子
7
8        for (int i = 0; i < TOTAL_POINTS; i++) {
9            //在[0, 1]范围内生成随机 x 和 y 坐标
10           x = (double)rand() / RAND_MAX;
```

```
11              y = (double)rand() / RAND_MAX;
12
13              //判断点是否落在单位圆内（即 x^2 + y^2 <= 1）
14              if (x * x + y * y <= 1.0) {
15                  insideCircle++; }
16          }
17      //估计 π 的值
18      double pi_estimate = 4.0 * (double)insideCircle / TOTAL_POINTS;
19      printf("Estimated value of pi: %f\n", pi_estimate);
20          return 0;
21  }
```

在该算法中，定义了一个常量 TOTAL_POINTS，表示要投的总点数。然后使用 srand 函数和当前时间作为种子来初始化随机数生成器。接下来，它使用一个循环来模拟投点过程，并在每次迭代中生成一个随机的 (x, y) 点。如果这个点落在单位圆内（即 $x^2 + y^2 \leq 1$），则 insideCircle 计算器递增。最后，它使用公式 4*（点在园内的数量/总点数）来估计 π 的值，并打印结果。

2. 计算定积分

（1）用随机投点法计算定积分。

设 $f(x)$ 是 $[0,1]$ 上的连续函数，$0 \leq f(x) \leq 1$。需要计算的积分为 $I = \int_0^1 f(x)\mathrm{d}x$，积分 I 等于图 8-2 中的面积 G。

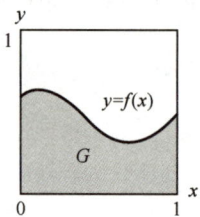

图 8-2   计算定积分

在图 8-2 所示单位正方形内均匀地做投点实验，则随机点落在曲线下面的概率为：

$$P\{y \leq f(x)\} = \int_0^1 \int_0^{f(x)} \mathrm{d}y\mathrm{d}x = \int_0^1 f(x)\mathrm{d}x$$

假设向单位正方形内随机地投入 n 个点 (x_i, y_i)。如果有 m 个点落入 G 内，则随机点落入 G 内的概率为 $I \approx \dfrac{m}{n}$。

如果所遇到的积分形式为 $I = \int_a^b f(x)\mathrm{d}x$，其中 a 和 b 为有限值，被积函数 $f(x)$ 在区间 $[a,b]$ 中有界，我们将其与矩形 $[a, b] \times [0, M]$（其中 M 是 $f(x)$ 在区间 $[a, b]$ 上的最大值）的面积进行比较。

【算法 8-3】用随机投点法计算定积分

```
6   //被积函数
7   double f(double x) {
8       //示例：计算 x^2 在 [0, 1] 上的定积分
9       return x * x; }
10  //找到函数在区间 [a, b] 上的最大值
11  double findMax(double (*func)(double), double a, double b, int n) {
12      double max = func(a);
13      for (int i = 0; i < n; i++) {
14          double x = a + (b - a) * ((double)i / (n - 1));
15          if (func(x) > max) {
```

```
16                    max = func(x); }
17            return max;}
18    //使用随机投点法计算定积分
19    double monteCarloIntegration(double (*func)(double), double a, double b, int n) {
20            //找到函数在区间 [a, b] 上的最大值
21            double M = findMax(func, a, b, 1000); //使用 1000 个点近似找最大值
22
23            //初始化随机数生成器
24            srand(time(NULL));
25
26            //计算落在函数下方的点数
27            int count = 0;
28            for (int i = 0; i < n; i++) {
29                    double x = a + (b - a) * ((double)rand() / RAND_MAX);
30                    double y = a + (M - 0) * ((double)rand() / RAND_MAX); //这里是从 0 到 M,但
                            实际上我们只关心 y 是否小于 f(x)
31                    if (y < func(x)) {
32                            count++; }
33            }
34
35            //计算积分值
36            double areaRect = (b - a) * M; //矩形的面积
37            double areaUnderCurve = (double)count / n * areaRect; //落在函数下方的面积（近似）
38            return areaUnderCurve;
39    }
```

注意： 这个代码只是一个示例，并且为了简单起见，它使用了一个非常基础的方法来近似找到函数在给定区间上的最大值。在实际应用中，可能需要更精确的方法来找到这个最大值，或者使用更复杂的蒙特卡罗算法变体来提高精度。此外，由于蒙特卡罗算法的随机性，每次运行程序时得到的结果可能会有所不同。

（2）用平均值法计算定积分。

平均值法（或称为中点法）是一种近似的数值积分方法，用于估计定积分的值。这种方法的基本思想是将积分区间划分为若干个子区间，然后在每个子区间的中点处取函数值，并将这些函数值与子区间的宽度相乘，最后将所有乘积相加得到定积分的近似值。

假设我们要计算函数 $f(x)$ 在区间 $[a,b]$ 上的定积分 $\int_a^b f(x)\mathrm{d}x$。

（1）划分区间：首先将区间 $[a,b]$ 划分为 n 个等宽的子区间，每个子区间的宽度为 $\Delta x = \dfrac{b-a}{n}$。

（2）取中点：在每个子区间 $[x_{i-1}, x_i]$（其中 $x_i = a + i\Delta x, i = 1, 2, \cdots, n$）上，取中点 x_i^*，其中 $x_i^* = \dfrac{x_{i-1} + x_i}{2}$。

（3）计算近似值：在每个子区间的中点 x_i^* 处计算函数 $f(x_i^*)$，并将这些函数值的子区间的宽度 Δx 相乘，得到每个子区间的近似积分值 $f(x_i^*)\Delta x$。

（4）求和：将所有子区间的近似积分值相加，得到定积分的近似值：

$$\int_a^b f(x)\mathrm{d}x \approx \sum_{i=1}^n f(x_i^*)\Delta x$$

【算法 8-3】用平均值法计算定积分

```
3    //被积函数
4    double f(double x) {
5        return x * x; }
6
7    //平均值法计算定积分
8    double midpoint_integration(double (*f)(double), double a, double b, int n) {
9        double delta_x = (b - a) / n;              //子区间的宽度
10       double integral = 0.0;                     //初始化积分值为0
11
12       //遍历每个子区间
13       for (int i = 0; i < n; i++) {
14           double x_mid = a + (i + 0.5) * delta_x;   //计算子区间的中点
15           integral += f(x_mid) * delta_x;           //累加每个子区间的近似积分值
16       }
17       return integral;
18   }
```

这段代码定义了一个被积函数 $f(x)=x^2$ 和一个计算定积分的函数 midpoint_integration。在 midpoint_integration 函数中，我们计算了每个子区间的中点，并在这些点上评估了函数 $f(x)$，然后将这些值乘以子区间的宽度并累加起来，从而得到定积分的近似值。在 main 函数中，我们调用了 midpoint_integration 函数并打印了结果，同时还打印了精确值以便比较。

3. 解非线性方程组

假设要求解下面的非线性方程组：

$$\begin{cases} f_1(x_1, x_2, \cdots, x_n) = 0 \\ f_2(x_1, x_2, \cdots, x_n) = 0 \\ \quad\quad\vdots \\ f_n(x_1, x_2, \cdots, x_n) = 0 \end{cases}$$

其中，$x_1, x_2, \cdots, x_n$ 是实数变量，f_i 是未知量 $x_1, x_2, \cdots, x_n$ 的非线性实函数。要求确定上述方程组在指定求根范围内的一组解。

解决这类问题的方法有很多，其中一些常用的数值方法包括迭代法、牛顿法以及梯度下降法等。这些方法的基本思想是通过一系列迭代步骤，逐步逼近方程组的解。但是，这些数值方法可能不适用于所有类型的非线性方程组，特别是解空间复杂或存在多个解的情况下。而且一些数值方法（如牛顿法）可能需要计算函数值和偏导数值，并求解线性方程组，这可能导致较大的计算量。面对这种情况，我们可以考虑使用随机化算法来探索更广阔的解空间。随机化算法具有较强的探索性、适应性以及并行性，能够高效地在复杂搜索空间中发现全局最优解或更好的近似解。

但是随机化算法也有一些缺陷，例如其收敛性通常不如数值方法稳定，随机化算法的性能可能受到初始条件、搜索策略和参数设置的影响等。为了得到更好的性能，通常可以考虑将随机化算法和数值方法结合起来，以提高搜索效率和解的质量。本节我们主要介绍采用随机化算法来求解非线性方程组。

为了求解所给的非线性方程组，构造一目标函数：

$$\Phi(x) = \sum f_i^2(x)$$

式中，$x = (x_1, x_2, \cdots, x_n)$。该函数的极小值点就是所求非线性方程组的一组解。

在求 $\Phi(x) = 0$ 的解时可采用简单随机模拟算法。在指定求根区域内，选定一个 x_0 作为根的初值。按照预先选定的分布，逐个选取随机点 x，计算目标函数 $\Phi(x)$，并把满足精度要求的随机点 x 作为所求非线性方程组的近似解。用这种方法求根，方法直观，算法简单，但工作量较大。为了克服该缺点，下面介绍一个随机搜索算法。

在指定求根区域 D 内，选定一个随机点 x_0 作为随机搜索的出发点。在算法的搜索过程中，假设第 j 步随机搜索得到的随机搜索点为 x_j。在第 $j+1$ 步，计算出下一步的随机搜索增量 Δx_j。从当前点 x_j 依 Δx_j 得到第 $j+1$ 步的随机搜索点。当 $x < \varepsilon$ 时，取为所求非线性方程组的近似解。否则进行下一步新的随机搜索过程。

具体算法描述如下。

【算法 8-4】用随机化算法求解非线性方程组

```
1    //函数 f_i(x)的原型，这里用 f 作为示例
2    double f[N](double x[N]); //实际上，你需要定义这些函数的具体形式
3
4    //计算函数值的欧几里得范数
5    double normOfFunctions(double x[N]) {
6        double sum = 0.0;
7        for (int i = 0; i < N; i++) {
8            sum += f[i](x) * f[i](x); }
9        return sqrt(sum);
10   }
11
12   //随机搜索算法
13   void randomSearch(double minX[N], double maxX[N], double epsilon, int maxIter) {
14       srand(time(NULL)); //初始化随机数种子
15
16       //随机初始化搜索点 x_0
17       double x[N];
18       for (int i = 0; i < N; i++) {
19           x[i] = minX[i] + (maxX[i] - minX[i]) * ((double)rand() / RAND_MAX); }
20       for (int j = 0; j < maxIter; j++) {
21           //计算当前点的函数值范数
22           double currentNorm = normOfFunctions(x);
23
24           //如果满足精度要求，则输出解并退出
25           if (currentNorm < epsilon) {
```

```
26              printf("Found approximate solution: ");
27              for (int i = 0; i < N; i++) {
28                  printf("(%f, ", x[i]); }
29              printf(")\n");
30              return; }
31
32          //生成随机的搜索增量 delta_x_j
33          double deltaX[N];
34          for (int i = 0; i < N; i++) {
35              deltaX[i] = ((double)rand() / RAND_MAX) * 2 * (maxX[i] - minX[i]) -
                (maxX[i] - minX[i]); }
36
37          //更新搜索点 x_j+1 = x_j + delta_x_j
38          for (int i = 0; i < N; i++) {
39              x[i] += deltaX[i];
40              //确保新的搜索点仍在指定区域内
41              x[i] = fmax(minX[i], fmin(maxX[i], x[i])); }
42      }
43
44      //如果迭代完成仍未找到满足条件的解，则输出最终近似解
45      printf("Final approximate solution (after %d iterations): ", maxIter);
46      for (int i = 0; i < N; i++) {
47          printf("(%f, ", x[i]);
48      }
49      printf(")\n");
50  }
```

8.3.2　舍伍德算法

舍伍德算法的核心思想是通过在确定性算法中引入随机性来消除或减少问题的好坏实例间的性能差异。舍伍德算法并不是避免算法的最坏情况行为，而是设法消除这种最坏行为与特定实例之间的关联性，从而平滑算法的性能。

相比确定性算法，舍伍德算法的优势体现在以下几个方面。

（1）均匀性。舍伍德算法的时间复杂度对于所有输入实例来说相对均匀。这意味着无论输入数据如何变化，舍伍德算法的运行时间波动较小。确定性算法的性能则可能会因输入数据的不同而有很大差异，特别是当输入数据具有某种特定模式或结构时，确定性算法的性能可能会急剧下降。

（2）有效性。舍伍德算法能够显著改善算法的有效性，即使对于某些传统确定性算法难以找到有效解的问题，舍伍德算法也能得到满意的解决方案。这是因为舍伍德算法通过随机化搜索过程，能够避免陷入局部最优解，从而找到全局最优解或接近全局最优解的解。

（3）适应性。舍伍德算法能够适应不同的输入数据分布，并在各种情况下保持相对稳定的性能。这是因为舍伍德算法通过引入随机性，能够在更广泛的解空间中进行搜索，从而找到更好的解。而确定性算法可能只适用于特定的输入数据分布，

对于其他分布的数据，其性能可能会大幅下降。

（4）正确性。一旦舍伍德算法找到一个解，这个解就一定是正确的。这是因为舍伍德算法的设计确保了其产生的解总是满足问题的要求。确定性算法在搜索过程中可能会陷入局部最优解，而无法找到全局最优解，或者找到的解可能不满足问题的要求。

以快速排序算法为例，传统的确定性快速排序算法在选择基准元素时通常采用固定的方式（如选择第一个或最后一个元素），这可能导致在某些输入数据下算法的性能急剧下降。而舍伍德快速排序算法则通过随机选择基准元素来克服这一局限性。具体来说，舍伍德快速排序算法在每次划分序列时都随机选择一个元素作为基准元素，这样可以确保算法的性能对于所有输入序列都是相对均匀的。

1. 随机化快速排序算法

在第 2 章我们已经介绍了快速排序算法，这里我们将随机性引入算法中介绍随机化快速排序算法。随机化快速排序算法的核心思想是通过随机选择基准元素来减少最坏情况的发生，从而提高算法的平均性能。

随机化快速排序的基本步骤如下：

（1）选择基准元素。从待排序的数组中随机选择一个元素作为基准元素。

（2）分区操作。将数组分成两个子数组：一个包含所有小于基准元素的元素，另一个包含所有大于基准元素的元素。这个步骤通常通过"分区操作"来实现，即将基准元素放到一个位置，使得其左边的元素都不大于它，右边的元素都不小于它。

（3）递归排序。递归地对这两个子数组进行快速排序。

舍伍德快速排序算法的优势在于其通过随机选择基准元素，减少了最坏情况的发生。在传统快速排序中，如果输入数组已经有序或接近有序，算法的性能会大幅下降，因为划分过程可能无法有效地将数据分成大小相近的两部分。而舍伍德快速排序算法通过随机选择基准元素，可以打破这种有序性，使得算法在平均情况下的性能更加稳定。

在时间复杂度方面，舍伍德快速排序算法的平均时间复杂度为 $O(n \log n)$，其中 n 是待排序数组的长度。在最坏情况下，其时间复杂度仍然是 $O(n^2)$，但由于随机性的引入，最坏情况的发生概率大大降低。在空间复杂度方面，舍伍德快速排序算法的空间复杂度与原始快速排序算法相同，为 $O(\log n)$（递归调用栈的深度）。然而，由于舍伍德快速排序算法减少了最坏情况的发生，因此在实际应用中可能更节约内存空间。

举例说明，我们假设有一个待排序的数组 arr =[6,4,8,2,3]，下面是舍伍德快速排序算法的一个可能执行过程。

（1）第一轮：随机选择基准元素，这里我们选择 6。分区操作后，数组变为 [2,4,3,6,8]。其中 6 左边的元素都小于它，右边的元素都大于它。

（2）第二轮（对左子数组[2,3,4]进行递归排序）：随机选择基准元素，这里我们选择 4。分区操作后，数组变成[2,3,4,6,8]。此时左子数组已经有序。

（3）第三轮（对右子数组[8]进行递归排序，但因为它只有一个元素，所有直接返回）：不需要任何操作，因为子数组只有一个元素，它已经是排序好的。

以上执行过程可描述如下。

【算法 8-5】随机化快速排序算法

```
1    //假设数组从 0 开始索引
2    void swap(int* a, int* b) {
3        int t = *a;
4        *a = *b;
5        *b = t; }
6
7    int partition(int arr[], int low, int high) {
8        //随机选择一个基准元素（这里为了简化，我们使用 arr[high]作为基准）
9        int pivot = arr[high];
10       int i = (low - 1);   //索引从 i+1 开始
11
12       for (int j = low; j <= high - 1; j++) {
13           //如果当前元素小于或等于基准
14           if (arr[j] <= pivot) {
15               i++;    //增加 i
16               swap(&arr[i], &arr[j]);
17           }
18       }
19       swap(&arr[i + 1], &arr[high]);
20       return (i + 1);
21   }
22
23   void quickSort(int arr[], int low, int high) {
24       if (low < high) {
25           /* pi 是分区操作后基准元素的索引  */
26           int pi = partition(arr, low, high);
27
28           //递归地对基准元素左边的子数组和右边的子数组进行排序
29           quickSort(arr, low, pi - 1);
30           quickSort(arr, pi + 1, high); }
31   }
```

注意：上述伪代码中，为了简化，没有实现随机选择基准元素的部分。在实际应用中，可以使用随机数生成器来选择一个索引作为基准元素的索引。

2．随机化线性时间选择算法

随机化线性时间选择算法是一种用于在未排序的数组中找到第 k 小（或第 k 大）元素的算法，其平均时间复杂度 $O(n)$，其中 n 是数组的大小。这种算法的基本思想是，通过随机选择基准元素并进行区分，使得算法在平均情况下能够快速地找到所需的元素。

以下是随机化线性时间选择算法的基本步骤。

（1）选择基准元素。从数组中随机选择一个元素作为基准元素。

（2）分区操作。将数组划分两个子数组，使得左边子数组的所有元素都小于基准，右边子数组的所有元素都大于或等于基准。

（3）判断并递归：

① 如果基准元素的位置正好是第 k 个，则返回基准元素。

② 如果基准元素的位置小于 k，则在右边子数组中继续查找第 k-当前基准位置个元素。

③ 如果基准元素的位置大于 k，则在左边子数组中继续查找第 k 个元素。

随机化线性时间选择算法描述如下。

【算法 8-6】随机化线性时间选择算法

```
1    //交换函数
2    void swap(int* a, int* b) {
3        int t = *a;
4        *a = *b;
5        *b = t;
6    }
7
8    //随机选择基准并进行划分
9    int randomizedPartition(int arr[], int low, int high) {
10       int pivotIndex = rand() % (high - low + 1) + low; //随机选择基准的索引
11       swap(&arr[pivotIndex], &arr[high]); //将基准元素放到数组末尾
12       int pivot = arr[high]; //基准元素的值
13       int i = low - 1; //小于基准元素的索引
14
15       for (int j = low; j < high; j++) {
16           if (arr[j] <= pivot) {
17               i++;
18               swap(&arr[i], &arr[j]);
19           }
20       }
21       swap(&arr[i + 1], &arr[high]); //将基准元素放到正确的位置
22       return i + 1;
23   }
24
25   //随机化线性时间选择算法
26   int randomizedSelect(int arr[], int low, int high, int k) {
27       if (low == high) return arr[low]; //如果只有一个元素，直接返回
28
29       int pivotIndex = randomizedPartition(arr, low, high); //划分数组
30
31       if (k == pivotIndex) {
32           return arr[k]; //如果基准位置恰好是第 k 个，直接返回
33       } else if (k < pivotIndex) {
34           return randomizedSelect(arr, low, pivotIndex - 1, k); //在左子数组中继续查找
35       } else {
36           return randomizedSelect(arr, pivotIndex + 1, high, k); //在右子数组中继续查找
37       }
38   }
```

请注意，在上面的伪代码中，我们假设 k 是从 1 开始计数的（即第 1 小、第 2 小等），但在编程时，我们通常使用从 0 开始的索引。因此，在调用 randomizedSelect 函数时，我们将 k 减 1 以转换为从 0 开始的索引。

3. 跳跃表

虽然舍伍德算法本身并不是直接用来提出跳跃表的，但跳跃表的设计受到了随机化算法思想的启发，这些思想在某种程度上与舍伍德算法的思想相契合。

有序链表是一种链表，其中插入的元素呈有序状态。这意味着在插入新元素时，需要从链头开始搜寻插入的位置，以保持链表的顺序。有序链表的插入时间复杂度为 $O(n)$，平均情况下为 $O(n/2)$。删除最小（或最大）值的时间复杂度为 $O(1)$，因为可以直接访问链表的头部（或尾部）。有序链表适用于需要存取（插入/查找/删除）最小（或最大）数据项的应用。

跳跃表则是为有序的链表增加上附加的前进链接，增加是以随机化的方式进行的，所以在列表中的查找可以快速地跳过部分列表。跳跃表由很多层结构（链表）组成，每一层都是一个有序的链表，排列顺序为由高层到底层。底层的链表包含了所有的元素，而上层的链表则是通过随机选择部分元素来构建的。跳跃表的查找效率可以做到和平衡树相同的平均时间复杂度 $O(\log N)$，其空间复杂度为 $O(N)$。跳跃表比有序链表有更高的查找效率，因为可以通过跳跃表的多层结构快速跳过部分元素，减少查找次数。

以图 8-3 为例，图 8-3（a）是一个没有附加指针的有序链表，而图 8-3（b）在图 8-3（a）的基础上增加了跳跃一个节点的附加指针，图 8-3（c）在图 8-4（b）的基础上又增加了跳跃 3 个节点的附加指针。

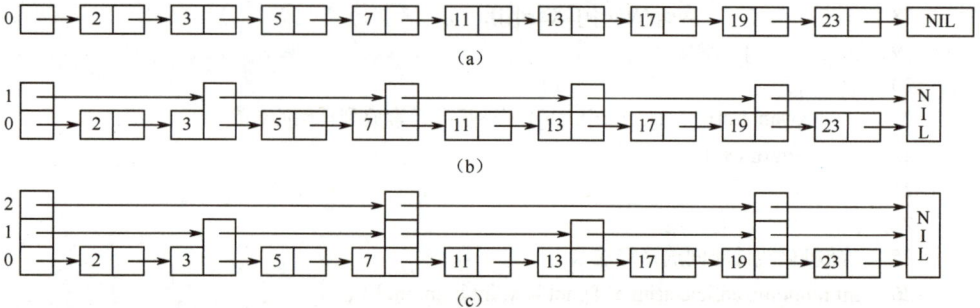

图 8-3　完全跳跃表

在跳跃表中，如果一个节点有 $k+1$ 个指针，则称此节点为一个 k 级节点。

以图 8-3（c）中的跳跃表为例，观察如何在该跳跃表中搜索元素 8。从该跳跃表的最高级，即第 2 级开始搜索。利用 2 级指针发现元素 8 位于节点 7 和 19 之间。此时在节点 7 处降至 1 级指针继续搜索，发现元素 8 位于节点 7 和 13 之间。最后，在节点 7 处降至 0 级指针进行搜索，发现元素 8 位于节点 7 和 11 之间，从而知道元素 8 不在所搜索的集合 S 中。

在一般情况下，给定一个含有 n 个元素的有序链表，可以将它改造成一个完全跳跃表，使得每一个 k 级节点含有 $k+1$ 个指针，分别跳过 $2^k-1, 2^{k-1}-1, \cdots, 2^0-1$ 个中间节点。第 i 个 k 级节点安排在跳跃表的位置 $i2^k$ 处，$i \geq 0$。这样就可以在 $O(\log n)$

时间内完成集合成员的搜索运算。在一个完全跳跃表中，最高级的节点是 $\lceil \log n \rceil$ 级节点。

完全跳跃表与完全二叉搜索树的情形非常类似。它虽然可以有效地支持成员搜索运算，但不适应于集合动态变化的情况。集合元素的插入和删除运算会破坏完全跳跃表原有的平衡状态，影响后继元素搜索的效率。

为了在动态变化中维持跳跃表中附加指针的平衡性，必须使跳跃表中 k 级节点数维持在总节点数的一定比例范围内。注意到在一个完全跳跃表中，50% 的指针是 0 级指针；25% 的指针是 1 级指针；…；$(100 \cdot 2^{k+1})$% 的指针是 k 级指针。因此，在插入一个元素时，以概率 1/2 引入一个 0 级节点，以概率 1/4 引入一个 1 级节点，…，以概率 $1/2^{k+1}$ 引入一个 k 级节点。另一方面，一个 i 级节点指向下一个同级或更高级的节点，它所跳过的节点数不再准确地维持在 $2^i - 1$。经过这样的修改，就可以在插入或删除一个元素时，通过对跳跃表的局部修改来维持其平衡性、跳跃表中节点的级别在插入时确定，一旦确定便不再更改。图 8-4 所示是遵循上述原则的跳跃表的例子。对其进行搜索与对完全跳跃表所作的搜索是一样的。

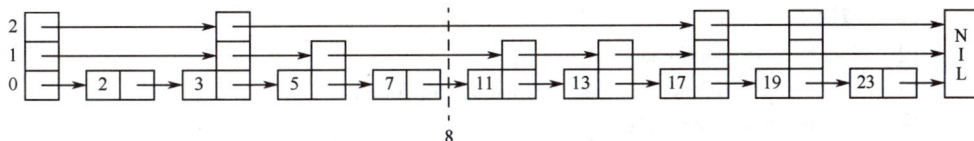

图 8-4　跳跃表示例

如果希望在图 8-4 所示的跳跃表中插入一个元素 8，则先在跳跃表中搜索其插入位置。经搜索发现应在节点 7 和节点 11 之间插入元素 8，此时在节点 7 和 11 之间增加 1 个存储元素 8 的新节点，并以随机的方式确定新节点的级别。例如，如果元素 8 是作为一个 2 级节点插入，则应对图 8-4 中与虚线相交的指针进行调整如图 8-5（a）所示。

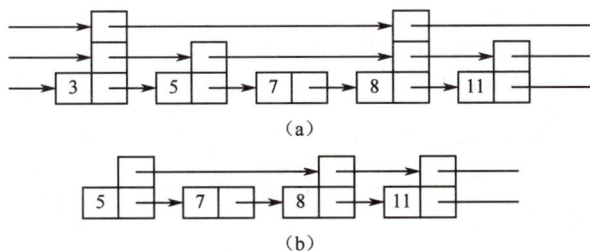

（a）

（b）

图 8-5　在跳跃表中插入新节点

在上述算法中，一个关键的问题是如何随机地生成新插入节点的级别。我们注意到，在一个完全跳跃表中，具有 i 级指针的节点中有一半同时具有 $i-1$ 级指针。为了维持跳跃表的平衡性，可以事先确定一个实数 $0 < p < 1$，并要求在跳跃表中维持在具有 i 级指针的节点中同时具有 $i+1$ 级指针的节点所占比例约为 p。为此目的，在插入一个新节点时，先将其节点级别初始化为 0，然后用随机数生成器反复地产生一个 [0,1] 间的随机实数 q。如果 $q < p$，则使新节点级别增加 1，直至 $q \geq p$。由此产生新节点级别的过程可知，所产生的新节点的级别为 0 的概率为 $1-p$，级别为 1 的概率为 $p(1-p)$，…，级别 i 的概率为 $p^i(1-p)$。如此产生的新节点的级别有可

能是一个大的数，甚至远远超过表中元素的个数。为了避免这种情况，用 $\log_{1/p} n$ 作为新节点级别的上界。其中 n 是当前跳跃表中节点个数。当前跳跃表中任一节点的级别不超过 $\log_{1/p} n$。

下面提供了跳跃表算法，包括了对数据结构、搜索、插入和删除操作等细节。

【算法 8-7】跳跃表数据结构定义

```
1    typedef struct Node {
2        int key;
3        struct Node **forward; //指向同一层下一个节点的指针数组
4    } Node;
5
6    typedef struct SkipList {
7        int level; //当前跳跃表的层数
8        Node *header; //表头节点，包含 MAX_LEVEL 个指向 NULL 的指针
9    } SkipList;
10
11   //创建新节点
12   Node* createNode(int key, int level) {
13       Node *newNode = (Node*)malloc(sizeof(Node));
14       newNode->key = key;
15       newNode->forward = (Node**)calloc(level + 1, sizeof(Node*)); //使用 calloc 初始化
         所有指针为 NULL
16       return newNode;
17   }
18
19   //创建跳跃表
20   SkipList* createSkipList() {
21       SkipList *list = (SkipList*)malloc(sizeof(SkipList));
22       list->level = 1;
23       list->header = createNode(INT_MIN, MAX_LEVEL); //表头节点的 key 为 INT_MIN，
         层数为 MAX_LEVEL
24       return list;
25   }
26
27   //随机生成节点层数
28   int randomLevel() {
29       int lvl = 1;
30       while (lvl < MAX_LEVEL && rand() < RAND_MAX / 2) { //以 1/2 的概率增加层数
31           lvl++;
32       }
33       return lvl;
34   }
```

【算法 8-8】跳跃表的搜索操作

```
1    Node* search(SkipList *list, int key) {
2        Node *current = list->header;
```

```
3          for (int i = list->level - 1; i >= 0; i--) {
4              while (current->forward[i] != NULL && current->forward[i]->key < key) {
5                  current = current->forward[i];
6              }
7          }
8          current = current->forward[0]; //current 现在指向第一个大于或等于 key 的节点，或
           者为 NULL
9          if (current != NULL && current->key == key) {
10             return current;
11         }
12         return NULL;
13     }
```

搜索操作从最高层开始，沿着每一层的前向指针向下查找，直到找到不大于 key 的最后一个节点。然后从这一层的下一个节点开始，查找是否找到匹配的 key。

【算法 8-9】跳跃表的插入操作

```
1      void insert(SkipList *list, int key) {
2          int level = randomLevel();
3          if (level > list->level) {
4              //扩展表头的前向指针数组
5              for (int i = list->level; i < level; i++) {
6                  list->header->forward[i] = NULL;
7              }
8              list->level = level;
9          }
10
11         Node *update[MAX_LEVEL]; //用于记录每一层需要更新的节点
12         Node *current = list->header;
13
14         //找到每一层需要更新的节点
15         for (int i = list->level - 1; i >= 0; i--) {
16             while (current->forward[i] != NULL && current->forward[i]->key < key) {
17                 current = current->forward[i];
18             }
19             update[i] = current;
20         }
21
22         //插入新节点
23         Node *newNode = createNode(key, level);
24         for (int i = 0; i <= level; i++) {
25             newNode->forward[i] = update[i]->forward[i];
26             update[i]->forward[i] = newNode;
27         }
28     }
```

插入操作首先确定新节点的层数，然后找到每一层中小于 key 的最后一个节点，并更新 update 数组。之后，为新节点分配内存，并将其插入到每一层的正确的位置。

如果新节点的层数大于当前表的层数，还需要扩展表头的前向指针数组。

【算法 8-10】跳跃表的删除操作

```
1    void delete(SkipList *list, int key) {
2        Node *update[MAX_LEVEL];
3        Node *current = list->header;
4        Node *toDelete = NULL;
5
6        //找到每一层需要更新的节点以及要删除的节点
7        for (int i = list->level - 1; i >= 0; i--) {
8            while (current->forward[i] != NULL && current->forward[i]->key < key) {
9                current = current->forward[i];
10           }
111          update[i] = current;
12           if (current->forward[i] != NULL && current->forward[i]->key == key) {
13               toDelete = current->forward[i];
14           }
15       }
16
17       if (toDelete == NULL) return; //如果没有找到要删除的节点，则直接返回
18
19       //从每一层中删除节点
20       for (int i = 0; i <= list->level; i++) {
21           if (update[i]->forward[i] != toDelete) break; //只在 toDelete 所在的层进行删除
22           update[i]->forward[i] = toDelete->forward[i];
23       }
24
25       //如果删除了最高层的节点，则可能需要更新跳跃表的层数
26       while (list->level > 1 && list->header->forward[list->level - 1] == NULL) {
27           list->level--;
28       }
29
30       //释放 toDelete 节点的内存
31       free(toDelete->forward);
32       free(toDelete);
33   }
```

删除操作与插入操作类似，它首先找到每一层中小于 key 的最后一个节点，并更新 update 数组。然后，它找到要删除的节点 toDelete，并从每一层中删除它。如果删除了最高层的节点，则还需要更新跳跃表的层数。最后释放 toDelete 节点的内存。

8.3.3 拉斯维加斯算法

舍伍德算法作为一种随机算法，它在搜索过程中总能获得给出一个解，但无法保证该解的正确性。当舍伍德算法给出解时，我们需要通过其他方式（如确定性算法）来验证这个解的正确性。而拉斯维加斯算法则总是给出正确的解（如果存在的

话），无须额外的验证。

拉斯维加斯算法通过引入随机性来简化问题的求解过程。它并不直接寻找问题的确定解，而是通过随机化策略来尝试找到解。当算法找到一个解时，这个解一定是正确的；但是，有时算法可能无法找到解，或者需要运行多次才能找到解。因此，拉斯维加斯算法具有以下特点。

（1）确定性：如果算法成功，它总是产生正确的结果。

（2）随机性：算法的运行时间依赖于随机事件，因此存在不同的执行时间。

（3）零错误：算法不会返回错误的结果，但可能会因为无法找到解而失败。

拉斯维加斯算法的运行通常包括以下几个步骤。

（1）初始化：根据问题的需求，初始化算法所需的数据结构、参数和变量。

（2）随机选择：算法通过随机数生成器生成一个或多个随机数，这些随机数将用于后续的算法步骤。

（3）尝试求解：使用生成的随机数进行尝试性的求解。这可能涉及多次迭代和计算，以逐步缩小解的范围或确定解的具体值。

（4）验证解的正确性：一旦算法找到了一个潜在的解，就需要验证这个解的正确性。验证过程可能涉及对解的进一步计算、比较或检查，以确保它满足问题的所有约束和条件。

（5）返回结果：如果验证通过，即解是正确的，那么算法将返回这个解作为最终结果。如果验证失败，即解不正确或无法满足问题的要求，那么算法将重新进行随机选择和尝试求解的过程，直到找到一个正确的解或满足某个终止条件为止。

在拉斯维加斯算法实现过程中，通常用一个 bool 型方法表示拉斯维加斯算法是否成功找到一个解。当算法找到一个解时返回 True，否则返回 False。拉斯维加斯算法的典型调用形式为 bool success=LV(x, y)；其中 x 是输入参数；当 success 的值为 True 时，y 返回问题的解。当 success 为 False 时，算法未找到问题的一个解。此时可对同一实例再次独立地调用相同的算法。

假设 $p(x)$ 是对输入 x 调用拉斯维加斯算法获得问题的一个解的概率。一个正确的拉斯维加斯算法应该对所有输入 x 均有 $p(x) > 0$。进一步假设 $s(x)$ 和 $e(x)$ 分别是算法对于具体实例 x 求解成功或求解失败所需要的平均时间，考虑以下算法。

【算法 8-11】obstinate 算法

```
1    void obstinate(int* x, int size, int y) {
2        //反复调用拉斯维加斯算法 LV(x,y),直到找到问题的一个解 y
3        bool success= false;
4        while (!success) success=LV(x,y);
5    }
```

由于 $p(x) > 0$，故只要有足够的时间，对于任何实例 x，上述算法 obstinate 总能找到问题的一个解。设 $t(x)$ 是算法 obstinate 找到具体实例 x 的一个解所需的平均时间，则有：

$$t(x) = p(x)s(x) + (1 - p(x))(e(x) + t(x))$$

解此方程可得：

$$t(x) = s(x) + \frac{1 - p(x)}{p(x)} e(x)$$

1. N-皇后问题

N-皇后问题研究的是如何将 N 个皇后放置在 $N \times N$ 的棋盘上，并且使皇后彼此之间不能相互攻击。根据国际象棋的规则，皇后可以攻击与其处于同一行或同一列或同一斜线上的任何棋子。因此，N-皇后问题要求每一个皇后都必须占据不同的行和列，同时任何两个皇后都不能处于同一条斜线上。

解决 N-皇后问题的一个常见方法是使用回溯法。回溯法通过探索所有可能的候选解来找出所有解，如果候选解被确认不是一个解（或者至少不是最后一个解），回溯算法会通过在上一步进行一些更改来丢弃该解，即"回溯"并尝试另一个可能的解。在回溯过程中，如果直接遍历所有可能的解空间，而没有有效的剪枝策略，将会使得回溯法的搜索效率低下。对于 N-皇后问题的任何一个解而言，每一个皇后在棋盘上的位置无任何规律，不具有系统性，而更像是随机放置的。由此容易想到采用拉斯维加斯算法，在棋盘上相继的各行中随机地放置皇后，并注意使新位置的皇后与放置的皇后互不攻击，直至 N 个皇后均已相容地放置好，或已没有下一个皇后的可放置位置时为止。

【算法 8-12】用拉斯维加斯算法求解 N-皇后问题

结构体 LVQueen 的数据成员 n 表示皇后个数；数组 x 存储 n 皇后问题的解。

```
1    //结构体表示皇后问题的状态
2    typedef struct {
3        int n;              //皇后的个数，等于棋盘的大小 n
4        int *x;             //存储解的数组
5    } LVQueen;
```

方法 place(k) 用于测试将皇后 k 置于第 x[k] 列的合法性。

```
1    int place(LVQueen*q, int k)
2        for (int i = 0; j < k; j++){
3            if ((abs(k - j) == abs(q->x[k] - q->x[j])) ||
4                (q->x[j] == q->x[k])) {
5                    return false;
6            }
7        }
8        return true;
9    }
```

方法 queensLV() 实现在棋盘上随机放置 n 个皇后的拉斯维加斯算法。

```
1    int queensLV(LVQueen *q) {
2        srand(time(NULL));
3        int k = 0;
4        while (k < x->size) {
5            int count = 0;
6            int j = 0;
```

```
7              for (int i = 0; i < q->size; i++) {
8                  q->x[k] = i;
9                  if (place(q, k + 1)) {
10                     count++;
11                     if (rand() % count == 0) {
12                         j = i;
13                     }
14                 }
15             }
16             if (count > 0) {
17                 q->x[k++] = j;
18             }
19         }
20         return count > 0;
21     }
```

类似于算法 obstinate 可以通过反复调用随机放置 n 个皇后的拉斯维加斯算法 queensLV()，直至找到 N-皇后问题的一个解。

```
1     void nQueen(int n){
2         LVQueen q
3         q.n = n
4         q.x = (int *)malloc((n + 1) * sizeof(int));
5         for (int i = 0; i <= n; i++){
6             q.x[i] = 0;
7         }
8         while(!queensLV(q)):
```

上述算法一旦无法再放置下一个皇后，就全部重新开始，这种操作过于悲观。如果将上述随机放置策略与回溯法结合，可能会获得更好的效果。可以先在棋盘的若干行中随机地放置皇后，然后在后继行中用回溯法继续放置，直到找到一个解或宣告失败。随机放置的皇后越多，后继回溯搜索所需要的时间就越少，但失败率也会越高。

具体算法可描述如下。

【算法 8-12】利用与回溯法结合的拉斯维加斯算法求解 N-皇后问题

```
1     typedef struct {
2         int n;
3         int *x;
4         int *y;
5     } LVQueen;
```

方法 place(LVQueen *q, int k)用于测试将皇后 k 置于第 q->x[k]列的合法性。

```
1     bool Place(LVQueen *q, int k) {
2         for (int j = 1; j < k; j++) {
3             if ((abs(k - j) == abs(q->x[j] - q->x[k])) || (q->x[j] == q->x[k])) {
4                 return false;
5             }
```

```
6              }
7              return true;
8       }
```

方法 backtrack(LVQueen *q, int t)是解决 N-皇后问题的回溯法。

```
1       bool Backtrack(LVQueen *q, int t) {
2              if (t > q->n) {
3                     return true;
4              } else {
5                     for (int i = 1; i <= q->n; i++) {
6                            q->x[t] = i;
7                            if (Place(q, t) && Backtrack(q, t + 1)) {
8                                   return true;
9                            }
10                    }
11             }
12             return false;
13      }
```

方法 QueenLV(LVQueen *q, int stopVegas)实现在棋盘上随机放置若干个皇后的拉斯维加斯算法。其中 1 ≤ stopVegas ≤ n 表示随机放置的皇后数。

```
1       bool QueenLV(LVQueen *q, int stopVegas) {
2              srand(time(NULL)); //初始化随机数生成器
3              int count = 0;
4              int k = 1;
5              while (k <= stopVegas && count == 0) {
6                     count = 0;
7                     for (int i = 1; i <= q->n; i++) {
8                            q->x[k] = i;
9                            if (Place(q, k)) {
10                                  q->y[count++] = i;
11                           }
12                    }
13                    if (count > 0) {
14                           q->x[k++] = q->y[rand() % count];
15                    }
16             }
17      return count > 0;
18      }
```

算法的回溯搜索部分与解 N-皇后问题的回溯法类似，所不同的是这里只要找到一个解就可以了。

```
1       bool nQueen(int n, int stop) {
2              LVQueen q;
3              q.n = n;
4              q.x = (int *)malloc((n + 1) * sizeof(int));
5              q.y = (int *)malloc((n + 1) * sizeof(int));
```

```
6            for (int i = 0; i <= n; i++) {
7                    q.x[i] = 0;
8                    q.y[i] = 0;
9            }
10
11           bool found = false;
12           while (!QueenLV(&q, stop)) {
13                   //拉斯维加斯算法可能需要多次尝试
14           }
15           if (Backtrack(&q, 1)) {
16                   found = true;
17           }
18           free(q.x);
19           free(q.y);
20           return found;
21   }
```

2. 整数因子分解

整数因子分解是将一个正整数表示为几个较小的正整数的乘积的过程。这是数论中的一个基本概念，通常用于加密算法和密码学中。例如，考虑整数 $n = 60$，其因子分解可以表示为：$60 = 2^2 \times 3 \times 5$。在该例子中，60 被分解为质数因子 2、3 和 5 的乘积，其中 2 出现了两次。因此，关于一个大于 1 的整数，其因子分解问题是找出 n 的如下形式的唯一分解式：

$$n = p_1^{e_1} \times p_2^{e_2} \times \cdots \times p_k^{e_k}$$

其中，$p_1 < p_2 < \cdots < p_k$ 是 k 个素数，$m_1, m_2, \cdots, m_k$ 是 k 个正整数。如果 n 是一个合数，则必有一个非平凡因子 x，$1 < x < n$，使得 x 可以整除 n。

给定一个合数 n，求 n 的一个非平凡因子的问题称为整数 n 的因子分割问题。

我们假设有可用的算法 prime(n)，它可以测试 n 是否是质数，还有一个算法 split(n)，如果 n 是合数，它可以找到一个非平凡的因子。使用这两个算法作为基础，给出一个算法来分解任何整数。

8.3.4 节涉及一个高效的蒙特卡罗算法，用于确定一个数的质数性。因此，前面的问题表明，因子分解问题可以归结为分割问题。以下是分割问题的简单算法。

【算法 8-13】split(int n)算法对整数的因子分割。

```
1    bool split(int n) {
2            //如果 n 小于 2，则没有非平凡因子
3            if (n < 2) {
4                    return false;
5            }
6
7            //计算 n 的平方根并向下取整（因为 int 类型本身就是整数，所以不需要 floor）
8            int m = (int)sqrt((double)n);
9
10           //从 2 开始检查到 m
11           for (int i = 2; i <= m; i++) {
```

```
12                  //如果 i 是 n 的因子，则返回 true
13                  if (n % i == 0) {
14                      return true;
15                  }
16          }
17
18          //如果没有找到因子，则返回 false
19          return false;
20  }
```

该函数的主体是一个 for 循环，它从 2 迭代到 m，其中 m 是 n 的平方根向下取整。在最坏的情况下，即当 n 是一个质数时，循环将执行 m 次。由于 m 是 n 的平方根（忽略常数因子和较低阶项），因此我们可以说该函数的时间复杂度是 $\Omega(\sqrt{n})$。当 n 较大时，上述算法无法在可接受的时间内完成因子分割任务。对于给定的正整数 n，设其位数为 $m = \lceil \log(1+n) \rceil$，由 $\sqrt{n} \approx 10^{m/2}$ 可知，算法 split(n) 是关于 m 的指数时间算法。

事实上，算法 split(n) 是对范围在 1～x 的所有整数进行了试除而得到范围在 1～x^2 的任 整数的因子分割。下面我们讨论由 Pollard 提出的拉斯维加斯算法求解整数 n 的因子分割（命名为 Pollard 算法），该算法的效率比算法 split(n) 有较大的提高。Pollard 算法用与算法 split(n) 相同的工作量就可以得到在 1～x^2 范围内整数的因子分割。在 Pollard 算法的几种变体中，Pollard-Rho 算法是最著名的一种。

Pollard-Rho 算法的基本思想是利用随机性来寻找整数的一个因子。它通过迭代一个随机函数，该函数定义为：

$$f(x) = (x^2 + c) \bmod n$$

其中 c 是一个随机常数，n 是需要分解的整数。

Pollard-Rho 算法的主要步骤如下：

（1）选择一个随机数 c 和两个初始值 x 和 y（通常 $x=y=2$ 或 $x=2$，$y=2^2$）。

（2）迭代地计算 x 和 y 的新值：$x = f(x)$ $y = f(f(y))$。

（3）每次迭代后，检查 $\gcd(|x-y|, n)$ 是否大于 1。如果是，这个值就是 n 的一个非平凡因子。

（4）如果 $\gcd(|x-y|, n)$ 等于 1，就继续迭代过程。

根据以上步骤，具体算法可描述如下。

【算法 8-14】Pollard-Rho 算法求解整数的因子分割。

```
1   long long gcd(long long a, long long b) {
2           if (b == 0) return a;
3           return gcd(b, a % b);
4   }
```

```
1   long long pollard_f(long long x, long long c, long long n) {
2           return (x * x + c) % n;
3   }
```

```
1   long long pollards_rho(long long n, long long x0, long long c) {
```

```
2          long long x = x0, y = x0, d = 1;
3          while (d == 1) {
4                  x = pollard_f(x, c, n);
5                  y = pollard_f(pollard_f(y, c, n), c, n);
6                  d = gcd(abs(x - y), n);
7          }
8          return d;
9      }
```

```
1      void factorize(long long n) {
2          if (n <= 1) return;
3          if (n % 2 == 0) {
4                  factorize(n / 2);
5                   return;
6          }
7
9          srand(time(NULL)); //初始化随机数种子
10         long long c = rand() % (n - 1) + 1;
11         long long x0 = rand() % n;
12
13         long long factor = pollards_rho(n, x0, c);
14         if (factor != n) {
15                 factorize(n / factor);
16         } else {
17                 //如果 Pollard-Rho 没有找到因子，可能是质数，或者需要更多迭代
18                 printf("%lld is prime.\n", n); //或者返回继续尝试
19         }
20     }
```

Pollard-Rho 算法的时间复杂度是概率性的，因为它依赖于随机过程来找到因子。在最坏的情况下，时间复杂度可能是指数级的，但在实际应用中，算法通常能够在相对较短的时间内找到因子。

理论上，Pollard-Rho 算法的平均时间复杂度与 $O(n^{1/4})$ 相关，但这是一个平均值，实际性能可能因输入而异。在最好的情况下，如果整数有一个很小的因子，算法可以在 $O(1)$ 的时间内找到它。在最坏的情况下，时间复杂度可能是指数级的，但这在实践中很少发生。

值得注意的是，对于非常大的整数，Pollard-Rho 算法通常与 Lenstra 椭圆曲线方法（ECM）或二次筛法（QS）等其他算法结合使用，以提高找到因子的效率。

8.3.4　蒙特卡罗算法

在实际应用中，我们经常会遇到一些棘手的问题，这些问题往往难以通过确定性算法或随机化算法确保每次都能得到准确的解答。然而，蒙特卡罗算法凭借其独特的优势，通常能够以高概率为问题的所有实例提供正确的解答。这种算法在处理复杂问题时展现出了出色的准确性和可靠性，使得它成为解决这类问题的有力工具。然而，值得注意的是，蒙特卡罗算法在判断某个具体解是否完全正确时存在一

定局限性，因为它通常无法直接验证解的绝对正确性。尽管如此，蒙特卡罗算法的高概率准确性仍然使其在众多领域中备受青睐。

1. 蒙特卡罗算法的基本思想

设 p 是一个实数，满足 $1/2 < p < 1$。一个蒙特卡罗算法是 p-正确的，如果它以至少 p 的概率返回一个正确的解，无论考虑的实例是什么，这样的算法的优势是 $p-1/2$。如果它永远不会对同一个实例给出两个不同的解，那么算法是一致的。一些蒙特卡罗算法不仅接受要解决的实例作为参数，还接受一个可接受的错误概率的上限。这样的算法所需的时间则表示为实例大小和可接受错误概率倒数的函数。为了增加一个一致的、p-正确算法的成功率，我们只需要多次调用它并选择最常见的答案。

更一般地，设 ε 和 δ 是两个正实数，满足 $\varepsilon + \delta < 1$。设 $\mathrm{MC}(x)$ 是一个一致的蒙特卡罗算法，其正确性为 $(1/2+\varepsilon)$。假设 $c_\varepsilon = -2/\log(1-4\varepsilon^2)$ 且 x 是要解决的某个实例。只需调用 $\mathrm{MC}(x)$ 至少 $c_\varepsilon \cdot \log 1/\delta$ 次，并返回最常见的答案，就可以得到一个一致的并且是 $(1-\delta)$-正确的算法。无论算法 $\mathrm{MC}(x)$ 的优势有多小，都可以通过反复调用来放大算法的优势，使得最终得到的算法的错误率可以小到我们选择的程度。

为了证明上述论断，设 $n \geq c_\varepsilon \log 1/\delta$ 是重复调用 $(1/2+\varepsilon)$ 正确的算法 $\mathrm{MC}(x)$ 的次数，且 $m = \lfloor n/2 \rfloor + 1$，$p = 1/2 + \varepsilon$ 以及 $q = 1 - p = 1/2 - \varepsilon$。经 n 次反复调用算法 $\mathrm{MC}(x)$，找到问题的一个正确解，则该正确解至少应出现 m 次，因此其出现错误概率最多是

$$\sum_{i=0}^{m-1} \mathrm{Prob}[\,i \;\; correct \; answers \; in \;\; n \;\; tries\,]$$

$$\leq \sum_{i=0}^{m-1} \binom{n}{i} p^i q^{n-i}$$

$$= (pq)^{n/2} \sum_{i=0}^{m-1} \binom{n}{i} (q/p)^{\frac{n}{2}-i}$$

$$\leq (pq)^{n/2} \sum_{i=0}^{m-1} \binom{n}{i} \quad \text{since } q/p < 1 \;\; \text{and} \;\; \frac{n}{2}-i \geq 0$$

$$\leq (pq)^{n/2} \sum_{i=0}^{n} \binom{n}{i} = (pq)^{n/2} 2^n$$

$$= (4pq)^{n/2} = (1-4\varepsilon^2)^{n/2}$$

$$\leq (1-4\varepsilon^2)^{(c_\varepsilon/2)\lg 1/\delta} \quad \text{since} \;\; 0 < 1-4\varepsilon^2 < 1$$

$$= 2^{-\lg 1/\delta} = \delta \quad \text{since} \;\; \alpha^{1/\lg\alpha} = 2 \;\; \text{for every} \;\; \alpha > 0.$$

由此可知重复 n 次调用算法 $\mathrm{MC}(x)$ 得到正确解的概率至少为 $1-\delta$。

更进一步地，分析表明，如果重复调用一个一致的 $(1/2+\varepsilon)$ 正确的蒙特卡罗算法 $2m-1$ 次，得到正确解的概率至少为 $1-\delta$，其中

$$\delta = \frac{1}{2} - \varepsilon \sum_{i=0}^{m-1} \binom{2i}{i} \left(\frac{1}{4} - \varepsilon^2\right)^i \leq \frac{(1-4\varepsilon^2)^m}{4\varepsilon\sqrt{\pi m}}$$

重复一个算法数百次以获得相对较小的错误概率并不吸引人。幸运的是，实践

中遇到的大多数蒙特卡罗算法可以让我们更快地提高对结果的置信度。

例如，假设我们处理的是一个决策问题，并且原始的蒙特卡罗算法是有偏的，这意味着每当它返回真（true）答案时总是正确的，只有在返回假（False）答案时才可能出错。如果我们重复这样的算法多次以增加对最终结果的置信度，返回最频繁的答案将是不明智的：一个真值比任何数量的假值都要重要。正如我们立马就能看到的，只需重复蒙特卡罗算法 4 次就可以将其从 55%的正确率提高到 95%的正确率，或者重复 6 次以获得一个 99%正确的算法。此外，原始算法必须是某个 $p > 1/2$ 的 p-正确算法的限制不再适用：即使是 $p < 1/2$（只要 $p > 0$），通过足够多次地重复一个有偏的 p-正确算法，也可以获得任意高的置信度。

更正式地说，让我们回到一个任意问题（不一定是决策问题），设 y_0 是某个特定的答案。如果存在实例的一个子集 X，满足以下条件，则蒙特卡罗算法是 y_0-有偏的：

➤ 算法返回的解在待解决的实例不在 X 中时总是正确的。

➤ 所有属于 X 的实例的正确解是 y_0，但算法可能不总是返回这些实例的正确解。

尽管特定的答案 y_0 被明确知道，但并不要求有一个高效的测试来确定是否属于 X。以下段落表明，这个定义被精确调整以确保当算法回答 y_0 时总是正确的。

设 MC 是一个一致的、y_0-有偏的、p-正确的蒙特卡罗算法。再设 x 是一个实例，y 是 MC(x)返回的解决方案。如果 $y = y_0$，则我们可以得出什么结论？

➤ 如果 $x \in X$，算法总是返回正确的解决方案，所以 y_0 确实是正确的。

➤ 并且如果 $x \notin X$，正确的解决方案必然是 y_0。

在上述两种情况下，我们都可以得出结论，y_0 是一个正确的解决方案。那么如果 $y \neq y_0$ 又会发生什么呢？

➤ 如果 $x \notin X$，y 是正确的。

➤ 如果 $x \in X$，y 是错误的，因为正确的解决方案是 y_0，而 $y \neq y_0$。假设算法以概率 p 正确，则发生这种错误的概率不超过 $1-p$。

现在假设我们重复 k 次调用 MC(x)，所得到的解依次为 $y_1, y_2, \cdots, y_k$，则

➤ 如果存在 i 使得 $y_i = y_0$，此时 y_0 为正确的解决方案。

➤ 如果存在 $i \neq j$ 使得 $y_i \neq y_j$，此时必有 $x \in X$，因此正确的解决方案是 y_0。

➤ 如果对所有 i 都有 $y_i = y$，但 $y \neq y_0$，此时正确的解决方案仍然有可能是 y_0。

算法在 $x \notin X$ 上连续犯了 k 次错误是有可能发生的，但这种情况发生的概率不超过 $(1-p)^k$。

2. 主元素问题

设 T$[1, \cdots, n]$ 是一个含有 n 个元素的数组，当 $|\{i | T[i] = x\}| > n/2$ 时，称元素 x 是数组 T 的主元素。判定输入数组 T 是否含有主元素，考虑蒙特卡罗算法进行概率性检测，这种算法的核心思想是随机选择一个数组元素，并统计该元素在数组中出现的次数。

【算法 8-15】Majority(Type *T, int n)算法判定数组是否含有主元素

```
1    bool Majority(Type *T, int n)
2    { //判定主元素的蒙特卡罗算法
```

```
3        if (n <= 0) return false; //空数组或负长度数组没有主元素
4        srand(time(NULL)); //设置随机数种子（通常使用当前时间）
5        //随机选择一个数组索引
6        int i = rand() % n; //使用模运算符来确保索引在有效范围内
7        Type x = T[i]; //随机选择数组元素
8        int k=0;
9        for (int j = 0; j < n; j++) { //遍历数组
10       if (T[j] == x) k++; //如果找到相同的元素，计数器增加
11       }
12       return (k > n / 2); //如果k大于n/2，则返回true，否则返回false
13   }
```

理解蒙特卡罗算法在检测主元素中的应用：

（1）随机选择元素。首先，我们从数组 T 中随机选择一个元素 x。由于主元素在数组中占据超过一半的位置，因此随机选中主元素的概率是大于选中其他元素的。

（2）统计元素出现次数。然后，我们遍历整个数组，计算元素 x 的出现次数。

（3）判断主元素存在性。如果元素 x 的出现次数大于数组长度的一半（即 $n/2$），那么我们可以认为 x 是主元素，算法返回 true。但请注意，这只是一个概率性的判断，因为即使 x 不是主元素，也有可能由于随机性而错误地判断为是主元素。

（4）错误概率分析。如果数组 T 确实包含主元素，并且我们随机选中了这个主元素，那么算法返回 true 的概率是大于 1/2 的，这是因为主元素在数组中的占比超过 1/2；如果数组 T 没有主元素，那么无论我们随机选中哪个元素，由于没有任何一个元素的出现次数会超过 $n/2$，算法都会返回 false。此时，我们的判断是确定性的。

（5）总结。当数组 T 有主元素时，Majority(T, n)函数返回 true 的概率大于一半；当数组 T 没有主元素时，Majority(T, n)函数将确定性地返回 false。

在实际应用中，上述算法的错误概率高达 50%，那么这样的错误率通常是不能被接受的，因为它意味着我们有一半的可能会得到错误的结果。然而，Majority2 通过一种称为"重复调用"的技术，多次运行 Majority(T, n)，使用其多次运行的结果来降低错误率到远低于 50%的水平。

```
1        bool Majority(Type *T, int n) ; //上述定义好的 Majority 函数
2        bool Majority2(int *T, int length) {
3            if (Majority(T, length)) {
4            return true;
5            } else {
6            return Majority(T, length);
7        }
8    }
```

如果第一次调用 Majority(T, n)就成功检测到了多数元素（概率为 p），那么 Majority2 算法就会返回 true；如果第一次调用 Majority(T, n)算法失败了（概率为 $1-p$），那么我们会尝试再调用一次，第二次调用仍然有 p 的概率成功检测到多数元素。

所以，我们来看看 Majority2 算法返回 true 的总概率：第一次调用成功的概率是 p；如果第一次失败，则概率为 $1-p$，第二次成功的概率是 $(1-p)*p$（第一次

失败的概率乘以第二次成功的概率），把这两种情况加起来，Majority2 返回 true 的总概率是 $p + (1-p) * p = 1 - (1-p)^2$。由于我们知道 $p > 1/2$，所以 $1 - (1-p)^2$ 肯定会大于 3/4。这意味着 Majority2 算法返回正确结果的概率（即检测到多数元素）大于 3/4。

简单来说，通过连续两次调用 Majority(T, n)，我们提高了检测到多数元素的概率，从 p 提高到了 $1 - (1-p)^2$，这个新的概率大于 3/4，因此算法 Majority2 是一个偏真 3/4 正确的蒙特卡罗算法。Majority2 即使第一次调用 Majority(T, n)失败了，第二次调用 Majority(T, n)还有机会成功，而且两次调用是独立的，互不影响，因此 k 次重复调用 Majority(T, n)均返回 false 的概率小于 2^{-k}。此外，如果 Majority(T, n)函数在任何一次调用中返回了 true，那么我们就可以确定数组中确实有一个多数元素。

对于任何给定的 $\varepsilon > 0$，以下 MajorityMC 算法重复调用 Majority(T, n)算法 $\lceil \log(1/\varepsilon) \rceil$ 次，来确保给出错误答案的概率小于我们设定的 ε。

```
1    bool Majority(Type *T, int n) ; //上述定义好的 Majority 函数
2    bool MajorityMC(int *T, int n,double epsilon) {
3        int k = ⌈log(1/epsilon)⌉
4        for (int i = 0; i < k; i++) {
5         if (Majority(T, n)) {
6        return true;
7            }
8        }
9        return false;
10   }
```

该算法的运行时间是 $O(n\log(1/\varepsilon))$，其中 n 是数组中的元素数量，ε 是可接受的错误概率。

3. 素数测试

关于素数的研究一直是数学领域的一个重要课题，尤其是在近代，随着密码学、计算机科学等领域的发展，素数测试的重要性愈发凸显。素数测试，即判断一个给定的正整数是否为素数，是素数研究中的核心问题之一。

虽然 Wilson 定理为素数判断提供了一个充要条件，但在实际计算中，由于计算阶乘(n-1)!的复杂性和高成本，直接应用 Wilson 定理进行素数测试并不现实。因此，研究者们不断探索更加高效的素数测试算法。目前，已经发展出了多种高效的素数测试算法，其中包括基于概率的算法和确定性算法。这些算法利用了数学中的一些性质和定理，通过计算或检验某些特定的条件来判断一个数是否为素数。

【算法 8-16】 isPrime(int n)算法判定一个整数是否为素数

```
1    bool isPrime(int n) {
2        srand(time(NULL));
3        int a = rand() % ((int)sqrt(n) - 1) + 2;   //随机生成一个 2 到 sqrt(n)之间的整数
4         }
5        if (n < 2) { //小于 2 的数不是质数
6            return false;
7            }
```

```
8          if (n % a == 0) {
9              return false;
10         } else {
11             return true;
12         }
```

算法 isPrime 在返回 false 时，意味着它幸运地找到了一个数 n 的非平凡因子（即除了 1 和它自身以外的因子），因此可以断定 n 是一个合数。然而，对于算法 isPrime 来说，即使 n 是一个合数，该算法也有很高的概率返回 true（即错误地判断 n 为素数）。

举个例子，当 n = 2623 = 43 × 61 时，算法 isPrime 会在 2 到 51 的范围内随机选择一个整数 d，只有在选到 d = 43 时，算法才会返回 false（因为 43 是 2623 的一个因子）。但是，在 2 到 51 的范围内选到 d=43 的概率只有约 2%，因此算法有大约 98% 的概率返回错误的结果 true，即错误地判断 2623 为质数。

尽管可以使用欧几里得算法来检查 n 和 d 是否互质以提高测试的准确性，但结果仍然不理想，因为算法 isPrime 在检测质数时存在很大的随机性，导致对于合数 n，它也有可能错误地返回 true。随着 n 的增大，算法 isPrime 误判为质数的概率会更高，因为合数 n 的因子数量相对于其取值范围来说更加稀少。

费尔马小定理是数学中一个非常重要的定理，它为素数的判定提供了一个有力的工具。

费尔马小定理： 如果 p 是一个素数，且 $0 < a < p$，则 $a^{p-1} \equiv 1 (\bmod p)$。

例如，我们知道 67 是一个素数，那么对于任何与 67 互质的整数 a，a^{66} 除以 67 的余数都是 1，若取 $a=2$，则 $2^{66} \bmod 67=1$。

基于费尔马小定理，我们可以设计一个素数判定算法。给定一个整数 n，通过计算 $d = 2^{n-1} \bmod n$ 来判定 n 是否可能是素数。如果 $d \neq 1$，则 n 肯定不是素数；反之 $d=1$，则 n 可能是素数，也有可能是合数（卡迈克尔数）。卡迈克尔数是一类特殊的合数，它们会欺骗基于费尔马小定理的素数检测算法，满足 $2^{n-1} \equiv 1 (\bmod n)$。例如，最小的卡迈克尔数是 561，它满足 $a^{560} \equiv 1 \ (\bmod \ 561)$，其中 a 是所有与 561 互质的整数，但 561 本身是一个合数。

为了提高素数判定的准确性，我们可以使用更复杂的算法，如二次探测定理（Quadratic Probing Theorem）是在模运算中用于检测平方根存在性的定理，该定理可以对基于费尔马小定理的素数判定算法进行改进，避免将卡迈克尔数误判为素数。

二次探测定理： 如果 p 是一个素数，且 $0 < x < p$，则方程 $x^2 \equiv 1 (\bmod p)$ 的解为 $x=1$，$p-1$。

下面算法 power 用于计算 $a^p \equiv n$，并在计算过程中实施对 n 的二次探测。

```
1     void power(unsigned int a, unsigned int p, unsigned int n, unsigned int *result, bool
      *composite) {
2         //计算 mod n，并实施对 n 的二次探测
3         unsigned int x;
4         if (p == 0) {
5             *result = 1;
6         } else {
7             power(a, p / 2, n, &x, composite); //递归计算
```

```
8          *result = (x * x) % n; //二次探测
9            if ((*result == 1) && (x != 1) && (x != n - 1)) {
10         //如果结果等于 1，但 x 不是 1 也不是 n-1，则 n 可能是合数
11           *composite = true;
12         }
13          if (p % 2 == 1) { //p 是奇数
14           *result = (*result * a) % n;
15         }
16       }
17    }
```

在算法 power 基础上，可以设计素数测试的蒙特卡罗算法 Prime 如下：

```
1        bool Prime(unsigned int n){
2          //素数测试的蒙特卡罗算法
3          srand(time(NULL)); //初始化随机数生成器
4          unsigned int a, result;
5          bool composite=false;
6          a = rand() % (n - 3) + 2; //生成随机数 a
7          power(a, n-1, n, result,composite);
8          if (composite || result != 1) {
9             return false;
10         } else {
11            return true;
12         }
13     }
```

当我们使用 Prime 算法来判断一个整数 n 是否为素数时，存在两种情况：

（1）如果 Prime 算法返回 false，那么我们可以确定地说这个整数 n 一定不是素数，它要么是一个合数，要么就是 1（因为 1 通常不被认为是素数）。

（2）如果 Prime 算法返回 true，那么这表示整数 n 在很高的概率下是一个素数，但是这并不意味着 n 一定是素数，因为算法本身是基于概率的。有可能存在这样的情况：整数 n 其实是一个合数，但由于算法的特性，它仍然被误判为了素数。

然而，对于 Prime 算法来说，我们可以做一些深入的分析。当整数 n 变得非常大时，能够使得 Prime 算法错误地将合数 n 判断为素数的基数 a 的数量是有限的，并且这个数量不会超过 $(n-9)/4$ 个。这意味对于大部分的基数 a，Prime 算法都能够正确地判断 n 是否为素数。

所以 Prime 算法是一个偏假 3/4 正确的蒙特卡罗算法。这里的"偏假 3/4 正确"并不是指算法的正确率是 75%，而是说在大多数情况下（即当基数 a 不是那$(n-9)/4$个特殊的数时），算法都能够给出正确的判断。当然，为了进一步提高准确性，我们可以多次运行 Prime 算法，每次使用不同的基数 a，这样可以进一步降低错误判断的概率。

上述 Prime 算法的错误概率可以通过多次重复调用而迅速降低。重复 k 次调用算法 Prime 的蒙特卡罗算法 PrimeMC 如下：

```
1        bool PrimeMC(int n,int k){
2          //重复 k 次调用算法 Prime 的蒙特卡罗算法
```

```
3          srand(time(NULL)); //初始化随机数生成器
4          unsigned int a, result;
5          bool composite=false;
6          for (int i = 0; i < k; i++) { //循环 k 次
7          a = rand() % (n - 3) + 2; //生成随机数 a
8          result=power(a, n-1, n);
9          if (composite || result != 1) {
10             return false;
11         }
12     }
13         return true;
14     }
```

PrimeMC 算法的错误概率不超过 1/4，当我们重复这个过程 k 次时，由于每次调用都是独立的，所以错误概率是 $(1/4)^k$。

本章小结

确定性算法的执行过程中每个步骤都是明确固定的，不含有随机性。然而，概率算法则允许在计算过程中随机地选择下一步，这种随机性在某些情况下可以显著提高算法的效率，降低算法的复杂度。本章讨论了 4 类常用的概率算法。

（1）数值概率算法：该算法适用于求解数值问题。当精确解难以获得或不需要时，数值概率算法可以提供一个足够好的近似解，并且允许一定的误差范围，从而更快地给出答案。

（2）舍伍德算法：无论输入数据如何，该算法总是能够找到问题的正确解。通过引入随机性，消除或减少了确定性算法中好坏实例之间的性能差异。类似于一个高效的厨师，无论食材如何，都能烹饪出美味的菜肴。舍伍德算法的精髓在于通过随机性使得算法的性能更加稳定，而不是试图避免最坏情况的发生。

（3）拉斯维加斯算法：该算法找到的解一定是正确的，但可能找不到解（即算法可能失败）。与蒙特卡罗算法不同，拉斯维加斯算法在找到解时，可以保证解的正确性。类似于一个寻宝游戏，虽然可能找不到宝藏（解），但一旦找到，就可以确定它是真的。如果反复使用拉斯维加斯算法，随着尝试次数的增加，找到解的可能性会增大。

（4）蒙特卡罗算法：该算法得到的解可能是正确的，也可能是错误的，但正确解的概率会随着算法运行时间的增加而提高。蒙特卡罗算法主要缺点是结果的不确定性，即不能保证每次都能得到正确解。类似于抛硬币实验，随着抛掷次数的增加，得到正面或反面的概率会趋近于 50%，但每次抛掷都是随机的。

这些概率算法通过随机选择来提高效率，或者在某些情况下获得满意的近似解。它们在某些问题上比确定性算法更加高效，尤其是在处理大规模数据或复杂计算时。然而，需要注意的是，这些算法可能需要在算法设计和分析上投入更多的精力，以确保其正确性和效率。

习题

1. 介绍随机化算法与确定性算法的主要区别。
2. 描述概率论公理中的三个要素。
3. 随机化算法有哪些分类？
4. 随机数生成器在随机化算法中有什么作用？
5. 描述线性同余生成器（LCGs）的工作原理。
6. 数值随机化算法如何用于求解数值问题？
7. 介绍计算定积分的随机投点法工作原理。
8. 舍伍德算法如何通过随机性提高算法性能？
9. 介绍随机化快速排序算法的工作原理。
10. 阐述随机化线性时间选择算法的步骤。
11. 跳跃表是如何通过随机化提高搜索效率的？
12. 介绍拉斯维加斯算法在解决 N-皇后问题时的策略。
13. 整数因子分解问题如何利用随机化算法解决？
14. 介绍蒙特卡罗算法在主元素问题中的应用。
15. 素数测试中如何使用蒙特卡罗方法提高准确性？
16. 如何通过增加样本数量提高蒙特卡罗算法的结果精度？
17. 随机化算法在科学计算中的应用有哪些？
18. 介绍随机化算法在数据处理中的作用。
19. 随机化算法在解决排课问题时有什么优势？
20. 随机化算法在基于分治策略的算法中有什么应用？
21. 介绍随机化算法在探索大量可能性时的重要性。
22. 介绍随机化算法在算法性能评估中的作用。
23. 随机化算法在哪些领域有应用？
24. 随机化算法与确定性算法相比有哪些优缺点？
25. 分析随机化算法的未来发展趋势？

第 9 章

智能算法

智能算法，作为人工智能领域的新兴分支，是在自然计算、启发式方法、量子计算和神经网络等多个成熟分支的基础上，通过深度的交叉融合与创新发展而来的新型科学方法。这一领域标志着智能理论与技术迈向了一个全新的发展阶段。本章介绍了智能算法的基本思想，并运用智能算法解决实际问题，引导实践讨论最新的与课题相关的社会问题。

9.1 遗传算法

遗传算法

9.1.1 遗传算法基本思想

遗传算法（Genetic Algorithm，GA）是一种模拟自然选择和遗传学原理的优化搜索算法。图 9-1所示流程图描述了种群的迭代过程，其中种群（Population）中的个体（Individuals）通过选择（Selection）、交叉（Crossover）和变异（Mutation）等遗传操作来逐步进化，以寻找问题的最优解。

以下是遗传算法流程的更详细的描述。

1. 遗传编码

遗传编码是将问题的决策变量转换为遗传算法能够处理的格式，即通过将决策变量编码为由特定基因结构组成的染色体。这是因为遗传算法无法直接操作原始问题空间的变量，所以需要进行这样的转换。

反过来，将编码后的染色体转换回原始问题空间的过程被称为译码。在译码过程中，如果得到的解落在问题解空间的有效区域内，染色体就被视为一个可行解；如果译码后的解超出了问题的解空

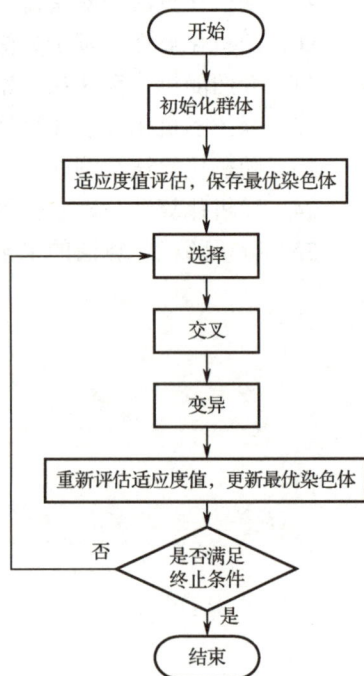

图 9-1　遗传算法流程图

间，染色体就被称为非法解。另一种情况，虽然译码后的解在解空间内，但并不满足问题的所有约束条件（即可行域），这样的解被称为不可行解。简单来说，非法解是不在解空间内的，而不可行解是在解空间内但不符合特定要求的解。编码和译码解析图如图 9-2 所示。

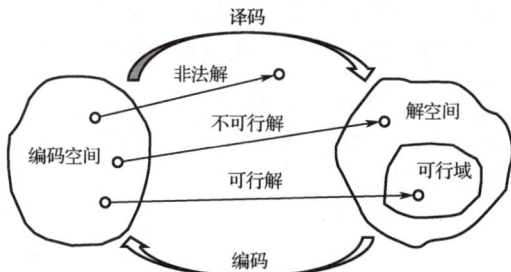

图 9-2 编码和译码解析图

编码方式的选择对算法的性能和效率有很大影响。以下是几种常见的编码方式。

（1）基于符号的编码。

● 二进制编码：使用 0 和 1 的组合来表示问题的解。这种编码方式简单直观，易于实现交叉和变异操作。

● 实数编码：直接使用实数来表示问题的解。在连续优化问题中，实数编码更为自然和高效。

● 整数编码：对于需要整数解的问题，可以使用整数进行编码。这种编码方式在组合优化和离散优化问题中很常见。

（2）基于结构的编码。

● 一维编码：将所有基因按照一个线性的顺序排列，形成一条染色体。这种方式简单直接，适用于一维问题。

● 多维编码：将基因按照多个维度进行排列，形成多条染色体或者复杂结构的染色体。这种方式在处理多维问题时更为有效。

（3）基于长度的编码。

● 固定长度编码：对于所有染色体，使用相同数量的基因进行编码。这种方式保证了算法的一致性，但可能不适用于某些需要不同长度表示的问题。

● 可变长度编码：根据问题的需要，染色体可以使用不同数量的基因进行编码。这种方式更为灵活，但可能需要额外的处理来管理不同长度的染色体。

（4）基于内容的编码。

● 仅包含解的编码：染色体只包含问题的解，不包含其他信息。这种方式简洁明了，但可能无法处理包含额外参数的问题。

● 包含解和参数的编码：染色体不仅包含问题的解，还包含一些额外的参数或信息。这种方式在处理复杂问题时可能更为有效，但也会增加编码的复杂性。

这些编码方式各有优缺点，具体选择哪种方式取决于问题的性质和算法的需求。

2．种群初始化

根据问题的特性，创建一个包含多个个体的初始种群，每个个体代表问题的一个潜在解。通常，有两种主要的方法来产生初始种群：

（1）完全随机生成法：通过在解空间的可行范围内随机选择一组个体来构成初始种群。由于是完全随机的，这种方法能够确保种群的多样性和搜索的广泛性，但同时也可能使得初始种群中包含一些不太优质的解，从而影响算法的收敛速度和性能，适用于对问题的解空间没有任何先验知识或特定偏好的情况。

（2）基于先验知识的生成法：根据问题的特性或历史数据，确定一组必须满足的条件，根据满足条件的解中随机选择个体来构成初始种群。这种方法能够确保初始种群中的解都是具有一定质量或适应性的，从而提高算法的收敛速度和效率，但是可能限制了搜索空间的多样性和广度，从而影响到算法的全局搜索能力，适用对问题的解空间有一定的先验知识的情况。

3. 适应度评估

评估种群中每个个体的适应度（Fitness），适应度值用于衡量个体在解决问题时的优劣程度，通常将个体表示的解代入问题的目标函数来完成。

4. 选择

根据个体的适应度值，使用某种选择策略（如轮盘赌选择、锦标赛选择、随机采样、确定性选择、混合选择等）从当前种群中选择一部分个体。选择操作的目的是将适应度较高的个体更多地传递给下一代，而适应度较低的个体则可能被淘汰。

5. 交叉（或称为重组、配对）

通过对两个父代个体的部分结构进行交换或组合，以生成新的个体，从而增加种群的多样性和搜索能力。在交叉运算之前，通常需要对种群中的个体进行配对，以便在配对的个体之间执行交叉操作。交叉算子有多种形式，每种形式在交叉位置的选取上有所不同，主要有：

（1）1-断点交叉是在父代个体的某个随机位置上选择一个断点，交换两个父代个体断点后的部分结构，生成两个新的子代个体。由于只在一个位置进行交叉，这种操作相对较为保守，不易破坏好的模型结构。

（2）双断点交叉则是在父代个体的两个随机位置上选择两个断点，并交换这两个断点之间的部分结构。这种方式相比 1-断点交叉具有更大的灵活性，但也可能增加破坏好的模型结构的风险。

（3）多断点交叉，也称为广义交叉，是在父代个体的多个随机位置上选择多个断点，并进行部分结构的交换。然而，随着交叉点数量的增多，个体结构被破坏的可能性也逐渐增大，这可能会影响算法的性能。因此，在实际应用中，多断点交叉通常不被广泛使用。

6. 变异

以较小的概率，随机改变新生成个体中的某些基因值即为变异操作。变异操作有助于增加种群的多样性，防止算法过早收敛到局部最优解。

7. 生成新种群

将经过选择、交叉和变异操作后得到的新个体组合成新一代种群。

8．更新最优解

比较新种群中的最优个体与当前记录的最优解，如果新种群中的最优个体更优，则更新当前最优解。

9．终止条件判断

检查是否满足算法的终止条件（如达到最大迭代次数、解的质量满足要求等）。如果满足终止条件，则算法结束并返回当前最优解；否则，返回步骤 3，继续下一轮迭代。

通过不断重复上述过程，遗传算法能够逐步优化种群中的个体，最终找到问题的近似最优解或全局最优解。这种基于种群的搜索方式使得遗传算法在解决复杂优化问题时具有较强的鲁棒性和适应性。

9.1.2　遗传算法的实现

遗传算法对应伪代码如表 9-1 所示，可以看出遗传算法有 6 个基础组成部分：

（1）问题解的遗传表示。

（2）创建初始种群的方法。

（3）用来评估个体适应度值高低优劣的评价函数。

（4）改变后代基因的遗传算子（选择、交叉、变异）。

（5）算法终止条件。

（6）影响遗传算法效果的参数值（种群大小、迭代次数、算子应用的概率）。

表 9-1　遗传算法对应伪代码

1	注：P(t)代表某一代群体，t 为当前代数
2	Best 表示目前找到的最优解
3	**begin**
4	t←0;
5	initialize(P(t));
6	evaluate(P(t));
7	**while**(不满足终止条件)**do**
8	P(t)←selection(P(t));
9	P(t)←crossover(P(t));
10	P(t)←mutation(P(t));
11	t←t+1
12	P(t)←P(t-1);
13	Evaluate(P(t-1));
14	if(P(t))的最优适应度值大于 Best 的适应度值
15	Replace(Best);
16	**end if**
17	**end**
18	**end**

下面用遗传算法求解旅行商问题。

旅行商问题（Traveling Salesman Problem，TSP）是一种典型的组合优化问题，它研究的是如何找到一条访问 n 个给定城市并返回起点的最短路径，且每个城市只能访问一次。由于其计算复杂性，TSP 被归类为 NP-hard 问题，这意味着对于大规模问题，目前尚未发现能够在多项式时间内精确求解的算法。因此，在实际应用中，人们经常采用启发式算法，如遗传算法（Genetic Algorithm，GA），来寻找问题的近似最优解。

TSP 一般可表述为如下形式：

$$\min f = \sum_{i=1}^{n}\sum_{j=1}^{n}(d_{ij}x_{ij} + d_{n1}x_{n1}) \tag{9-1}$$

$$x_{ij} = \begin{cases} 1, & \text{选择路径}(i, j) \\ 0, & \text{其他} \end{cases} \tag{9-2}$$

其中，f 为目标函数，d_{ij} 为城市 i 到城市 j 的距离，若城市 i 到城市 j 的路径被选择，则 $x_{ij} = 1$。

遗传算法求解 TSP 的算法步骤，如表 9-2 所示。

表 9-2　遗传算法求解 TSP 的算法步骤

1	**Procedure**：遗传算法求解 TSP
2	**Input**：问题数据集，GA 参数
3	**begin**
4	t←0;
5	编码产生初始种群 P(t);
6	解码计算适应度值 evaluate(P);
7	**while**(不满足终止条件)
8	对 P(t)实施交叉操作产生 C(t);
9	对 P(t)实施编译操作产生 C(t);
10	解码计算适应度值 evaluate (C);
11	从 P(t)和 C(t)中选出 P(t+1);
12	**end**
13	**Output:**短城市遍历路径

9.1.3　多目标遗传算法

多目标优化问题（Multi-Objective Optimization Problem，MOP）涉及同时优化多个目标函数，这些目标函数之间通常是相互冲突的，即一个目标函数的改进可能会导致另一个目标函数的性能下降。在数学上，一个具有 n 个决策变量和 m 个目标函数的多目标优化问题可以表示为：

$$\min \boldsymbol{y} = F(\boldsymbol{x}) = (f_1(\boldsymbol{x}), f_2(\boldsymbol{x}), \cdots, f_m(\boldsymbol{x}))^{\mathrm{T}}$$

$$\text{s.t} \begin{cases} g_i(x) \leqslant 0, & i = 1, 2, \cdots, q \\ h_j(x) = 0, & j = 1, 2, \cdots, p \end{cases} \tag{9-3}$$

其中，$x = (x_1, x_2, \cdots, x_n) \in X \subset \mathbb{R}^n$ 为 n 维的决策向量，X 为 n 维的决策空间，$y = (y_1, y_2, \cdots, y_m) \in Y \subset \mathbb{R}^m$，为 m 维的目标向量，Y 为 m 维的目标空间。目标函数定义了 m 个由决策空间向目标空间的映射函数，q 个不等约束，p 个等式约束。

多目标遗传算法主要有非支配排序遗传算法 NSGA-Ⅱ（Non-dominated Sorting Genetic Algorithm Ⅱ）、MOEA/D（Multi-objective Evolutionary Algorithm Based on Decomposition）等。

（1）NSGA-Ⅱ是由 Deb 等人在 NSGA（Non-dominated Sorting Genetic Algorithm）的基础上提出的改进版多目标优化算法。NSGA 是一种基于所有个体在 Pareto 支配关系下的排名来选择和繁殖的算法，其基本的思路是首先识别出种群中的非支配解（即不被任何其他解支配的解），并给它们分配一个较大的虚适应度值，再从剩余的解中继续寻找下一层的非支配解，并给它们分配一个较小的虚拟适应度值，依此类推，直到所有的解都被分配了虚拟适应度值。然而，NSGA 在处理大规模问题时存在计算复杂度较高和需要指定共享参数等缺点。为了克服这些问题，NSGA-Ⅱ进行了以下改进。

- 快速非支配排序。NSGA-Ⅱ引入了基于分级的快速非支配排序方法，这种方法能够显著降低计算复杂度，使算法在处理大规模问题时更加高效。
- 拥挤距离概念。为了在同一非支配层级的解之间进行比较和选择，NSGA-Ⅱ提出了拥挤距离的概念。拥挤距离反映了在目标空间中某个解与其相邻解之间的密集程度，有助于保持种群的多样性，并使 Pareto 前沿面上的解尽可能均匀分布。
- 精英保留机制。NSGA-Ⅱ采用了精英保留机制，即每一代中产生的优秀个体（包括父代和子代）都会参与下一代的竞争和选择。这种机制有助于保留种群中的优良个体，提高算法的全局搜索能力和收敛速度。

综上所述，NSGA-Ⅱ通过引入快速非支配排序、拥挤距离概念和精英保留机制等改进，有效提高了算法的效率和性能，使其在多目标优化领域得到了广泛应用。

（2）2007 年，Zhang 和 Li 等人提出了 MOEA/D，其通过分解策略和权重向量的运用，将复杂的多目标优化问题转化为多个相互关联的单目标子问题，并通过同时优化这些子问题来找到全局最优解集，实现了对多目标优化问题的有效求解。在 MOEA/D 中，每个子问题的优化不仅依赖于其自身的特性，还受到相邻子问题权重向量信息的指导，这种相互关联的优化方式有助于保持种群的多样性。

为了应对不同的优化问题，研究者可以选择不同的分解策略和权重向量生成方法。通过精心选择这些策略和方法，可以确保各个子问题的局部最优解能够均匀地分布在全局最优解集（即 Pareto 前沿面）上。在权重向量的获取方面，单纯形格子法是一种常用的方法，它能够生成一组分布均匀的权重向量。在分解策略方面，有加权和法、切比雪夫法以及基于惩罚的边界交叉法等多种选择，这些策略可以根据问题的特性进行灵活选择和应用。

9.2 粒子群算法

9.2.1 粒子群算法基本思想

粒子群优化（Particle Swarm Optimization，PSO）算法是一种基于群体智能的优化工具，由 J. Kennedy 和 R. Eberhart 于 1995 年共同提出，它是一种简单、高效、易于实现的优化工具，具有广泛的应用前景。通过模拟鸟类的觅食行为，PSO 算法能够在复杂搜索空间中有效地逼近最优解，为解决各种优化问题提供了一种新的思路和方法。

PSO 算法的基本思想源于对鸟类觅食行为的模拟，通过模拟鸟群的社会行为来实现复杂搜索空间中的优化问题求解。在 PSO 算法中，每个优化问题的潜在解都被视为搜索空间中的一个"粒子"，这些粒子在搜索空间中移动，通过不断调整自己的位置和速度来寻找最优解。每个粒子都有一个适应度值，用于评估其当前位置的好坏，这个适应度值由具体的目标函数计算得出。PSO 算法的核心在于粒子的速度和位置的更新机制，每个粒子都会根据自身的历史最优位置（个体最优解）和整个种群的历史最优位置（全局最优解）来调整自己的速度和位置，通过模拟鸟群中的竞争和合作行为，粒子们能够逐渐逼近最优解。

PSO 算法具有以下特点。

1. 简单直观

PSO 算法的操作简单直观，易于理解和实现。它仅仅需要粒子在解空间上进行搜索，无须复杂的数学运算。

2. 运算复杂度低

由于 PSO 算法中粒子的更新机制相对简单，因此其运算复杂度较低，适用于处理大规模优化问题。

3. 参数少

PSO 算法中的参数较少，主要包括粒子数量、迭代次数、惯性权重、学习因子等，这些参数的设置对算法的性能影响较大，但通常可以通过实验来确定合适的取值。

4. 并行性

PSO 算法中的粒子是并行搜索的，这意味着算法可以充分利用多核处理器或分布式计算资源来加速优化过程。

5. 鲁棒性强

PSO 算法对初始参数和噪声的敏感性较低，具有较强的鲁棒性。这使得 PSO

算法在处理复杂优化问题时具有较好的稳定性和可靠性。

设 $X_i = (x_{i1}, x_{i2}, \cdots, x_{in})$ 为第 i 个粒子的 n 维位置向量，根据事先设定的适应度函数计算该粒子当前的适应度值，即可衡量粒子位置的优劣；$V_i = (V_{i1}, V_{i2}, \cdots, V_{in})$ 为粒子 i 的飞行速度；$\text{Pbest}_i = (\text{pbest}_{i1}, \text{pbest}_{i2}, \cdots, \text{pbest}_{in})$ 为粒子 i 迄今为止搜索到的最优位置。

为了方便讨论，设 $f(X)$ 为最小化的目标函数，则粒子 i 的当前最好位置为：

$$\text{Pbest}_i(t+1) = \begin{cases} \text{Pbest}_i(t), & f(X_i(t+1)) \geqslant f(\text{Pbest}_i(t)) \\ X_i(t+1), & f(X_i(t+1)) < f(\text{Pbest}_i(t)) \end{cases} \tag{9-4}$$

设群体中的粒子数为 N，$\text{Gbest}(t) = (\text{gbest}_1, \text{gbest}_2, \cdots, \text{gbest}_n)$ 为整个粒子群迄今为止搜索到的最优位置，则：

$$\text{Gbest}(t) \in \{\text{Pbest}_1(t), \text{Pbest}_2(t), \cdots, \text{Pbest}_N(t)\} \tag{9-5}$$

$$f(\text{Gbest}(t)) = \min\{f(\text{Pbest}_1(t)), f(\text{Pbest}_2(t)), \cdots, f(\text{Pbest}_N(t))\} \tag{9-6}$$

在每次迭代中，粒子根据式（9-7）、式（9-8）更新速度和位置：

$$v_{ij}(t+1) = v_{ij}(t) + c_1 r_{1j}(t)[\text{pbest}_{ij}(t) - x_{ij}(t)] + c_2 r_{2j}(t)[\text{gbest}_j(t) - x_{ij}(t)] \tag{9-7}$$

$$x_{ij}(t+1) = x_{ij}(t) + v_{ij}(t+1) \tag{9-8}$$

其中，j 表示粒子的第 j 维，$j = 1, 2, \cdots, n$，n 是问题的维度或变量的数量；i 表示第 i 个粒子 $i = 1, 2, \cdots, N$，N 是粒子群中的粒子总数；t 代表算法的迭代次数或时间步长；r_1 和 r_2 是 $[0, 1]$ 之间的随机数，它们用于增加搜索的随机性，有助于保持种群的多样性，避免过早收敛到局部最优解；c_1 和 c_2 是学习因子或加速因子，c_1 控制粒子向其个人历史最佳位置移动的步长，c_2 控制粒子向群体历史最佳位置移动的步长，这两个参数对 PSO 算法的收敛速度和避免局部最小值的能力有重要影响，通过调整这两个参数，可以在一定程度上平衡算法的局部搜索和全局搜索能力。

由于 PSO 算法没有直接的机制来控制粒子的速度，因此需要设定速度的范围（即 $v_{ij} \in [-V_{\max}, V_{\max}]$），以防止粒子在搜索空间中移动过快而错过最优解，或移动过慢而导致搜索效率低下。同样，位置 X_i 的取值范围（即 $X_i \in [-X_{\max}, X_{\max}]$）也需要被限制，以确保粒子在合理的搜索空间内移动。

在 PSO 中，从公式（9-7）可以看出，每个粒子在搜索空间中移动的过程可以看作是受到三个主要因素的影响。

1. 当前速度的影响

第一项表示当前速度对粒子飞行的影响，它提供了粒子在搜索空间中飞行的动力，这个速度可以理解为粒子在上一步移动的方向和速度。

2. 个体认知的影响

第二项代表粒子的个人经验，粒子会记住自己在搜索过程中遇到的最好位置，使得粒子倾向于朝着它个人认为的最佳位置移动。

3. 群体认知的影响

第三项表示粒子群体中的协作与信息共享，粒子会考虑到整个群体中其他粒子发现的最好位置，帮助粒子更快地朝着全局最优位置移动。

根据公式（9-7）并结合上一次迭代的速度、当前位置，以及自身最好经验和群体最好经验之间的距离来更新粒子速度，然后根据公式（9-8）计算新的粒子位置，进而推动整个 PSO 算法向着优化目标前进。

基本 PSO 算法的初始化过程：设定一个初始的种群规模 N，这个规模决定了算法中同时搜索的粒子数量。对于种群中的每个粒子 i（$i=1,2,\cdots,N$），随机初始化其位置 x_{ij} 和速度 v_{ij}，其中 x_{ij} 和 v_{ij} 的每个维度 j（j 表示位置向量的第 j 个分量）分别在预先定义的搜索空间边界[$-X_{max}$，X_{max}]和[$-V_{max}$，V_{max}]内均匀分布产生。

基本 PSO 算法流程，其框架如图 9-3 所示。

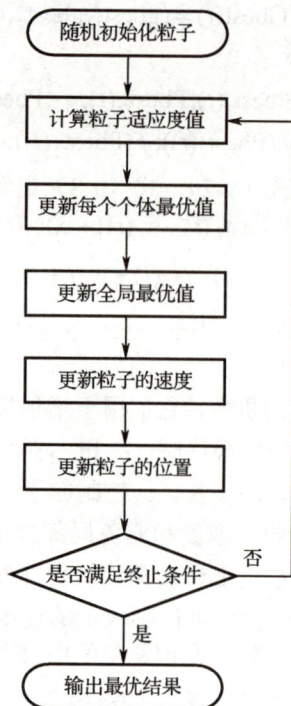

图 9-3　PSO 算法框架

1．随机初始化粒子

按照基本 PSO 算法的初始化过程为所有粒子设置初始位置和速度。

2．计算粒子评估适应度

计算每个粒子当前位置的适应度值，这个值通常基于优化问题的目标函数得出。

3．更新每个个体最优解

将每个粒子的当前适应度值与其历史最佳位置 Pbesti 的适应度值进行比较。如果当前位置的适应度值更好（如对于最小化问题，目标函数值更小越好），则更新 Pbesti 为该粒子的当前位置。

4. 更新全局最优值

将每个粒子的当前适应度值与当前的全局最优位置 Gbest 的适应度值进行比较。如果发现了更好的解，则更新 Gbest 为该粒子的当前位置，并将其作为当前的全局最优值（又称全局最优解）。

5. 进化更新

根据预先定义的进化方程（公式（9-7）用于速度更新，公式（9-8）用于位置更新），对粒子的速度和位置进行迭代更新。

6. 终止条件检查

检查是否满足算法的终止条件（如达到预定的最大迭代次数或满足特定的适应度阈值），如果未达到终止条件，则返回步骤 2 并继续迭代；否则，算法结束并输出全局最优解。

9.2.2 改进粒子群算法

1. 带有惯性权重的粒子群优化算法

为了增强基本粒子群优化（PSO）算法的收敛性能，Y. Shi 和 R. C. Eberhart 首次引入了惯性权重 ω 的概念，即：

$$v_{ij}(t+1) = \omega v_{ij}(t) + c_1 r_{1j}(t)[\text{pbest}_{ij}(t) - x_{ij}(t)] + c_2 r_{2j}(t)[\text{gbest}_j(t) - x_{ij}(t)] \qquad (9-9)$$

在 PSO 算法中，惯性权重是一个关键的参数，它决定了粒子在搜索空间中的运动惯性，有助于算法在全局搜索和局部搜索之间取得平衡。通过调整惯性权重 ω，粒子能够在保持当前运动趋势的同时，探索新的搜索区域，从而增加找到全局最优值的可能性。这种动态调整惯性权重的方式，使得 PSO 算法不再依赖于设置速度的最大值，因为 ω 的调整可以自然地平衡全局和局部搜索能力。当惯性权重 ω 设置为 1 时，即对应了基本 PSO 算法的情况。

在实际应用中，一种常用的策略是在算法初期使用较大的惯性权重值（如 0.9），以提高算法的探索能力，使粒子能够广泛地搜索解空间并找到具有潜力的解；而在算法后期，逐渐减小惯性权重值（如减小到 0.4），以增强算法的开发能力，使粒子能够在当前搜索到的最优解附近进行精细搜索，从而加快收敛速度。

此外，有些研究者还提出了对上一轮迭代中的粒子速度进行不保留的策略，即重新初始化粒子速度，这种策略能够有效地提高整个种群的搜索能力，避免算法陷入局部最优解，从而进一步改善 PSO 算法的收敛性能。

2. 协同粒子群优化算法

为了解决高维优化问题，Potter 提出了将解向量分解为多个小向量，通过分割搜索空间来进行优化。基于这个思想，Bergh 等人提出了协同粒子群算法（协同

PSO），即将一个 n 维解向量分解为 n 个一维解向量，并将种群分解为 n 个独立的粒子群，每个粒子群负责优化一个一维解向量。在每次迭代中，各个粒子群相互独立地更新粒子的位置，彼此之间不共享信息。当计算适应度时，将这些一维解向量重新组合成一个完整的 n 维向量，并将其代入适应度函数中计算适应度值。

协同 PSO 算法展现出明显的"启动延迟"现象，特别是在演化初期，其收敛速度相对较慢。随着粒子群数量的增加，这种延迟现象也变得更加显著，收敛速度进一步减慢。实际上，协同 PSO 算法采用了局部学习策略，相对于传统的 PSO 算法，具有更高的收敛精度。因此，协同 PSO 算法通过分解和独立优化每个维度的解向量，尽管在初始阶段可能会面临启动延迟的挑战，但是能提高在高维空间中搜索全局最优值的效率。

3. 量子粒子群优化算法

量子粒子群优化算法（QPSO）通过借鉴量子力学的概念，将优化问题中的解空间描述为量子空间中的粒子。在这个算法中，每个个体被看作是量子空间中的一个粒子，其位置不再像传统 PSO 算法那样具有确定的速度向量，而是由波函数来描述。根据量子力学的不确定性原理，粒子在空间中出现的位置具有一定的概率分布，这使 QPSO 能够以一定的概率出现在搜索空间的任何位置，从而有助于提高全局收敛性能，尤其是在处理高维复杂优化问题时。

QPSO 丢弃了传统 PSO 算法中的速度向量，利用波函数描述粒子的状态。波函数通常通过求解薛定谔方程来获得粒子在空间中某一点出现的概率密度函数，再利用蒙特卡罗随机模拟的方法，确定粒子的具体位置，这样每个粒子就可以在搜索空间内以一定的概率进行有效的探索和利用。QPSO 算法通过引入量子力学的概念，提供了一种更为灵活和全局性能更优的优化方法，特别适用于需要大规模搜索和高维度问题的应用场景。

4. 混合粒子群优化算法

根据没有免费的午餐理论，不同进化算法在解决问题时各有其特定的优势和限制。因此，研究者们正致力于如何通过将 PSO 算法与其他算法结合，创造出新的智能算法，以克服各自的局限性。一种常见的方法是将 PSO 算法与遗传算法结合，引入遗传算法的选择、交叉和变异操作，这样可以增加种群的多样性，提高全局搜索能力。另一种策略是在 PSO 算法中嵌入差分进化算法，特别是在种群陷入局部最优解时，使用差分进化算法产生新的全局最优粒子，从而增强了算法的全局收敛性。模拟退火方法也可以与 PSO 结合，用于决定新粒子是否接受进入下一代迭代，这种方式可以在算法的局部搜索过程中提供更加细致的优化。

此外，还有许多其他研究将 PSO 算法与蚁群算法、禁忌搜索等多种算法进行混合，以利用各自算法的优势来改进 PSO 的性能。混合 PSO 算法通常需要引入新的参数来控制各种操作的时机，其中参数的选择对算法的最终性能至关重要。

9.3　分布估计算法

9.3.1　分布估计算法基本思想

分布估计算法（Estimationof Distribution Algorithms，EDA）的概念自 1996 年被提出以来，经过数年的发展和完善，已成为进化计算领域的一个重要分支。近年来，在国际学术会议中，EDA 作为一个热点话题被广泛讨论，显示出其在解决复杂优化问题方面的巨大潜力和应用价值。

EDA 是一种先进的进化计算技术，其核心思想在于通过构建并利用概率模型来指导搜索过程。与传统的遗传算法不同，EDA 不依赖于简单的遗传操作（如交叉和变异）来生成新的候选解，而是通过分析当前表现优秀的个体集合的概率分布来构建这一模型。通过这一模型，EDA 智能地生成新的潜在解，从而有效地解决了遗传算法中可能遇到的连锁和欺骗问题。

通过不断迭代和优化，EDA 算法能够逐步逼近问题的最优解，有效地解决各种复杂的优化问题，以下是分布估计算法（EDA）的进化过程：

（1）初始化种群，并设定好一系列的运行参数。

（2）基于特定问题定义的优化目标，评估群体中每个个体的适应度值。如果这些个体的表现满足预设的终止条件（比如达到最大迭代次数、找到足够好的解等），则算法将停止运行；如果终止条件尚未满足，算法将进入下一步。

（3）基于个体的适应度值挑选出表现优异的个体，形成优势群体，利用这些优势群体的信息来估计概率模型，该模型描述了优秀解的分布特性，是 EDA 算法智能性的关键所在。

（4）对其概率模型进行采样操作，生成一个新的群体，返回步骤（2），继续对新群体中的个体进行评估。

9.3.2　基于 EDA 的收敛性分析及多分布估计算法

1. 收敛性分析

在 EDA（分布估计算法）的理论研究中，Zhang 等人的工作对于 EDA 在无限大种群规模下的收敛性进行了证明。他们指出，当采用比例选择、截断选择或二元锦标赛选择这三种选择机制来选取优势群体时，EDA 算法能够全局收敛。这意味着，随着迭代次数的增加，算法最终会找到问题的全局最优解。Rastegar 等人进一步探讨了 EDA 在无限种群规模下收敛到全局最优状态所需的迭代次数，为 EDA 的收敛速度提供了理论上的量化分析。对于具体的 EDA 算法，如 PBIL（概率模型构建迭代学习）、UMDA（基于无度量分布的算法）和 FDA（基于因子分解的分布算法），研究者们也进行了深入的理论分析。Höhfeld 等人通过概率向量的随机变化过程，分析了 PBIL 算法在线性和非线性优化问题上的收敛性，为 PBIL 算法的应用提供了理论依据。Cristina 等人则采用离散的动态系统对 PBIL 算法进行建模，给出了其收敛性的数学证明。对于 UMDA 算法，Müehlenbein 等人的研究得到了与 PBIL 算法相似的收敛性结果，进一步验证了 EDA 算法框架的通用性和有效性。而对于 FDA 算法，Müehlenbein 等人证明了其在解决可加性分解问题时的收敛性，这表明 FDA 在处理这类问题时具有强大的能力。此外，Zhang 的研究还对比了 UMDA 和 FDA 两种算法，并分析了高阶统计量对 EDA 算法性能的影响。他证明了 FDA 在解决可加性分解的优化问题时，理论上能够收敛于全局最优解，这进一步凸显了 FDA 算法在复杂优化问题中的优势。这些理论研究不仅为 EDA 算法的应用提供了重要的理论支撑，也为 EDA 算法的发展和完善指明了方向。

2．多分布估计算法

传统的多目标优化算法在寻找新解时，主要依赖于交叉和变异等遗传算子，这些算子在生成新解时通常仅依赖于极少数的优秀个体信息。这种局限性可能导致算法在搜索过程中受到限制，特别是在处理多目标约束优化问题时，难以全面覆盖并找到接近且均匀分布在可行 Pareto 前沿的解集。现实世界中的多目标优化问题往往伴随着各种约束条件，而传统的进化多目标优化算法更多地关注无约束问题。

为了克服这些限制，许霞提出了一种创新的基于规则模型的分布估计算法（RM-MEDA）。在 RM-MEDA 中，算法不再仅仅依赖于遗传算子来生成新解，而是通过对每个分类簇的主曲线（面）进行扩展（每一维上延长 25%），并在扩展后的空间内进行随机采样来生成新的候选解。这种扩展和采样的方式使得 RM-MEDA 拥有更大的有效搜索范围，从而更容易发现有效的解。当 RM-MEDA 被应用于多目标约束优化问题时，其优势变得尤为明显。通过扩展搜索范围，RM-MEDA 能够更好地覆盖并接近可行的 Pareto 前沿，从而生成更加均匀且高质量的解集。与传统的经典进化多目标优化算法相比，RM-MEDA 在处理多目标约束优化问题时展现出了一定的优势，为求解这类复杂问题提供了新的思路和方法。

9.4　差分进化算法

9.4.1　差分进化算法基本思想

差分进化（DE）算法是一种用于求解连续空间全局优化问题的有效方法，它本质上结合了实数编码和保优思想的贪心策略，可以被视为一种改进的遗传算法。DE 算法的工作流程与标准遗传算法相似，但有其独特的操作方式。

DE 算法从一个随机初始化的实数编码种群开始，这个种群由多个个体组成，每个个体都代表了一个潜在的解。然后，算法利用差分向量的概念来生成变异个体，采用交叉操作来结合父代个体和生成的变异个体，生成新的试验个体。最后，DE 算法使用一种贪心选择策略（如基于个体的适应度值）来决定哪些个体将被保留到下一代种群中。

由于 DE 算法采用了实数编码和贪心选择策略，它在处理连续空间全局优化问题时往往比经典的遗传算法更加有效。实数编码使得算法能够直接在连续空间中进行搜索，而贪心选择策略则能够确保算法在迭代过程中始终保留最优的解，从而加速搜索过程并提高解的质量。

1. 种群初始化

在初始化阶段，设定初始代数 $t=0$。在优化问题的可行解空间内，根据公式（9-9）生成 N 个个体构成 DE 算法的初始种群。通过这种随机且尽量均匀分布的初始化方式，DE 算法能够在初始阶段就具备一定的搜索范围和搜索能力，为后续的优化过程奠定良好的基础。

$$X_{i,0} = X_i^L + \text{rand}O(X_i^U - X_i^L), i = 1, 2, \cdots, N \tag{9-9}$$

其中，$X_{i,0}$ 表示初始种群中的第 i 个个体；$X_i^U \cdot X_i^L$ 表示变量 $X_{i,0}$ 的上界和下界；rand() 是 $[0,1]$ 之间的随机数；N 是种群规模。

2. 变异操作

在 DE 算法的变异步骤中，引入了差分向量的概念，这是它与其他进化算法的主要区别。设从第 t 代种群中随机选取两个互不相同的父代个体 $X_{r1,t}$，$X_{r2,t}$，将 $X_{r1,t}$，$X_{r2,t}$ 之间的差向量记作差分向量 $D_{r1,2}$，即 $D_{r1,2} = X_{r1,t} - X_{r2,t}$。为了得到新的变异个体，DE 算法会对差分向量 $D_{r1,2}$ 进行加权处理，然后将其与另一个从父代种群中随机选取的 $X_{r3,t}$ 进行求和操作，得到变异个体。

如图 9.4 所示，设 $X_{r1,t}$，$X_{r2,t}$，$X_{r3,t}$ 是从第 t 代种群中随机选取的 3 个互不相同的个体，经差分变异后，得到与父代个体 $X_{i,t}$ 对应的新个体 $V_{i,t+1}$，即：

$$V_{i,t+1} = X_{r1,t} + F(X_{r2,t} - X_{r3,t}) \tag{9-10}$$

其中，$r1, r2, r3 \in \{1, 2, \cdots, N\}$，且与父代序号 i 不同；$F \in [0,2]$ 是缩放因子，控制差分向量的缩放程度。

随着 DE 算法的发展，针对不同的问题和需求，研究者们提出了多种变异策略，这些策略按照一定的命名规则统一标识为 DE/x/y 的形式，其中 x 表示选择基向量的方式，通常有 rand（随机选择父代个体）和 best（选择适应度值最优的个体）两种选项；y 表示差分向量的个数。除了最基本的 DE/rand/1 形式（如公式（9-10）所示），目前广泛使用的变异策略还包括：

（1）DE/best/1 策略选择当前种群中适应度值最优的个体作为基向量，然后与一个随机选择的个体进行差分操作，生成新的个体向量，即：

$$V_{i,t+1} = X_{\text{best},t} + F(X_{r1,t} - X_{r2,t}) \tag{9-11}$$

（2）DE/rand/2 策略随机选择两个个体作为差分向量，与当前种群中的另一个随机个体进行差分操作，生成新的个体向量，即：

$$V_{i,t+1} = X_{r1,t} + F(X_{r2,t} - X_{r3,t}) + F(X_{r4,6} - X_{r5,t}) \tag{9-12}$$

（3）DE/rand-to-best/1 策略将一个适应度值最优的个体（best）与两个随机选择的个体进行差分操作，即：

$$V_{i,t+1} = X_{i,t} + F(X_{\text{best},t} - X_{i,t}) + F(X_{r1,t} - X_{r2,t}) \tag{9-13}$$

（4）DE/best/2 策略从当前种群中选择适应度值最优的个体作为基向量，与另外两个适应度值较好的个体进行差分操作，即：

$$V_{i,t+1} = X_{\text{best},t} + F(X_{r1,t} - X_{r2,t}) + F(X_{r3,t} - X_{r4,t}) \tag{9-14}$$

差分进化（DE）算法中的变异策略是其核心组成部分，它们决定了算法如何生成新的变异个体，并进而影响整个种群的搜索方向和收敛速度，如图 9-4 所示，不同的变异策略各有其特点，并对算法的性能产生不同的影响。其中，DE/rand/1 和 DE/rand/2 这两种变异策略倾向于保持种群的多样性，它们通过随机选择种群中的个体来生成差分向量，从而引入新的搜索方向，增大了搜索到全局最优解的概率。这种多样性对于处理复杂的多峰或非线性优化问题尤为重要，因为它有助于算法跳出局部最优解，探索更广阔的解空间。DE/best/1、DE/best/2 以及 DE/rand-to-best/1 这三种变异策略则引入了当前种群的最优个体来引导搜索方向。它们通过利用最优个体的信息，使得算法在迭代过程中更有可能向全局最优解靠近，从而提高了算法的收敛速度。这种策略在处理单峰或凸优化问题时特别有效，因为它能够迅速缩小搜索范围，找到高质量的解。在众多变异方式中，DE/rand/1 和 DE/best/2 因其稳定性和广泛的适用性而备受青睐。DE/rand/1 保持了种群的多样性，同时又能通过随机选择来探索新的搜索方向。DE/best/2 则结合了最优个体的信息，能够在保证收敛速度的同时，避免陷入局部最优解。因此，这两种变异策略在实际生活中的优化问题中得到了广泛的应用。

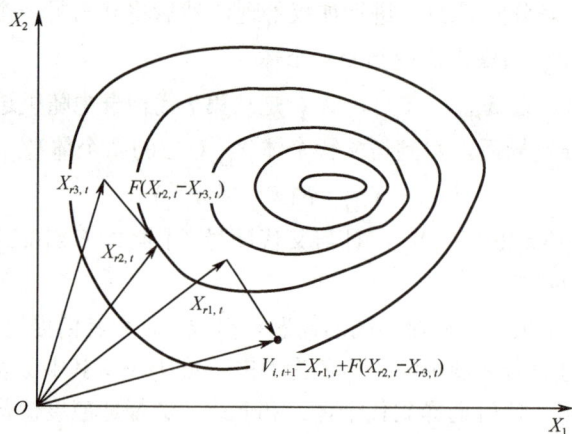

图 9-4 DE 算法变异操作示意图

3. 交叉操作

交叉操作在变异操作的基础上进一步增加了种群中个体的多样性，这个过程确保了算法在搜索空间中的广泛探索，同时保持了一定的搜索效率，二进制交叉（bin）和指数交叉（exp）是两种常用的交叉策略。设 D 是实变量的维数，$U_{i,t+1}$ 表示在时刻 $t+1$ 生成的第 i 个试验个体，$U_{i,t+1} \in (U_{1,t+1}, U_{2,t+1}, \cdots, U_{N,t+1})$。在交叉操作中，按照一个交叉概率 CR（Crossover Rate）来决定是否将父代个体的某一维分量替换为变异个体的相应分量，即：

$$U_{ij,t+1} = \begin{cases} V_{ij,t+1}, & (\mathrm{rand}(j) \leqslant \mathrm{CR}) \text{或} \ j = j_{\mathrm{rand}} \\ X_{ij,t}, & (\mathrm{rand}(j) > \mathrm{CR}) \text{或} \ j \neq j_{\mathrm{rand}} \end{cases} \tag{9-15}$$

其中 $i = 1, 2, \cdots, N$；$j = 1, 2, \cdots, D$，$\mathrm{rand}(j) \in [0,1]$ 是第 j 维分量的均匀随机数；j_{rand} 是随机产生一个 $1 \sim D$ 之间的自然数，用来确保变异个体的延续，$\mathrm{CR} \in [0,1]$ 是交叉概率，决定了新个体 $U_{i,t+1}$ 中变异个体 $V_{i,t+1}$ 所占的比例。

如图 9-5 所示，对于 $U_{ij,t+1}$ 的每一维 j（$j = 1, 2, \cdots, D$），如果随机生成的数小于或等于 CR，则 $U_{ij,t+1}$ 取变异个体 $V_{ij,t+1}$ 的值；否则，$U_{ij,t+1}$ 取预先确定的父代个体 $X_{ij,t}$ 的值。此外，为了确保新个体中至少有一维分量来源于变异个体，通常会设定一个特殊的规则，比如确保第一维分量 $U_{i1,t+1}$ 总是来源于变异个体 $V_{i1,t+1}$。

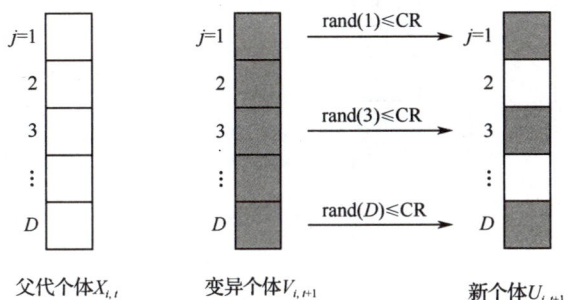

图 9-5 DE 算法交叉操作示意图

4. 选择操作

DE 算法也遵循"优胜劣汰"的思想，这是进化算法共有的特性。在选择操作中，DE 算法会对经过变异和交叉操作后生成的新个体（通常称为"试验个体"或"候选解"）与父代个体进行适应度评价，然后根据某种选择策略（通常是贪心策略）来决定哪些个体能够进入下一代，即：

$$X_{i,t} = \begin{cases} U_{i,t+1}, & f(U_{i,t+1}) \leqslant f(X_{i,t}) \\ X_{i,t}, & \text{其他} \end{cases} \tag{9-16}$$

9.4.2 差分进化算法流程及应用

DE 算法流程图如 9-6 所示。DE 算法步骤如下所述。

1. 初始化种群和控制参数

根据公式（9-9）在搜索空间中随机生成初始种群 X_0，确定控制参数（种群大小 N，缩放因子 F，交叉概率 CR，最大进化代数 T）的值，设当前进化代数 $t = 0$。

2. 计算每个个体的适应度值

计算初始种群 X_0 中每个个体的适应度值。

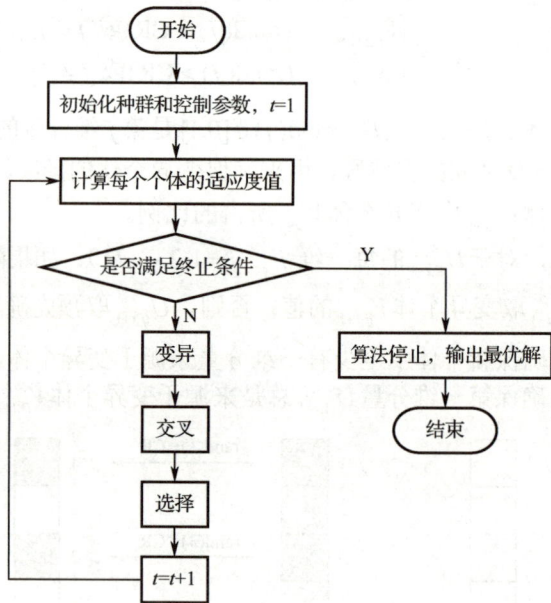

图 9-6　DE 算法流程图

3．进化迭代

判断是否满足终止条件，若满足则算法停止，输出最优解；否则，继续下一步。

4．变异操作

对于种群中的每一个个体 $X_{i,t}$（其中 $i=1,2,\cdots,N$），随机选择种群中三个互不相同的个体 $X_{r1,t}$，$X_{r2,t}$，$X_{r3,t}$，根据选定的变异策略（如 DE/rand/1，DE/best/1 等），按照公式（9-10）生成变异个体 $V_{i,t+1}$。

5．交叉操作

对于变异个体 $V_{i,t+1}$ 和对应的父代个体 $X_{i,t}$，按照公式（9-15）执行交叉操作，生成新个体 $U_{i,t+1}$，确保 $U_{i,t+1}$ 中至少有一个分量来自 $V_{i,t+1}$ 以满足变异操作的延续性。

6．选择操作

计算实验种群中所有个体 $U_{i,t+1}$ 的适应度值，使用贪心选择策略，将新个体 $U_{i,t+1}$ 与其对应的父代个体 $X_{i,t}$ 进行比较，如果 $U_{i,t+1}$ 的适应度值优于 $X_{i,t}$，则用 $U_{i,t+1}$ 替换 $X_{i,t}$，否则保留 $X_{i,t}$，这样就得到了下一代种群 X_{t+1}，当前进化代数 $t=t+1$，转步骤 2。

DE 算法及其变种在解决置换流水车间问题方面具有很大的潜力，通过适当的编码、解码策略和与其他优化技术的结合，DE 算法可以有效地处理这类复杂的序列调度问题，并在实际生产环境中表现出良好的性能。

Tasgetiren 等人在 2004 年首次提出了将 DE 算法应用于 PFSP 的方法，他们使用了一种最小位置值的方法，将连续空间中的实数编码映射到离散空间中的作业排列，这种方法允许 DE 算法处理序列调度问题，并在实验中表现出良好的性能和较高的效率，特别是在处理较大规模问题时。Pan 等人提出了一种以总流动时间

（makepan）为准则的离散 DE 算法，他们设计了一种参考局部搜索策略，并将其嵌入到离散 DE 算法中，以提高求解质量，这种算法结合了 DE 的全局搜索能力和局部搜索的精确性，适用于求解 PFSP。Zheng 等人提出了基于量子旋转角的 QDEA，用于解决 PFSP，他们利用量子旋转角进行染色体编码和解码，并设计了一种基于作业的最大旋转角值规则来表示 PFSP，通过结合差分进化策略、可变邻域搜索和量子进化算法（QEA）的优势，QDEA 在求解 PFSP 时表现出了良好的性能。Mokhtari 将带有坐标方向搜索的 HDDE 算法与可变邻域搜索（VNS）相结合，用于解决 PFSP 中的排序问题和资源分配问题，他使用统计程序来调整算法中的重要参数，以优化置换类型调度问题的两个冲突目标函数（完成时间最小化和资源总成本最小化）。Lin 和 Yin 提出了一种基于差分进化的 Memetic 算法（ODDE），用于解决 PFSP，他们引入了一种基于随机密钥的新规则，将 DE 算法中的连续位置转换为离散作业排列。为了提高种群质量和多样性，他们结合了 NEH 启发式方法和随机初始化。ODDE 算法还利用一种基于种群多样性测度的方法来调整交叉率，以提高算法的全局优化特性，并引入了局部搜索策略来避免陷入局部最小值。

9.5　模拟退火算法

模拟退火算法

9.5.1　模拟退火算法基本思想

模拟退火算法（Simulated Annealing Algorithm，SAA）是一种非常有效的随机搜索算法，特别适合解决大规模组合优化问题，该算法通过模拟固体物质退火过程来寻找问题的全局最优解。与传统的局部搜索算法不同，模拟退火算法以一定的概率接受比当前解更差的解，从而能够跳出局部最优解，增加找到全局最优解的可能性。

固体物质退火过程是一种热力学过程，通过加热、保持恒温和冷却三个阶段，使固体从非均匀的液态状态逐步转变为有序的晶体结构，这是一种重要的材料处理方法，用于改善材料的结晶性能和力学性能。

1．加热过程

固体被加热至足够高的温度导致其熔化成液态，其内部的粒子开始迅速增加热运动能量，粒子排列呈现出随机无序状态。这一过程消除了原先可能存在的任何非均匀性，并且系统的总能量随温度的升高而增加。

2．保持恒温阶段

根据自由能减少的原则，系统状态会朝向自由能最小的方向发展，通过与环境交换热量来逐渐达到各温度下的平衡态。这一过程的关键在于确保系统在每个温度点上都处于平衡状态，以保证晶体结构的形成和稳定性。

3．冷却过程

温度逐渐降低导致固体内粒子的热运动逐渐减弱，粒子排列逐渐趋向有序，系统的能量逐渐减少。当液态完全凝固成为具有有序晶体结构的固体时，整个退火过程完成。

SAA 算法是一种启发式随机搜索算法，它借鉴了上述固体物质退火过程的物理原理，具有通用性强、实现简单等优点，在解决大规模组合优化问题方面表现出较好的性能。SAA 算法的基本思想是从一个较高的初始温度开始，随着温度的不断下降，结合概率突跳特性在解空间中随机寻找目标函数的全局最优解。在每一次的迭代过程中，模拟退火算法都会基于当前的状态（解）和一定的概率准则来生成新的状态（解），并通过比较新旧状态的目标函数值来决定是否接受新状态，其流程如图 9-7 所示。

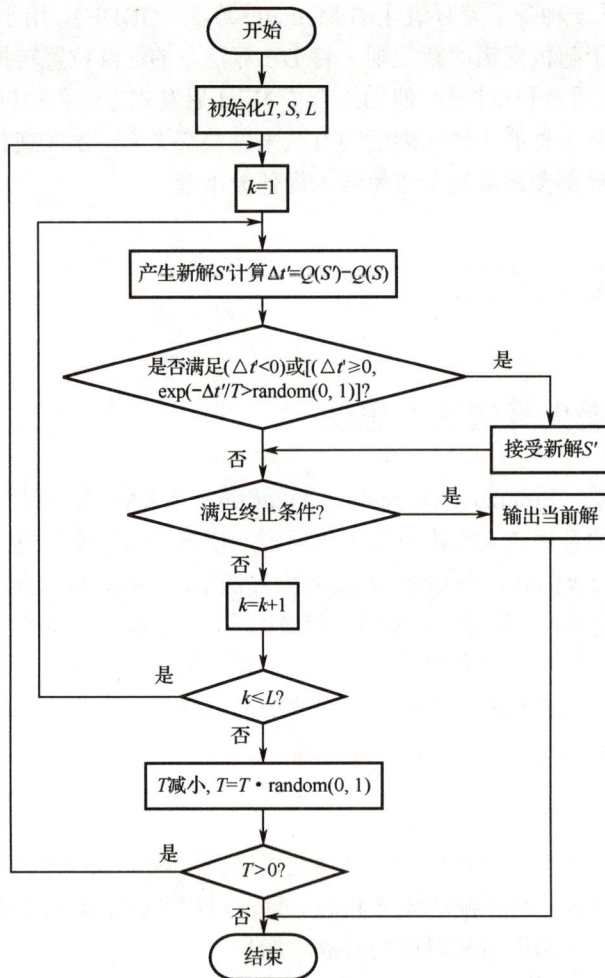

图 9-7　SAA 算法流程图

1. 初始化

设置初始温度 T（这个温度代表了算法在开始时接受较差解的概率）、初始解状态 S（通常是随机选取的）、每个 T 值的循环迭代次数 L。

2. 计算目标函数差

在当前的解 S 附近生成一个新的解 S'（这通常是通过随机扰动或邻域搜索来实现的），计算新解和当前解的目标函数值之差（$\Delta t' = Q(S') - Q(S)$，其中 $Q(S)$ 为目标函数），这代表了从当前解转移到新解的成本或收益。

3. 接受或舍弃

根据 Metropolis 准则，以一定的概率来决定是否接受新解。这个概率通常表示为 $\exp[-\Delta t'/(kT)]$，其中 $\Delta t'$ 是目标函数值的改变量，k 是玻尔兹曼常数（一个物理学中的常数，通常被设置为 1），T 是当前温度。当 $\Delta t' < 0$（即新解更优）时，则接受 S' 作为新的当前解，否则以 $\exp[-\Delta t'/(kT)]$ 的概率接受新解 S'。这个概率准则允许算法以一定的概率接受较差的解，从而避免陷入局部最优解。

4. 迭代

如果满足某个终止条件（如达到预设的最大迭代次数、温度降低到足够低等），则输出当前解即为所得近似最优解。

5. 衰减温度

T 乘以一个大于 0 且小于 1 的常数，T 的值逐渐减小，且 $T>0$，然后重复步骤 2～3。温度的降低使得算法在后续迭代中越来越难以接受较差的解，从而逐渐收敛到全局最优解。

9.5.2　基于模拟退火算法的应用

SAA 算法已经被广泛应用于各种组合优化问题，包括旅行商问题（TSP）、背包问题、调度问题、电路设计问题等，特别是在超大规模集成电路的布线问题上。由于布线问题是一个 NP 完全问题，传统的优化方法很难在合理的时间内找到全局最优解，而 SAA 算法提供了一种有效的求解途径。

以下介绍 SAA 算法如何求解布线问题。

在假设布线问题中，引脚的个数为 n，解空间 S 包含了所有点 $\{1, 2, \cdots, n\}$ 的循环排列，每个排列形成一个闭合路径（一个回路），表示为一个序列 $(\pi_1, \pi_2, \cdots, \pi_n)$，其中 π_i 表示在路径中第 i 步访问的点是第 π_i 个点。由于路径是一个闭合回路，所以最后一个访问的点 π_n 必须等于第一个访问的点 π_1。

布线问题的目标是在满足一定约束条件下，使连接各元件（如引脚）的线路总长最小化。假设有 n 个引脚之间的距离矩阵 $\boldsymbol{D}=[d_{ij}]$（其中 d_{ij} 表示点 i 到点 j 的距离），我们需要找到路径总长度最短的循环排列，这个路径的长度被称为代价函数，即路径上所有连接点的距离之和。

模拟退火算法可以有效地解决集成电路中的布线问题，找到接近最优或最优的布线方案。

1．产生新解

在布线问题中，一个解通常是一个遍历所有引脚的循环排列（即路径），表示为 $\pi = (\pi_1, \pi_2, \cdots, \pi_n)$，其中 $\pi_i = j$ 表示第 i 个访问的点是 j 点，并且 $\pi_{n+1} = \pi_1$ 形成一个闭环。为了产生新解，可以从当前解出发，通过某种变换（如 k-opt 变换，其中 $k=2$ 表示每次交换两个引脚的位置）来生成新的循环排列。这种变换会改变引脚之间的连接顺序，从而可能产生更短的布线路径。

2．计算代价函数

代价函数用于评估一个解（即布线方案）的优劣。在布线问题中，通过给定引脚之间的距离矩阵 $\boldsymbol{D}=[d_{ij}]$ 计算代价函数 $f(\pi_1, \pi_2, \cdots, \pi_n) = \sum_{i=1}^{n} d_{\pi_n, \pi_1}$。

3．接受新解的概率

模拟退火算法接受新解以更新当前解的概率为：$\exp[-\Delta f/(kT)]$，其中 $\Delta f = (d_{\pi_{\mu-1}\pi_\nu} + d_{\pi_\mu\pi_{\nu+1}}) - (d_{\pi_{\mu-1}\pi_\mu} + d_{\pi_\nu\pi_{\nu+1}})$。如果新解的代价小于当前解，则无条件接受新解，否则根据 Metropolis 准则以一定概率接受新解。随着温度的降低，接受恶化解的概率也逐渐减小，这有助于算法在搜索过程中逐渐收敛到最优解。

4．算法实现

算法从随机产生的初始解开始，通过不断产生新解、计算代价函数、根据 Metropolis 准则接受或拒绝新解来迭代搜索最优解。当满足终止条件（如达到最大迭代次数或连续多次迭代不再接受新解）时，算法停止并返回当前最优解作为布线方案。

9.6　贪心算法

9.6.1　贪心算法基本思想

贪心算法（Greedy Algorithm），又称为贪婪算法，是一种通过一系列局部最优选择来达到整体最优解的方法。在贪心算法中，每一步都选择当前状态下看起来最优的解决方案，而不考虑后续步骤可能产生的影响。因此，贪心算法并不是全局最优的解决方案，而是在满足贪心选择和最优子结构特性的问题中，能够得到接近最优解的近似解。具有贪心性质的问题通常表现为每一步都可以通过局部最优选择来达到全局最优解，这种问题的解决方法利用了贪心策略的局部优化特性，从而简化了问题的复杂度和计算过程。举例来说，贪心算法可以应用于背包问题、旅行商问题（TSP）、图的着色问题和调度问题等多个领域。在背包问题中，每次选择能够带来当前最大收益的物品；在 TSP 中，每次选择最短的可行路径；在图的着色问题中，每次选择尽可能少的颜色来给节点着色；在调度问题中，每次选择最早可用的资源或者任务来进行安排。

用贪心算法求解的问题一般具有两个重要性质。

（1）贪心选择性质：指所求问题的整体最优解可以通过一系列局部最优（贪心）的选择来达到。在算法的每一步都做出当前看来最好的选择，并且希望这些局部最优的选择能够导致全局最优解。要证明一个问题具有贪心选择性质，必须证明每一步所做的贪心选择最终能得到问题的最优解。首先，证明问题的一个整体最优解是从贪心选择开始的，而且作了贪心选择后，原问题简化为一个规模更小的类似子问题。然后，用数学归纳法证明，通过每一步贪心选择，最终可得到问题的一个整体最优解。贪心选择可能依赖于已经做出的选择，但不依赖将要进行的选择或子问题的解。从求解的全过程来看，每一次选择都将当前问题归纳为规模更小的相似子问题，而每个选择都只做一次，无重复回溯过程，因此贪心算法有较高的时间效率。

（2）最优子结构性质：指当一个问题的最优解包含其子问题的最优解时，称此问题具有最优子结构性质。如果可以将一个大问题分解为若干个小问题，并且每个小问题都可以独立求解，那么只要能保证每个小问题的解是最优的，那么大问题的解也必然是最优的。贪心算法正是基于这一性质，在每一步都做出最优的选择，并希望这些选择能够组合成全局最优解。

在实际应用中，具有这两个性质的问题都可以使用贪心算法来求解，但是并非所有具有这两个性质的问题都能通过贪心算法得到最优解。在某些情况下，贪心算法可能会陷入局部最优解，而无法达到全局最优解。因此，在使用贪心算法时，需要仔细分析问题是否具有这两个性质，并考虑是否存在其他更优的算法。

贪心算法的核心思想是在每一步选择中都采取当前状态下的最优决策，以期望最终得到整体的最优解。这种算法是一种迭代的过程，通过不断地做出局部最优选择来逼近全局最优解。贪心算法的实现流程如下。

1. 建立数学模型

将待解决的问题用数学模型明确描述，包括问题的约束条件和优化目标。

2. 分解为子问题

根据某一规则，将原始问题分解为若干规模较小的子问题。这些子问题通常是原问题的一个局部部分或特定范围内的解决方案。

3. 解决子问题

对每个子问题应用贪心策略，即选择当前看起来最优的解决方案，以获得子问题的局部最优解。这里的关键是要确保每次选择都是基于当前情况下的最优决策。

4. 合并局部最优解

将所有子问题的局部最优解合并起来，形成原问题的一个可行解或近似最优解。

贪心算法的优点在于简单、高效，适用于解决一些特定类型的优化问题，如最小生成树、最短路径问题等。然而，对于不满足贪心选择和最优子结构条件的问题，则可能无法得到最优解。

9.6.2　基于贪心算法的旅行商问题

旅行商问题（TSP）要求找到一条路径，使得一名推销员从出发城市出发，经过每个城市恰好一次，最终回到出发城市，并且这条路径的总长度最短。TSP可以用图论的术语描述为：设完全图 $G=(V,E)$，其中 $V=\{1,2,\cdots,n\}$ 为顶点，E 为边集，d_{ij} 为边（i,j）上的权值，即顶点 i 和顶点 j 之间的距离，$i,j=1,2,\cdots,n$。G 的环路会经过 V 中所有顶点且每个顶点只通过一次，TSP 就是求出权值最小的一条环路。

在使用贪心算法解决旅行商问题（TSP）时，常用的贪心算法是最近邻算法。该算法从任意一个顶点作为起点开始，然后每次选择与当前顶点距离最近且尚未访问过的顶点作为下一个访问目标，直到所有顶点都被访问一次。这个过程形成了一个环路 $C=\{v_1,v_2,\cdots,v_n\}$，其中 v_1 是起点，v_n 是终点，而其他顶点按照访问顺序排列。

具体步骤如下：

（1）随机选择一个初始顶点 v_1，将其设为当前顶点 u（$u=v_1$），然后将 v_1 从顶点集合 V 中移除，即 $V=V-\{v_1\}$。

（2）在剩余的顶点集合 V 中，选择与当前顶点 u 距离最近（即权值最小）且尚未访问过的顶点 v，将 v 添加到环路 C 中，并将 v 从 V 中移除，即 $V=V-\{v\}$，$u=v$。

（3）重复步骤（2），直至所有顶点都被访问过，即 V 为空集，最终得到的环路 C 是一条满足条件的路径。

因为贪心算法不保证全局最优解，所以环路 C 可能不是最优解。由于初始顶点 v_1 的选择是随机的，因此从不同的初始顶点出发可能会得到不同的 TSP 环路。为了找到最优解，可以尝试以 V 中每个顶点作为初始顶点重复执行算法，然后比较所有结果，选择路径长度最短的作为最终解决方案。最近邻算法的时间复杂度为 $O(n^2)$，适用于小规模问题，但对于大规模问题，可能需要更复杂的算法来获得更好的解决方案。

9.7　禁忌搜索算法

9.7.1　禁忌搜索算法基本思想

禁忌搜索算法（Tabu Search Algorithm）是一种全局优化算法，它扩展了局部邻域搜索（如爬山法），旨在通过管理搜索过程中的禁忌表（Tabu List）来避免陷入局部最优解来找到全局最优解。局部邻域搜索，或称爬山启发式算法，通常从当前解的某一点开始，沿着梯度或邻域中具有最优值的方向进行移动。如果当前点是局部最优解（即无法通过移动得到更优的解），则可能导致算法陷入局部最优解而无法继续向更优解探索。禁忌搜索算法通常在初始可行解处出发，选择一系列特定的移动方向（也称为试探），来尝试改变目标函数的值。它不像传统的贪心算法一样简单地选择当前邻域中的最优解，而是通过禁忌表记录了一段时间内搜索过的不良解或者已经访问过的解，从而管理已经搜索过的解的信息，这样在搜索过程中避免重复访问这些解，防止陷入局部最优解。

禁忌搜索算法的关键在于其灵活的记忆技术，即禁忌表的建立和管理。禁忌表不仅仅记录不允许访问的解，还可以通过灵活调整禁忌长度和禁忌规则，来引导搜索向着全局最优解的方向前进。这种方法使得禁忌搜索算法能够在面对复杂优化问题时，具备较强的全局搜索能力和收敛性。

禁忌搜索算法执行的步骤包括：问题的编码方法、构建适应度值函数、获取初始解、移动与邻域探索、管理禁忌表、选择合适的搜索策略、设定渴望水平函数和确定停止搜索的准则。对于复杂的约束问题，如随机产生初始解可能导致这些解不符合问题的约束条件，在这种情况下，为了确保禁忌搜索的有效性，通常需要采用一些启发式方法来生成初始解，确保它们是合法且可行的解，从而为算法的进一步优化过程奠定基础。

9.7.2　禁忌搜索算法的构成要素

禁忌搜索算法是一种用于解决组合优化问题的元启发式搜索算法，它通过引入禁忌表来避免搜索过程中的重复，从而增加搜索的多样性和全局性。

（1）移动：移动指的是从一个当前解转变到另一个解的过程，即解空间中的一步转移。这种转移通常基于一定的邻域结构，使得新解与当前解保持一定的关联性。

（2）邻域与候选集合：邻域是指从当前解出发，通过移动可以直接到达的所有解的集合。候选集合则是从邻域中选取的一部分解，作为下一步搜索的潜在对象。禁忌搜索允许非改进的移动，这意味着即使某个移动不会立即导致解的质量提升，也可能被接受，以增加搜索的广泛性。

（3）禁忌表：禁忌表是禁忌搜索算法的核心组件，用于存储最近搜索过的解或解的属性。这些被禁忌的对象在后续的搜索过程中会被避免，以减少重复搜索和陷入局部最优的风险。禁忌表的长度（即禁忌长度）是一个重要参数，需要根据问题的特性进行调整。

（4）期望条件与特赦规则：期望条件用于判断某个被禁忌的对象是否应该被解禁。如果满足期望条件，即使该对象在禁忌表中，也可能被选中作为下一步的搜索点。特赦规则则是一种特殊的解禁策略，用于处理特殊情况，如所有候选解都被禁忌，或存在某个禁忌解能显著改善目标函数值。

（5）评价函数：评价函数用于评估候选集合中各个解的质量，以便选择最佳的解作为下一步的搜索点。评价函数通常基于问题的目标函数来定义，但也可以根据需要引入其他因素。

（6）迭代次数与终止规则：禁忌搜索算法通过迭代来逐步优化解。迭代次数最大值限制了算法的最大运行时间或搜索步数。终止规则则用于确定算法何时停止搜索，常见的终止规则包括达到最大迭代次数、解的质量在连续多次迭代中没有明显改善等。

通过引入禁忌表和特赦规则等机制，禁忌搜索算法能够在保持搜索多样性的同时，避免重复搜索和陷入局部最优解。这使得禁忌搜索算法在解决各种组合优化问题时表现出色，成为了一种广泛应用的元启发式搜索算法。

9.7.3 禁忌搜索算法的算法流程

禁忌搜索算法在局部搜索的基础上，通过引入禁忌表、长期表和中期表等机制，实现了对搜索过程的智能控制，模拟了人类的记忆功能，有效避免了搜索过程中的循环和重复，提高了搜索效率和全局寻优能力，图 9-8 为禁忌搜索算法的基本流程图。在运用禁忌搜索算法解决实际问题时，以下几点至关重要。

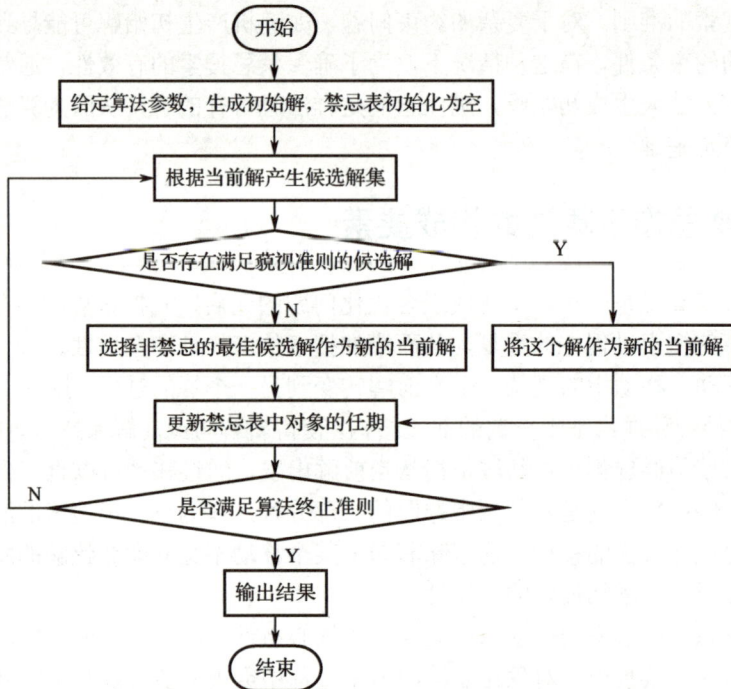

图 9-8　禁忌搜索算法的基本流程图

（1）领域结构的设计：领域结构决定了当前解的邻域解的产生方式和数量，以及它们之间的关系。合理的领域结构设计可以确保算法在搜索过程中能够产生足够多的候选解，同时保持解之间的关联性，有助于发现更好的解。

（2）禁忌长度的选择：禁忌长度决定了禁忌对象的任期，即它们被禁止参与搜索的时间长度。禁忌长度的大小直接影响算法的搜索行为。较短的禁忌长度可能导致算法频繁地访问已经搜索过的解，而较长的禁忌长度则可能使算法错过一些重要的解。因此，需要根据问题的特性和算法的需求来合理设置禁忌长度。

（3）藐视准则的应用：藐视准则允许算法在特定条件下忽略禁忌表的限制，选择那些虽然被禁忌但可能具有优良性能的解作为下一步的搜索目标。这有助于算法避免遗失优良状态，激励对优良状态的局部搜索，从而实现全局优化。

（4）候选解的选择策略：在选择候选解时，如果仅考虑其中的最佳状态而忽略其他解，可能会导致算法陷入局部最优解。因此，需要采用合理的选择策略，如轮盘赌选择、锦标赛选择等，综合考虑候选解的性能和多样性。

（5）终止准则的设定：合理的终止准则能够确保算法在达到一定的优化性能或时间性能后停止搜索。终止准则的设置需要根据问题的特性和实际需求来确定，以避免算法过早停止或过度搜索。

（6）禁忌次数的控制：禁忌次数是指某个解或操作被禁忌的次数。过高的禁忌次数可能导致算法在搜索过程中出现循环搜索的情况，即重复访问已经搜索过的解或执行相同的操作。因此，需要合理控制禁忌次数，以确保算法能够充分探索解空间并避免重复搜索。

通过合理设计领域结构、选择禁忌长度、应用藐视准则、采用合理的选择策略、设定终止准则以及控制禁忌次数等措施，可以有效减少禁忌搜索算法在搜索过程中的重复率，提高搜索效率和全局寻优能力。

9.8　最小二乘法、A*算法

9.8.1　最小二乘法基本思想

在统计学和数据分析中，最小二乘法（Least Squares Method）被广泛用于估计两个或多个变量之间的关系，尤其是当这种关系不完全是确定性的（即不是严格的函数关系），而是表现为一种统计上的相关性时，利用最小二乘法，我们可以得到一条最佳拟合线（或曲线），该线能使得所有数据点到这条线的垂直距离（即误差）的平方和最小。

以下是关于如何得到近似公式（即最佳拟合线或曲线）的简要步骤。

（1）数据收集：首先，收集两个变量的观测数据 (X_i, Y_i)。这些数据可以来自实验、调查或历史记录。

（2）确定模型：根据问题的性质和数据的特点，选择合适的模型来描述变量之间的关系。对于简单线性关系，通常选择线性模型；对于更复杂的关系，可能需要选择多项式模型、对数模型或其他类型的模型。

（3）建立方程：根据所选模型，建立包含未知参数的方程。对于线性模型，这通常是一个形如 $Y = aX + b$ 的方程，其中 a 和 b 是待求的系数。

（4）应用最小二乘法：使用最小二乘法的原理，通过最小化所有数据点到拟合线的垂直距离的平方和（即残差平方和），来求解方程中的未知参数。这通常涉及解一个或多个线性方程组。

（5）求解参数：通过解线性方程组，得到最佳拟合线或曲线的参数值。这些参数值就是使得残差平方和最小的值。

（6）评估模型：通过计算决定系数（R-squared）、均方误差（MSE）等指标，评估模型的拟合效果和预测能力。这些指标可以帮助我们了解模型对数据的解释程度和预测精度。

（7）应用模型：一旦得到了最佳拟合线或曲线的参数值，并且评估了模型的性能，就可以将其应用于实际问题的预测和分析中。例如，可以使用模型来预测不同价格水平下的需求量，或者分析不同人口增长率对人口数量的影响等。

通过以上步骤，我们可以利用最小二乘法得到描述两个变量之间关系的近似公式（即最佳拟合线或曲线），从而减少在预测和分析过程中的重复性和不确定性。这种方法在统计学、经济学、工程学等领域都有广泛的应用。

以下用最简单的一元线性模型来解释最小二乘法。

若有 n 个点在某直线的附近，则近似用关系式 $Y = aX + b$ 来表示这 n 个数据中二变量的关系。关键问题在于如何选定合适的 a 和 b 使该直线最逼近这 n 个点，即直线上对应于 $x = X_1$ 的点的纵坐标 $aX_1 + b$ 与实际观测的 Y_1 相差越小越好，如图 9-9 所示。

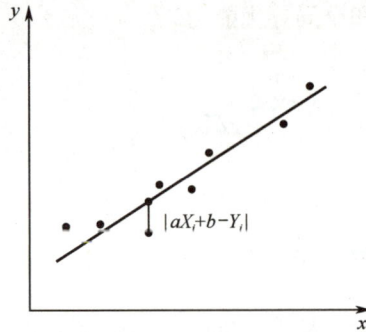

图 9-9　一元线性模型

总误差为 $T(a,b) = |aX_1 + b - Y_1|^2 + |aX_2 + b - Y_2|^2 + \cdots + |aX_n + b - Y_n|^2$，记 $T(a,b) = \sum_1^n (aX_i + b - Y_i)^2$，接下来是选取 a、b 使得 $T(a,b)$ 最小。

令

$$
\begin{cases}
T'_a = \sum_{i=1}^n 2(aX_i + b - Y_i)X_i = 0 \\
T'_b = \sum_{i=1}^n 2(aX_i + b - Y_i) = 0
\end{cases}
$$

即

$$
\begin{cases}
a\sum_{i=1}^n x_i^2 + b\sum_{i=1}^n x_i - \sum_{i=1}^n x_i y_i = 0 \\
a\sum_{i=1}^n x_i + nb - \sum_{i=1}^n y_i = 0
\end{cases}
\tag{9-17}
$$

由公式（9-17）可解得 $a = \hat{a}, b = \hat{b}$，则回归直线方程即为 $y = \hat{a}x + \hat{b}$。

9.8.2　A*算法基本思想

A*算法是一种用于寻找最短路径的启发式搜索算法，其核心思想是通过一个代价估计函数 $f(n)$ 来指导搜索过程，其中 $f(n) = g(n) + h(n)$，该函数结合了从起点到当前节点 n 的实际代价 $g(n)$ 和从当前节点 n 到目标节点的估计代价 $h(n)$。启发函数

$h(n)$ 是基于某种经验或规则对路径代价的预估，它对于 A*算法的性能至关重要。

当 $h(n)$ 为 0 时，A*算法仅依赖实际代价 $g(n)$ 进行搜索，此时算法退化为 Dijkstra 算法，能够找到最短路径但可能效率较低。如果 $h(n)$ 始终小于或等于从 n 到目标的实际代价，A*算法能够保证找到最短路径。$h(n)$ 越接近实际代价，算法的效率越高。在某些特定情况下，若 $h(n)$ 能够准确反映从 n 到目标的实际代价，A*算法将直接沿着最佳路径搜索，无须扩展其他节点，从而实现高效搜索。当 $h(n)$ 大于从 n 到目标的实际代价时，A*算法虽然可能无法确保找到最短路径，但可能会因为更偏向于估计代价较小的节点而加速搜索过程。如果 $h(n)$ 远大于 $g(n)$，则 A*算法将主要依赖估计代价 $h(n)$ 进行搜索，此时算法类似于贪心最佳优先搜索算法，可能会找到较短的路径但不一定是最短路径。

A*算法通过巧妙地平衡实际代价和估计代价来指导搜索过程，从而在各种情况下都能找到相对高效的解决方案，选择合适的启发函数 $h(n)$ 是 A*算法成功的关键。

常用的启发函数有曼哈顿距离、对角线距离、欧几里得距离等。

曼哈顿距离是一种标准的启发函数。考虑你的代价函数并找到从一个位置移动到邻近位置的最小代价 D。因此，地图中的启发函数应该是曼哈顿距离的 D 倍，常用于在地图上只能前后左右移动的情况：

$$h(n) = D \cdot [\text{abs}(x_n - x_{\text{goal}}) + \text{abs}(y_n - y_{\text{goal}})] \tag{9-18}$$

地图中若允许对角运动，则可以使用对角线距离作为启发函数。对角线距离使用对角线，假设直线和对角线的代价都是 D，则其可以表示为：

$$h(n) = D \cdot \max[\text{abs}(x_n - x_{\text{goal}}), \text{abs}(y_n - y_{\text{goal}})] \tag{9-19}$$

地图中若允许任意角度的运动，则可以使用欧几里得距离：

$$h(n) = D\sqrt{(x_n - x_{\text{goal}})^2 + (y_n - y_{\text{goal}})^2} \tag{9-20}$$

欧几里得距离是最短距离，在大部分情况下要小于 n 移动到目标的实际代价，因此欧几里得距离可以找到最优路径，但往往需要花费更多时间。

9.9 神经网络、深度学习与强化学习

人工神经网络

9.9.1 神经网络算法基本思想

神经网络算法，作为对人脑功能的模拟，揭示了脑神经网络运作的基本原理。

脑神经网络的核心构建单位是神经元细胞，这些细胞由三个关键部分构成：细胞体、轴突和树突。细胞体是神经元的核心，包含细胞核、细胞质和细胞膜等关键组分，它不仅负责神经元的新陈代谢活动，还承载着接收和处理来自其他神经元信息的重要任务。轴突，作为神经元特有的一个长分支，其角色类似于信息传输的电缆，它负责从神经元细胞体向其他神经元传递神经冲动，这些冲动通过轴突尾部的神经末梢和突触进行输出。树突是神经元除轴突外的其他分支，通常较短但分支众多，这些分支构成了神经元的输入端，专门用于接收来自其他神经元的神经冲动。突触是神经元之间实现连接的桥梁，它是神经元相互间交换信息的接口，确保了信

息在神经网络中的有效传递。这些神经元细胞通过突触这一特殊结构相互连接，共同构建成一个庞大且复杂的网络体系。

神经网络模型由网络模型的神经元特性、网络的拓扑结构和神经网络学习规则三个要素构成。

（1）神经元特性：神经元作为神经网络模型的核心单元，具有三个不可或缺的组成部分。首先，神经元之间的连接通过突触或连接来实现，这些连接强度通常被称为权值，它们决定了不同神经元之间信息传递的强弱程度。其次，神经元具有一种输入信号累加器的功能，它模拟了生物神经元对时空信息的整合能力。这一累加器负责接收来自其他神经元的输入信号，并将其累加，为神经元的输出做准备。最后，神经元还配备了一个激活函数，该函数的主要作用是限制神经元的输出。通过选择不同的激活函数，如阶梯函数、线性函数或 Sigmoid 函数等，可以赋予神经元不同的非线性特性，从而增强神经网络的表达能力和学习能力。其基本结构如图 9-10 所示。

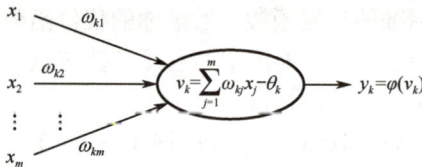

$$x_1 \xrightarrow{\omega_{k1}}$$
$$x_2 \xrightarrow{\omega_{k2}}$$
$$\vdots \quad \vdots$$
$$x_m \xrightarrow{\omega_{km}}$$
$$v_k = \sum_{j=1}^{m} \omega_{kj} x_j - \theta_k \xrightarrow{\quad} y_k = \varphi(v_k)$$

图 9-10　神经元基本结构

其中，$x_j(j=1,2,\cdots,m)$ 为输入信号；$\omega_{kj}(j=1,2,\cdots,m,k=1,2,\cdots,m)$ 为神经元 j 到神经元 k 的连接权值；$u_k = \sum_{j=1}^{m} \omega_{kj} x_j$ 为线性组合结果；θ_k 为阈值；φ 为神经元激活函数；y_k 为神经元输出。

激活函数在神经网络中扮演着至关重要的角色，它负责处理神经元接收到的信息，并决定其输出及其幅度。这一过程类似于生物神经元的"激励"或"活化"过程，因此激活函数也被称为激励函数、活化函数或传递函数。其数学表达式通常表示为 $y = \varphi(u+b)$，其中 u 代表输入信号的加权和，b 为偏置项，φ 即为激活函数。激活函数的核心作用在于引入非线性特性到神经网络中。由于线性模型的表达能力有限，只能解决简单的线性问题，而现实世界的许多问题都是非线性的。因此，通过在神经元中引入激活函数，神经网络能够学习和表示复杂的非线性关系，从而实现对各种复杂功能的模拟和预测。如果没有激活函数，则神经网络只能执行线性变换，无论网络结构如何复杂，其输出都将是一个线性组合的结果。这样的网络将无法捕捉和表达数据中的非线性特征，从而限制了其应用范围和性能。因此，激活函数在神经网络中的重要性不言而喻，它赋予了网络强大的非线性建模能力，使得神经网络能够应对各种复杂的实际问题。

以下是各种常见的激活函数的介绍。

① 硬极限传输函数，如图 9-11 所示，其函数表达式为：

$$f(n) = \begin{cases} \beta, & n > \theta \\ -\gamma, & n \leqslant \theta \end{cases} \tag{9-21}$$

其中，β、γ、θ 均为非负实数，θ 为阈值。二值形式：$\beta=1$，$\gamma=0$；双极形

式：$\beta = \gamma = 1$。

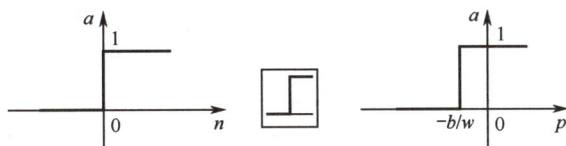

图 9-11　硬极限传输函数

② 线性传输函数，如图 9-12 所示，其函数表达式为：

$$f(n) = k \times n + c \tag{9-22}$$

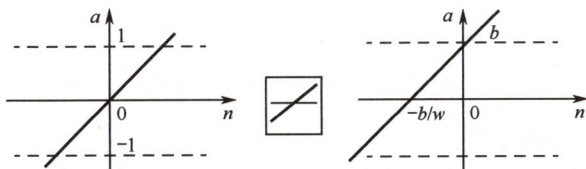

图 9-12　线性传输函数

③ 对数-S 型函数，如图 9-13 所示，常见的 S 型函数包括逻辑斯特函数（Logistic Function），函数的饱和值为 0 和 1：

$$f(n) = \frac{1}{1 + e^{-dn}} \tag{9-23}$$

以及压缩函数（Squashing Function）：

$$f(n) = \frac{g + h}{1 + e^{-dn}} \tag{9-24}$$

其中，g、h、d 为常数，函数的饱和值为 g 和 $g + h$。S 型函数有较好的增益控制。

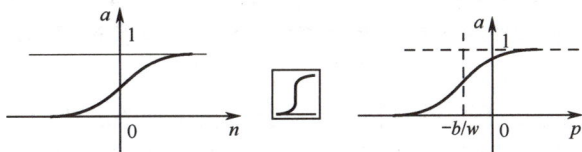

图 9-13　对数-S 型函数

（2）拓扑结构：神经网络模型根据网络连接的拓扑结构可以分为反馈网络和前向网络。

① 反馈网络（也称为循环网络或递归网络）的特点是网络中的任意两个神经元之间都可能存在连接，形成了一个无向完备图的结构。在反馈网络中，所有节点既是计算单元，也可以作为输入和输出的接口。信息在网络中的神经元之间反复传递，直至达到某种稳定状态。这种特性使得反馈网络在处理具有时序或循环依赖性的问题时具有优势。同时，反馈网络的稳定性与联想记忆能力密切相关，例如 Hopfield 网络和玻尔兹曼机网络就属于这类模型。

② 前向网络（也称为前馈网络）则具有明确的层次结构，每一层的神经元只与前一层的神经元相连。前向网络通常包括输入层、输出层和若干隐层（又称隐藏层）。输入层负责接收外界信息，输出层则负责将处理后的信息输出到外界。隐层

位于输入层和输出层之间，可以有一层或多层，它们对于实现复杂的非线性映射功能至关重要。前向网络通过简单非线性函数的多次复合来模拟复杂的输入/输出关系，其结构简单、易于实现，并且在许多实际应用中取得了良好的效果。以单隐层前馈神经网络为例，其网络结构如图 9-14 所示。

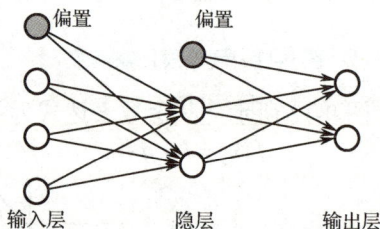

图 9-14　单隐层前馈神经网络

（3）神经网络学习规则。

① Hebb 规则，也称为海布规则或 Hebb 学习律，是神经网络学习算法中的一个重要概念。该规则基于生物神经系统中神经元之间的突触可塑性原理，即当两个神经元同时被激活时，它们之间的突触连接强度（权重）会增加。在神经网络模型中，Hebb 规则被用来模拟这种突触可塑性的过程。在无监督学习的情境下，Hebb 规则的核心思想是：如果一个神经元（或神经元集合）的输入是正的，并且同时产生了一个正的输出，那么连接这两个神经元之间的权重应该被增加。这种学习方式是自发的，不需要外部提供目标输出或监督信号。通过不断地调整权重，神经网络能够学习到输入数据中的内在结构和模式。然而，在有监督学习的情境下，Hebb 规则可以被扩展为考虑目标输出的信息。在有监督的 Hebb 规则中，算法不仅关注神经元当前的输出，还关注网络应该产生的目标输出。如果实际输出与目标输出之间存在差异，那么权重调整将基于这种差异进行。具体而言，如果实际输出低于目标输出，那么连接输入神经元和输出神经元的权重可能会被增加，以增强网络的响应；反之，如果实际输出高于目标输出，则权重可能会被减少。

② 在机器学习中，算法的目标函数是指导模型训练的核心。这个目标函数通常是损失函数，它衡量了模型预测值与真实值之间的差异。损失函数值越小，表示模型的预测性能越好，因此，算法的优化过程通常就是寻找使损失函数达到最小的参数值。神经网络训练中的关键步骤是通过梯度下降法来最小化损失函数。这种方法通过计算损失函数关于模型参数的梯度，然后沿着梯度的反方向更新参数，从而逐步逼近损失函数的最小值点。在函数图像上，这个点就是损失函数的最低点，即最小化的损失函数结果。然而，梯度下降法只找到局部最小值，而不是全局最小值。为了避免这种情况，可以采取一些策略，如调整学习率、使用动量方法、引入正则化项等。另一方面，如果我们要求解损失函数的最大值（虽然在实际应用中较少见），可以使用梯度上升法。与梯度下降法相反，梯度上升法沿着梯度的正方向更新参数，从而逐步逼近损失函数的最大值点。同样地，这种方法也只能找到局部最大值，而非全局最大值。值得注意的是，损失函数的最大值和最小值问题可以通过取反的方式相互转化。例如，如果原本的目标是求解损失函数的最大值，我们可以简单地取损失函数的负值，然后应用梯度下降法来求解最小值。这样，原本的最大值问题就变成了最小值问题，可以使用相同的算法框架来解决。

③ 误差反向传播算法通常包括两个正向传播和反向传播两个阶段。在正向传播过程中，输入数据从输入层经过每一层的神经元，通过激活函数处理后传播到输出层，生成网络的预测输出。这一过程类似于神经信号在生物神经系统中的传递，每一层的计算结果作为下一层的输入。反向传播是误差信号从输出层向输入层传播的过程。首先计算预测输出与实际输出之间的误差，将误差信号沿着网络的相反方向传播回输入层，通过链式法则计算每一层的误差贡献。对每一层的权重进行调整，以减小整体网络输出与实际目标之间的误差，这一调整是通过梯度下降优化算法实现的，目标是最小化损失函数（即输出误差）。每次反向传播之后，根据梯度下降法则，更新每一层神经元之间的权重，使得网络能够更准确地预测目标输出。这个过程是一个迭代过程，通过多次迭代调整权重，直到网络的输出达到预期的目标值或者接近目标值为止。

9.9.2 深度学习基本思想

人类的视觉系统采用了一种层次化的信息处理方式，其中低层特征（如边缘、角点、颜色等）首先被捕获，随后这些低层特征被组合和抽象成更高层次的特征，即高层特征，这些高层特征能够更准确地表达图像的语义或意图。随着抽象层次的提高，信息的冗余度降低，使得对图像进行分类或识别的任务变得更加高效和准确。在深度学习中，深度置信网络（Deep Belief Networks，DBNs）和深度卷积网络（Deep Convolutional Networks，CNNs）等模型通过构建多层次的神经网络结构，模拟了这种层次化的信息处理方式。这些模型中的每一层都对前一层的输出进行非线性变换，以提取更高层次的特征表示。通过这种方式，深度学习模型能够自动地学习并组合低层特征，形成更加抽象和具有判别性的高层特征，从而显著提高图像识别、语音识别等任务的性能。深度学习的本质在于其能够自动地从原始数据中学习出有效的特征表示，这使得它在处理复杂数据时具有更强的适应性和鲁棒性。

从理论层面分析，模型的复杂度与其参数数量成正比，即参数越多的模型拥有更高的"容量"，这使得它们有能力处理更复杂的任务。对于神经网络而言，增加网络的深度（即隐层的数量）是提高其复杂度和容量的直接方法。然而，随着网络深度的增加，一系列挑战也随之而来。

（1）数据稀缺与过拟合：当训练数据有限时，过深的网络容易过拟合，即模型在训练数据上表现良好，但在未见过的数据上性能不佳。为了应对这一挑战，可以采取的策略包括增加数据量（如数据增强、数据裁剪等）、减少层与层之间的连接（如稀疏连接）、利用生成式对抗网络（GANs）学习数据的内在分布并生成新的训练样本等。

（2）优化难题：深度神经网络的优化目标函数通常是高度非凸的，包含许多鞍点和局部最小值点。这可能导致训练过程陷入局部最优而非全局最优。为了克服这一问题，研究人员提出了逐层学习加精调的策略。通过无监督学习（如自编码器）或传统的机器学习技术逐层预训练网络权重，可以保持层与层之间的拓扑结构特性，从而避免过早陷入局部最优。

（3）梯度弥散：在深度神经网络中，由于误差的反向传播，靠近输出层的权重更新较快，而靠近输入层的权重更新较慢，导致梯度弥散现象。为了缓解这一问题，研究人员在初始化参数时引入了随机梯度下降等优化算法，并在训练过程中进行精细调整，以确保输入端的权重也能得到充分的训练。

目前，深度学习的学习方式涵盖了监督、半监督和无监督等多种模式。其中，半监督学习方式下的逐层学习加精调策略最为成熟，通过利用大量无标签数据和少量有标签数据来训练网络。无监督学习在深度学习中也展现出巨大的潜力，例如基于 GANs 的深度生成网络和结合特征学习与无监督学习方法的层级聚类网络。这些新方法使得深度学习不再追求全局最优解，而是追求在保持输入拓扑结构的同时避免陷入局部最优的近似最优解。这些近似最优解在实际应用中往往也是可行的解决方案。

在机器学习的传统方法中，研究者们倾向于通过精心设计目标函数和约束条件来确保优化问题的凸性，从而简化优化过程并避免陷入局部最优解。然而，在深度学习的训练过程中，由于网络结构的复杂性和非线性特性，非凸优化问题几乎是无法避免的。即使能够构造出凸优化问题，也会因为实际操作的复杂性和数据的特性而面临各种挑战。深度学习对优化算法的要求因此变得更加严苛。

在深度学习的背景下，常用的优化方法旨在解决这些挑战，如梯度下降（包括随机梯度下降 SGD 和批量梯度下降 BGD）、动量方法（Momentum）、自适应学习率方法（如 AdaGrad、RMSProp、Adam 等），以及二阶优化算法（如牛顿法、拟牛顿法等）。梯度下降算法通过沿着损失函数对参数的梯度方向进行迭代更新来优化模型；动量方法则通过引入历史梯度的累积来加速收敛并减少震荡；自适应学习率方法则根据参数的历史更新情况动态调整学习率，以应对不同参数在训练过程中的不同需求；二阶优化算法则利用损失函数的二阶导数信息来更精确地指导参数的更新方向。这些方法在应对非凸优化问题时各有特点，能够加速训练过程、提高模型的泛化能力，并帮助模型更好地逼近全局最优解。

9.9.3　强化学习基本思想

强化学习是一种机器学习的方法，它专注于智能体（Agent）如何在与环境的互动中通过试错学习来制定策略，以实现累积回报的最大化或达成特定的目标。这种方法的核心在于智能体通过观察其行为对环境产生的影响，并根据获得的反馈（奖励或惩罚）来调整其决策过程，从而逐步优化其行为策略。

以下是强化学习的主要构成要素。

（1）环境的状态（State）：环境在 t 时刻的状态 S_t 描述了智能体所处的当前情况。智能体需要基于这个状态来选择下一步的动作。

（2）个体的动作（Action）：在状态 S_t 下，智能体选择一个动作 A_t 来执行。这个动作会影响环境的状态，并可能导致奖励的产生。

（3）环境的奖励（Reward）：在 $t+1$ 时刻，智能体会收到一个奖励 R_{t+1}，这个奖励是根据它在状态 S_t 下执行的动作 A_t 来确定的。奖励可以是正的（鼓励），也可以是负的（惩罚）。

（4）个体的策略（Policy）：策略 π 定义了智能体如何根据当前状态选择动作。

通常，策略 π 可以表示为一个条件概率分布 $\pi(a|s)=P(A_t=a|S_t=s)$，即在状态 s 下采取动作 a 的概率。

（5）价值函数（Value Function）：价值函数 $V_\pi(s)=E_\pi(R_{t+1}+\gamma R_{t+2}+\gamma^2 R_{t+3}+\cdots|S_t=s)$用于估计在给定策略 π 下，从状态 s 开始所能获得的期望累积奖励。这有助于智能体选择那些能够导致长期高奖励的动作。

（6）奖励衰减因子（Discount Factor）：奖励衰减因子 γ 用于权衡当前奖励和未来奖励的重要性。γ 的值越接近 1，表示智能体越重视未来的奖励；γ 的值越接近 0，表示智能体越重视当前的奖励。

（7）环境的状态转化模型（Transition Model）：状态转化模型 $P_{ss'}^a$ 描述了智能体在状态 s 下执行动作 a 后，转移到下一个状态 s' 的概率。这个模型可以帮助智能体预测未来的状态，但它并不是所有强化学习算法都必需的。

（8）探索率（Exploration Rate）：探索率 ε 用于在训练过程中平衡探索和利用。通过设置一个较小的 ε 值，智能体更有可能选择当前认为最优的动作（利用）；而通过设置一个较大的 ε 值，智能体更有可能尝试新的、尚未尝试过的动作（探索）。这有助于智能体发现更好的策略，避免陷入局部最优解。

通过这些构成要素，强化学习算法可以帮助智能体在与环境的互动中不断优化其策略，通过反复尝试和从错误中学习以实现最大化累积奖励或达成特定目标的目的。

本章小结

本章综述了多种优化算法、搜索算法、机器学习算法和深度学习技术的核心理念、应用领域及其优缺点。这些算法和技术在解决不同领域的复杂问题时展现出了各自独特的优势和局限性。

（1）遗传算法（Genetic Algorithm，GA）模拟了生物进化过程中的自然选择和遗传机制，通过种群中的个体选择和遗传操作（如交叉、变异）来寻找问题的最优解。其优势在于其全局搜索能力和鲁棒性，但在编程实现上较为复杂，且对初始种群的选择和参数设置有较高要求。

（2）粒子群算法（Particle Swarm Optimization，PSO）源于复杂适应系统理论，通过模拟鸟群等生物群体的社会行为来优化问题。该算法以其快速的收敛速度和强大的全局搜索能力而受到关注，但在处理高维和复杂问题时可能陷入局部最优。

（3）分布估计算法（Estimation of Distribution Algorithms，EDA）通过构建概率模型来描述候选解在解空间中的分布，并采用统计学习手段来更新概率模型以指导搜索。EDA 的优势在于其强大的全局搜索能力和对问题结构的适应性，但在处理大规模问题时可能面临计算复杂度高的问题。

（4）差分进化算法（Differential Evolution Algorithm，DE）是一种基于群体的进化算法，通过差分向量的变异、交叉和选择操作来优化问题。DE 算法简单、易于实现，且具有较强的鲁棒性，但在处理某些特定类型的问题时可能需要调整参数以达到最佳性能。

（5）模拟退火算法（Simulated Annealing，SA）借鉴了物理学中的退火过程，通过引入随机因素来模拟固体在退火过程中的状态变化，从而求解组合优化问题。SA 算法具有较强的全局搜索能力，但收敛速度较慢，且对初始参数的设置较为敏感。

（6）贪心算法（Greedy Algorithm）是一种在每一步选择中都采取在当前状态下最好的或最优（即最有利）的选择，从而希望导致结果是最好的或最优的算法。贪心算法简单直观，但容易陷入局部最优解。

（7）禁忌搜索算法（Tabu Search，TS）通过引入禁忌表来避免搜索过程中的重复和循环，从而提高搜索效率。TS 算法在解决某些 NP 难问题时表现出色，但对禁忌表的设计和管理有较高要求。

（8）最小二乘法（Least Squares Method）是一种数学优化技术，它通过最小化误差的平方和来寻找数据的最佳函数匹配。最小二乘法在回归分析、信号处理等领域有广泛应用，但对数据的分布和噪声情况有一定要求。

（9）A*算法（A* Search Algorithm）是一种启发式图遍历和路径搜索算法，它通过估计节点之间的实际代价和启发式代价来指导搜索方向。A*算法在路径规划、游戏 AI 等领域有广泛应用，但对启发式函数的设计有较高要求。

（10）神经网络（Neural Networks）和深度学习（Deep Learning）是机器学习领域的重要分支，通过模拟人脑神经元的连接方式和工作原理来处理复杂的数据和模式识别问题。这些技术具有强大的学习和泛化能力，但在训练过程中需要大量的数据和计算资源。

（11）强化学习（Reinforcement Learning，RL）是一种机器学习范式，其中智能体通过与环境的交互来学习如何最大化累积奖励。RL 算法在机器人控制、自动驾驶等领域展现出巨大的潜力，但对环境的建模和奖励函数的设计有较高要求。

以上算法和技术在各自的应用领域中发挥着重要作用，但也存在着各自的局限性和挑战。未来的研究将致力于进一步提高这些算法的性能和适用范围，以满足更广泛的实际需求。

习题

1．遗传算法是如何模拟自然选择和遗传学原理的？
2．介绍在遗传算法中遗传编码的作用。
3．分析种群初始化在遗传算法中的重要性。
4．适应度评估在遗传算法中扮演什么角色？
5．介绍遗传算法中选择、交叉和变异操作的目的。
6．介绍多目标遗传算法的主要特点。
7．粒子群优化（PSO）算法是如何模拟鸟类觅食行为的？
8．描述分布估计算法（EDA）的基本思想。
9．描述差分进化（DE）算法的工作原理。
10．模拟退火算法如何通过模拟固体物质的退火过程来寻找全局最优解？

11．描述贪心算法的基本思想。

12．禁忌搜索算法如何通过引入禁忌表来避免陷入局部最优解？

13．介绍最小二乘法在数据分析中的作用。

14．A*算法如何通过结合实际代价和启发式代价来指导搜索过程？

15．描述神经网络的构成要素。

16．描述深度学习算法的基本思想。

17．描述强化学习算法的基本思想。

18．请描述基于马尔可夫决策过程的强化学习的工作原理。

19．介绍 A*算法在路径规划中的应用。

20．介绍神经网络在模式识别中的应用。

21．如何理解强化学习中的探索与利用平衡？

22．介绍深度学习在自然语言处理中的应用。

23．介绍强化学习在自动驾驶中的应用。

24．介绍神经网络在深度学习中的作。

25．如何评估和改进深度学习模型的性能？